KB144793

호르몬 찬가

HORMONAL:
The Hidden Intelligence of Hormones - How They Drive Desire,
Shape Relationships, Influence Our Choices, and Make Us Wiser
by Martie Haselton

Copyright © Martie Haselton 2018
All rights reserved.

Korean Translation Copyright © ScienceBooks 2022

Korean translation edition is published by arrangement with
Martie Haselton c/o Brockman, Inc.

이 책의 한국어판 저작권은 Brockman, Inc.와 독점 계약한
㈜사이언스북스에 있습니다.

저작권법에 의해 한국 내에서 보호를 받는 저작물이므로
무단 전재와 무단 복제를 금합니다.

Images on page 89, reprinted from Jones et al., "Menstrual Cycle, Pregnancy and Oral Contraceptive Use Alter Attraction to Apparent Health in Faces," 2005, Proceedings of the Royal Society of London B: *Biological Sciences*, vol. 272, issue 1561, 347-54, by permission of the Royal Society; page 95, reprinted from MJ Law Smith et al., "Facial Appearance Is a Cue to Oestrogen Levels in Women," 2006, Proceedings of the Royal Society of London B: *Biological Sciences*, vol. 272, issue 1583, 135-40, by permission of the Royal Society; page 144(위), reprinted from *Hormones and Behavior*, vol. 90, James Roney and Zachary Simmons, "Ovarian Hormone Fluctuation Predict Within-Cycle Shifts in Women's Food Intake," 8-14, copyright 2017 with permission from Elsevier; page 144(아래), reprinted from *Hormones and Behavior*, vol. 6, issue 4, John Czaja and Robert W. Goy, "Ovarian Hormones and Food Intake in Female Guinea Pigs and Rhesus Monkeys," 21, copyright 1975 with permission from Elsevier; page 154, from Kristina Durante, Norman P. Li, and Martie G. Haselton, "Changes in Women's Choice of Dress Across the Ovulatory Cycle: Naturalistic and Laboratory Task-Based Evidence," *Personality and Social Psychology* (volume 41, issue 11), pages 1451-60. Copyright © 2008. Reprinted by permission of SAGE publications; page 171, from Debra Lieberman, Elizabeth G. Pillsworth, and Martie G. Haselton, "Kin Affiliation Across the Ovulatory Cycle: Females Avoid Fathers When Fertile," *Psychological Science* (volume 22, issue 1). Copyright © 2011. Reprinted by permission of SAGE publications; page 251, reprinted from *Trends in Ecology and Evolution*, volume 25, issue 3, Alexandra Alvergne and Virpi Lummaa, "Does the Contraceptive Pill Alter Mate Choice in Humans?," 171-79, copyright 2010 with permission from Elsevier.

호르몬 찬가

hormonal

진화 심리학으로 풀어 가는 호르몬 지능의 비밀

마티 헤이즐턴　　　　　　　　　　　변용란 옮김

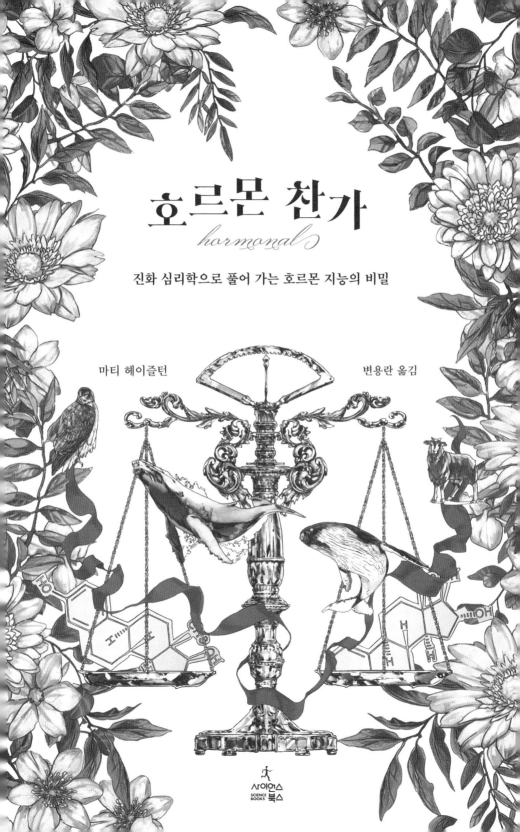

사이언스북스
SCIENCE BOOKS

그리운 아버지, 마크 바든 헤이즐턴을 위해

나의 가족, 재키와 럭 사이브, 파멜라 헤이즐턴, 조디, 팀, 테일러,

그리고 빌리 니즈닉,

또한 누구보다도 나의 아이들, 조지아와 라클란에게

머리말

새로운 다원주의 페미니즘

나는 과학자로서 꿈을 찾는 엄청난 행운을 누렸다. 상대적으로 탐구는 덜 이루어져 있지만 일단 연구를 시작하면 '실증적인 경험치'가 풍부하고, 사회적으로도 의의가 있는 매혹적인 주제를 찾은 것이다.

내가 여성의 호르몬 주기에 대한 연구를 시작할 때만 해도, 인류는 다른 종과 크게 다르므로 호르몬 주기는 인간의 성적 행동 양식에 크게 영향을 미치지 않는다고 여기는 것이 과학계의 보편적 합의였다. 인류의 사촌격인 동물들은 여전히 호르몬에 지배당하고 있는 반면, 인간은 호르몬의 지배에서 '해방'되었다고 모두 생각했다. 부분적으로 그러한 사고의 근간은 인간이 거의 언제든 내킬 때 성생활을 한다는 사실을 포함해, 인류가 특이한 속성을 지녔다고 진지하게 받아들인 덕분이었다. 인간은 배란이 가까워진 생식력의 정점뿐만 아니라 임신이 불가능할 때에도, 가령 여성이 임신 중이거나 출산 직후 모유 수유 중일 때, 완경(menopause, 폐경,

이 책에서는 맥락에 따라 환경 또는 폐경으로 옮겼다. 저자 또한 이 단어에 포함된 부정적 함의를 인지하고 있다. — 옮긴이) 이후 임신 불가능한 기간에도 성관계를 한다. 이러한 종류의 '연장된 성생활(extended sexuality)'은 다른 포유동물의 양상과는 극단적인 대조를 이룬다.

여성들은 다르다는 것을 나는 확실히 인식하고 있었다. 에스트로겐의 급증을 경험한다고 해서 이내 성관계를 하는 등 (혹은 라이벌과 경쟁을 벌인다든지) 행위적 충동에 따르는 자동 인형이 아니다. 그러나 진화 이론가로서 받은 교육 덕분에 호르몬이 여성들에게도 영향을 미쳐 성적, 사회적 결정을 이끌지도 모른다는 생각은 하고 있었다. 호르몬은 자연 선택의 강력한 엔진인 번식을 통제한다. 그러므로 어떤 방식으로든 호르몬이 우리 행동을 통제하지 않을 가능성은 놀라울 정도로 낮아 보였다.

연구실에서 시도한 첫 프로젝트에서는 생식력의 정점에 오른 여성들이 남성 파트너에게 최고의 성적 매력을 발산하는 것으로 보인다는 사실이 밝혀졌다. 또한 여성들은 스스로 더 매력적으로 느꼈으며 남자들을 만날 수 있는 클럽이나 파티에 가고 싶어 했다. 심지어 그들은 좀 더 드레시한 옷을 입고 연구실에 나타났고, 때로는 좀 더 몸을 드러내는 옷을 입었다. 배란이 '짝 쇼핑(mate shopping)'을 유발하는 듯했다.

처음에는 이 연구를 부수적인 프로젝트로 생각했지만, 이런 결과를 그냥 지나쳐 버리기에는 호르몬의 영향력이 너무도 매혹적이어서 더 연구를 해 봐야겠다 싶었다. 계속 파들어 가면 또 어떤 다른 비밀스러운 여성의 욕망을 발견하게 될까? 그래서 나는 수십 명의 제자들과 소중한 여러 동료들의 도움으로 후속 연구를 이어 갔다.

이 책을 쓰는 이유는 우리가 발견한 매혹적인 이야기를 공유하기 위함이다. 알고 보니 우리는 '호르몬 지능(hormonal intelligence)'이 중요한 역할을 하는 존재였다. 호르몬은 짝짓기 욕망(2장과 4장)부터 경쟁적인 충동(5장), 임신 및 새로운 모성 기간 동안 벌어지는 신체와 행동의 변화(7장), 그리고 번식을 넘어 새로운 경험을 자유로이 누릴 수 있는 잠재력과 함께 찾아온 '새로운 인생의 장', 즉 완경(7장)에 이르기까지 모든 면에 영향을 미친다.

또한 우리 여성의 두뇌와 몸에 대한 더 많은 정보를 얻기 위한 행동을 촉구하는 의미로 이 책을 쓰고 있다. 우리가 알고 있는 모든 사실에도 불구하고 수십 년간 여성에 대한 연구가 가로막혔던 이유는 생명 과학 정보 차원에서 남성을 '기본 성(default sex)'으로 간주할 수 있다는 생각 때문이었다. (남성에게 해당한다면 여성에게도 해당하지 않을 리 없잖아?) 그런 생각은 여성들이 여러 호르몬 주기 때문에 너무 '엉망진창(messy)'이라는 편견으로 이어진다. 굳이 귀찮게 뭐 하러?

여성의 호르몬과 행동에 대해 우리가 알고 있는 지식은 너무 적으며, 인생의 각 단계에서 최적의 결정을 내릴 수 있으려면 반드시 더 알아야 한다고 나는 믿는다. 약을 사용해 호르몬 주기를 억제하거나 심지어 아예 생리 기간을 없애 버리는 행위의 결과는 무엇일까? 여성이 30대, 40대, 50대로 접어들면서 겪는 임신의 진실은 무엇일까? 남성들이 침실에서 겪는 문제를 비아그라가 한방에 도와주듯이 우리도 여성의 욕망을 위한 마법의 특효약을 찾을 수 있을까? 인생 후반부에는 호르몬 보조제 섭취를 고려해 보아야 할까? 이 모든 질문들을 책에 담고자 했지만, 아직은 남녀 모두에게 아쉽게도 완벽한 해답을 얻지는 못했다.

나는 여성과 호르몬에 대한 색다른 견해를 제시하고 싶다. 학계 외부에서 여성들은 수십 년간 '호르몬에 좌우'된다는 이유로 조롱을 받았으며, 심지어는 너무 '호르몬에 좌우되기' 때문에 대통령이 될 수 없다는 말도 들었다. (2016년 11월 8일 어린 딸이 첫 여성 대통령 당선의 역사를 지켜보게 될 것임을 확신하며 투표장에 아이를 데려갔던 날은 남은 생을 살아가는 동안 절대 잊지 못할 것이다. 에이쿠!) 이러한 쇼비니즘적인 견해는 옛날 일이라 여기는 이기는 이들도 있겠지만, 1장에 자세히 담았듯이 나는 그런 견해가 끊임없이 표면화되는 경우를 목격했다.

남성과 여성의 호르몬 주기에 대한 견해에는 이중 잣대가 존재한다. 글로리아 스타이넘(Gloria Steinem)은 1980년대 후반 「남자가 월경을 한다면」이라는 글에서 그 점을 강조했다.[1] 남자가 월경을 하는 쪽이 된다면, 생리 기간은 남성으로서 자부심을 느끼는 근원이 될 것이라고 스타이넘은 지적했다. 또한 "생리대가 연방 정부의 기금으로 무료 공급될 것"이라고 짚었다. 우습게도 "물론 '미혼남의 산뜻한 그날을 위하여'라고 광고하는 폴 뉴먼 탐폰이나 무하마드 알리 철벽 방어 생리대, 존 웨인 대형 생리대, 조 내머스(전설의 풋볼 선수 ― 옮긴이)의 이름을 딴 철벽 수비 패드 같은 고급 브랜드 상품을 구매하는 특권을 누리는 남자들도 있을 것이다."라고 썼다. ('핑크 택스'를 줄이기 위한 운동에 대한 더 깊은 이야기는 3장의 '생리대를 무료 공급하라!'를 참조 바란다.)

어떤 이들은 여성의 행동을 생물학적으로 설명해 봤자 얻을 것이 전혀 없다고 믿는다. 여성과 남성 간의 차이에 혹시라도 미미하게 생물학적 근거가 있다면 그러한 성 차이 때문에 소녀 특유의 고정 관념과 모성 역할에 여성들을 가두게 될 것이며, 혹시라도 그들이 직업적으로 성공하려 노력하는 경우에도 유리 천장에 부딪치리라 생각하는 탓이다. 학자들은 여성 호르몬과 행동 양식에 대한 정보를 은밀히 감추어야 한다는 암시를 받는다. 괜히 그런 고정 관념을 불러일으키지 않는 것이 최선이라고.

사실은 그 반대라고 생각한다. 정보를 감추고 학자들이 답해야 할 중요한 호르몬 문제를 고찰하는 연구를 금하는 것은 여성을 돕는 길이 아니다. 게다가 여성과 호르몬에 관해 우리가 알아낸 내용은 (내가 보기에는) 어마어마하다. 호르몬 주기의 마지막 며칠에 '호르몬에 좌우되어' 논리적 사고력을 잃는다는 정도의 단순한 이야기가 아니다. 그것은 호르몬이 욕망과 쾌락을 느끼는 것부터 파트너 선택에 이르기까지, (우리가 원하는 경우) 아이를 낳고 기르고, 완경 이후 연령대로 넘어가기까지 여성들의 독특한 인생 경험을 거치도록 우리를 인도하는 방식에 관한 이야기다. 이러한 경험은 인간 존재의 의미를 이해하는 데 지극히 중요하다. 또한 우리와 사촌뻘인 포유동물뿐만 아니라 한때 지구를 배회하던 공룡들과도 연결되는 경험이다. 그래도 확실한 것은 우리가 유일하게 인간만의 방식으로 행동한다는 사실이며, 그 이유에 대해서는 4장에서 설명하겠다.

과학계에서 사회 생활을 시작했을 때에는 절대 일에 정치가 개입되지 못하게 할 수 있을 것이라고 생각했다. 나는 객관적인 과학자가 되기를 열망했다. 제발 사실만 다루자! 그러나 정치 또는 최소한의 논란 정도는 내가 어딜 가든 따라다니는 것 같았다. 진화론적 사고를 인간 심리에 적용하는 것은 논란이 많았다. (그리고 현재도 그러하다.) 사회 과학 분야에서 행동을 생물학적으로 설명하려는 시도는 어떠한 것이든 환영받지 못했고, 결국 되돌아와 내 발목을 잡는 사실이 되었다. 그것도 여러 번이나! 하지만 나의 연구 결과는 인간의 사회 심리에 새겨진 진화론적 흔적에 대한 강력한 증거를 제시하는 듯했다. 나의 연구 결과가 화제로서 가치가 있는 이유는 새롭고 도발적일 뿐만 아니라 우리의 정신과 행동을 형성해 온 힘을 이해하는 데 더 깊은 의미를 품기 때문이다. 이 연구는 과학자로서 나를 세상에 알리는 데 도움을 주었다.

나는 투쟁을 해 왔다. 빠르고 쉬운 길 대신 최상의 데이터를 얻고자 노력하며, 먼 길을 택해 신중한 작업을 수행한 뒤 논문을 발표한다. 그러면 우리가 연구실에서 이용한 과학적 방법을 비판하며 단순히 불확실한 통계 작업 탓에 환상에 불과한 결과가 나왔음을 암시하는 비평 논문의 형식으로 반발이 생겨난다. (사실 그런 주장과 관련된 증거를 확인해 보면 비평가들의 말과 정면으로 배치되었다. 여전히 나는 어이쿠, 죄송!이라는 내용의 이메일을 기다리는 중이다.) 학회에서 발표하다 청중의 고함으로 목소리가 묻힌 적도 있고, 어안이 벙벙한 이메일을 받기도 했다. 내가 발견한 과학적 사실 전부를 확신한다고는 말하지 않겠다. 내 연구실의 데이터와 다른 이들의 연구에 관해서는 건전한 수준의 회의를 품고 있다. 그러나 일부 갈등은 지나칠 정도이며, 거의 셰익스피어 희곡에 버금가는 수준이라는 정도만 이야기하겠다. (셰익스피어 희곡과 관련해 대형 미국 대학 연구소 한두 군데에서 논란이 일어난 바 있다.)

내가 일을 하면서 논란을 접하는 것은 초창기부터 시작되었다. 학부생 때 심리학자가 되고 싶다는 것을 알면서도 생물학을 기반으로 인간의 행동을 과학적으로 설명하는, 내가 보기에는 좀 더 '핵심적인' 학문에도 깊은 관심을 갖고 있었는데, 당시에는 그런 접근이 주류 학계에 속하지 않았다. 그러다 철학 수업에서 깨달음을 얻는 경험을 했고, 그것은 훗날 과학자로서 내 진로를 예고했다.

교수가 이원론(정신의 기계를 구동하는 일종의 그렘린과 함께 '정신'과 '육체'를 구분해 설명함)과 유물론(두뇌가 행동을 만들어 낸다, 끝!) 간의 차이를 설명했다. 그는 거수로 의견을 들어보자고 했다. 이원론을 믿는 사람? 강의실에 있던 모두가 손을 들었다. 나만 빼고. 유물론을 믿는 사람? 나는 열정적으로 손을 들며 이제는 완전 무식자처럼 보이는 동급생들을 돌아보았다. 그때 이후로 나는 허튼소리를 감지하고 무시해 버리는 사명을 띠고 살아왔다.

대학원 초창기 시절, 생물의 물리적 형태가 지닌 다양성을 진화론적으로 설명하는 것과 인간의 행동 설명 사이에 선을 그은 것을 포함해 수많은 업적으로 알려진 저명한 진화 생물학자 스티븐 제이 굴드(Stephen Jay Gould)를 만난 적이 있었다. 나는 (2장에서 논의하게 될) 진화 심리학을 막 공부하기 시작한 참이었고, 그 학문의 논리가 너무도 설득력 있다고 여겼다. 그렇다, 우리의 육체와 장기에 관한 진화론적 해석이 존재했지만 내가 연구하는 분야에서는 우리의 정신 '장기'(와 거기서 비롯된 행동)마저도 진화론으로 해석하려는 시도가 존재했다!

나는 굴드가 생물학과 학생들에게 허락한 질의 응답 시간에 숨어들었다. 손을 번쩍 들고는 그에게 왜 진화 심리학을 문제라고 여기는지 물었다. 확실히 그가 예상했던 질문은 아니었던 듯, 그는 인간의 생각은 실험하기 어렵다는 등의 이야기를 하며 평소와 달리 약간 미온적으로 대답을 뭉뚱그렸다. 어마어마한 인물인 굴드 앞이란 점은 말할 것도 없고 생물학과 대학원생 수백 명 앞에서 목청을 높인다는 것은 엄청나게 초조한 상황이었지만, 그래도 나는 그를 다그쳤다. 그렇다면 파트너를 찾을 때 남자가 원하는 것과 여자가 원하는 것 사이의 차이점 면에서 왜 전 세계 37개 문화권에서 뚜렷한 패턴을 보게 되는지(이 부분은 4장에서 논의하겠다.) 물었다. 그가 말했다. 흠, 글쎄요, 아마도 뭔가 그럴 만한 이유가 있겠죠. 들이 대기로 1점 따낸 셈이었다! 나는 매혹되고 말았다.

이런 이야기를 하는 것은 정치적 활동을 반대하기 때문도 아니고, 동등한 기회를 위해 장벽을 허물고자 사람들을 추동하는 감상(sentimet)에 반대하기 때문은 더더욱 아니다. 나 역시 페미니스트이기 때문에 그런 감상에 공감한다. 여성들은 남성들이 누리는 모든 기회를 갖지 못한다고 믿으며, 특히 경영, 정부, 과학 분야가 취약하다. (또한 숫자상 적기는 하지만 여성들이 남성들이 누리지 못하는 일부 중요한 기회를 누린다고 믿는다.) 남성과 여성 공히 깨어 있는 페미니스트들 가운데서도 부당하게 남성과 여성을 비판하는 단초를 제공하는 편견이 존재함을 안다. 그러나 나는 새로운 유형의 페미니즘, 새로운 다윈주의 페미니즘(Darwinian feminism)을 주장하고 싶다.

이런 종류의 페미니즘은 우리의 생물학을 존중하고 온전히 탐구한다. 여성은 진화론적 역사를 포함해, 우리 몸과 정신을 형성한 역사를 이해할 권리가 있다. 우리의 생물학적, 그리고 호르몬과 관련한 본성에 대해 더 나은 성보가 필요하다. 그렇다, 이떤 이들은 지나치게 단순한 견해를 택거나, 어쩌면 여성의 생리 현상이 '운명'이라고 주장하는 성차별주의에 이끌릴 것이다. 그러나 우리가 뭐라도 배운 것이 있다면 그것은 생리 현상의 역할이 있다고 하더라도 우리의 사회적 맥락(과 반응을 보이고 선택을 하는 작용 주체)도 그에 못지않게 중요하다는 점이다. 그러므로 우리는 그런 지나치게 단순한 주장을 펼치는 사람들과 맞서야 한다고 생각한다. 우리가 그들의 생각을 바로잡아 주어야 한다. 그렇다, 여성과 남성 모두 행동 양식에는 생물학적 기반이 존재한다고 우리는 말한다. 그러나 무지한 것보다는 이해하는 쪽이 최선이라고 생각하지 않는가?

또한 우리가 호르몬 분비의 기원과 작용을 더 많이 이해할수록 호르몬을 더 잘 관리할 (혹은 원하는 경우 무시할) 수 있다고 믿는다. 그것이 바로 이 책(과 특히 7장과 8장)의 주요 메시지다.

이 책을 쓰게 된 동기는 나의 제자들이다. 특히 학부 신입생으로서 캘리포니아 주립 대학교 로스앤젤레스 캠퍼스(UCLA)에서 훌륭한 동료 강사들과 함께 내가 가르치는 성과 젠더에 관한 학제 간 강의, 이른바 성 관련 수업 강의실에 앉아 있는 학생들이다. 이 수업은 많은 여학생들뿐만 아니라, 우리가 '나 연구'라고 부르는 종류의 강의에 이끌린 수많은 비전형적 젠더(gender-atypical)의 학생들에게 인기가 높다. 나는 그들의 모습과 행동이 하얀 실험 가운을 입은 (대개는 남성) 과학자의 판에 박힌 사진과 다르더라도 원한다면 과학을 할 수 있다는 것을 그들에게 보여 주고 싶었다. 학기가 끝날 무렵 우리는 모든 교수진과 대학원생 강사들과 함께 원탁 회의를 열었다. 우리는 각자의 의견을 털어놓고 관련 연구에 대한 이야기를 나누었지만, 그보다 먼저 학생들에게 생각을 물었다. 우리는 이런 질문을 던졌다. "물리학을 전공하는 남성들만큼 여성들의 수도 많아지도록 젠더 균형을 강화해야 할까?"(학생들의 대답은 언제나 아니요이다. 그들은 강요가 아닌 선택을 원한다.)

이런 논의의 일환으로 지난 몇 년간 나는 이야기 하나를 들려주었다. 대학원에 막 다니기 시작했을 때 나는 여성스러움이 여러 면에서 대중적인 사진 속 이미지와 상충해 과학자로서 내 신뢰성을 깎아내릴 수도 있다는 점을 인식했다. 그래서 의식적으로 그 점('그 점'이란 나의 여성스러운 외모를 가리켰다.)을 누그러뜨리는 선택을 했다. 화장기 없는 얼굴, 청바지와 스웨터와 운동화, 샤워 직후 그대로의 축 늘어진 머리칼. 나는 진지하게 여겨지기를, 받아들여지기를 원했다. 그러나 얼마 지나자 흉측하고 솔직하지 못한 가면을 쓰고 있다는 느낌이 들었다. 그러다가 학생들에게도 고백했다시피, "어느 날 내가 말했다. 집어 치워! 있는 그대로의 나로서 원래 내 모습으로 살 거야. 내가 과학을 하는 여자라서 더 열심히 일해야 한다면, 좋아." 나는 여성에 대한 잘못된 고정 관념에 얽매이기를 거부했다.

이 책을 통해 전달되기를 바라는 바와 같이, 여성은 누구도 호르몬에 관한 잘못된 고정 관념 때문에 위축되어서는 안 된다. 사실 나는 '호르몬에 좌우된다.'라는 말을 아예 취소하고 (어쨌든 우리가 호르몬에 좌우되는 것은 사실이지만) 호르몬을 찬양해야 한다고 생각한다. 호르몬이 우리에게 기쁨을 주고, 삶을 살아가도록 인도하며, 우리 모두를 더 현명하게 만들어 줄 잠재력을 갖고 있기 때문이다.

차례

1

호르몬의 어려움

"오늘은 홀리에게 봉급 인상 요구하지 마. 널 산 채로 잡아먹을 거야." 이유는? 여자의 호르몬 탓이다. "그 여자 방금 전까지만 해도 만사 행복해하더니 금세 버럭 화를 내더라." 호르몬 탓이다. "우와, 그 여잔 무슨 일이든 충동적이야." 호르몬 탓이라서 그래.

까다로운 여자, 아기 낳는 기계, 정신 나간 여성, 감정이 격한 엄마, 냉정하고 거만한 여자, 독단적인 마녀……

아무리 현대화되고 진보적인 시대에 살고 있다 해도 (혹은 살고 있다고 생각한다고 해도) 여성에 대한 모든 고정 관념은 오늘날에도 여전히 당당하게 살아 있다. 지난 세기 들어 노동 인구로 진입하는 여성들의 수가 기록적으로 늘어났고, 사실상 모든 분야의 주요 직책에 올라 궁극적으로 미국 전문대와 대학교를 졸업한 남성들의 수를 능가[1]했음에도 여성에 대한 이런 고정 관념은 절대로 사라지지 않았다.

그러나 그것은 곤경에 빠진 아가씨(damsel in distress) 같은 과거의 지긋지긋한 개념과는 구별되는 생물학적인 요소를 품고 있기 때문에 그저 평범한 고정 관념은 아니다. 일터에서나 가정에서 학교에서 매일 겪는 상황 속에서 불쑥불쑥 나타나는 수많은 다른 인식과 마찬가지로 여성에 대한 그 같은 인식은 한 가지 주된 사고에서 비롯된다. 즉 여성 호르몬이 여성의 행동을 통제한다는, 여성이 호르몬에 좌우된다는 생각이다.

여성이 호르몬에 좌우된다는 것은 다달이 오르내리는 에스트로겐이나 생식과 관계되는 다른 호르몬 수치가 여성의 행동을 그런 방식으로 만든다는 의미다. 그러나 그렇게 쉽게 단언할 말은 아니다.

진실은 이렇다. 어쩌면 여성이 호르몬에 좌우되는지도 모르겠지만, 남성과 여성, 모든 인간은 호르몬 주기를 갖고 있다. (테스토스테론 수치는 매달이 아니라 매일 오르내리는 주기를 갖고 있음에도 남성이 호르몬에 좌우된다는 말은 그 누구도 하지 않으며, 적어도 우리와 똑같은 부정적인 함의를 갖지는 않는다.) "그 여자 생리 중이라 그래."라는 말보다야 약간이나마 더 예의를 차린 말일 수는 있겠지만, 여성들은 '호르몬' 수치로 판단되는 것 같다.

문제는 바로 이점이다. 여성의 행동, 특히 과도하게 공격적이거나 불균형하고, 특정 소녀나 여인에게 어쩐지 어울리지 않는 것으로 보이는 행동을 성 호르몬의 탓으로 돌리는 것은 기괴하면서도 유해한 과잉 단순화다. 본질적으로 여성은 생리 현상에 지배당하기 때문에 자신의 행동에 대한 통제력이 거의 없다는 이야기다. 하지만 지나치게 단순화된 그런 해석은 남녀 모두에게 벌어지는 삶의 변화와 귀중하고 중요한 사실을 무색하게 만든다.

사실 암컷의 호르몬 주기는 5억 년간 진행된 진화의 지혜를 담고 있다. 호르몬이 암컷의 행동에 영향을 미치는 것은 분명하지만 (결국 내가 쓰고 있는 이 책 한 권은 바로 그 점에 관한 내용이다.) 암컷의 생식 주기에는 감추어진 지식이 존재한다. 여성들이 현대의 삶에서도 최선의 결정을 내리는 데 이용할 수 있는 오래된 지식이다. 혹자들이 '호르몬에 좌우된다고' 단순히 해석해 버리는 일상의 행동 뒤에는 암컷들이 (수천 종에 걸쳐 수십억의 개체가) 짝을 선택하고, 강간을 피하고, 동성 라이벌과 경쟁하고, 생계 자원을 두고 싸움을 벌이고, 튼튼한 유전자와 좋은 전망을 갖춘 자손을 생산하도록 돕는 생화학적 과정이 존재한다. 이러한 도전에 숙련되기 위해 암컷의 뇌는 호르몬에 의해 오염되기보다는 호르몬과 공모하도록 진화했다.

호르몬은 우리가 생존하고 번성해 온 결정적인 원인이다.

생리 현상은 운명이 아니다(하지만 정치적이다)

과학자로서 페미니스트로서, 나는 여성 호르몬과 여성의 행동에 미치는 호르몬의 역할에 관한 논의는 그 어떤 것이든, 심지어는 같은 생각을 가진 집단 내에서도 타협하기 어려운 영역이 될 수 있음을 배웠다. 모든 사람들이, 특히 여성들이 그런 지식의 혜택을 받고 싶어 할 것이라고 생각했던 나로서는 처음에는 그 사실이 놀라웠다. 몸과 마음이 어떻게 작용하고 그 이유는 무엇인지 우리는 이해할 권리가 있다. 그러나 사실은 입맛에 따라 선별되고, 그러다가 성 정치학의 불안한 배합 안에서 길을 잃는다는 것을 알게 되었다. 잘못된 정보를 믿는 성차별주의자들은 여전히 진실을 왜곡하고, 너무 높아서 여성들에게는 뛰어넘을 수 없는 장애물로 생물학적 차이를 이용하는 방법을 찾아낸다. 페미니스트들은 당연히 그런 일이 일어나는 것을 원치 않는다. 이런 역학 관계 때문에 현실과 미신을 풀어내는 것이 어려워진다.

가령 호르몬 자체가 투표하러 가는 행위로 취급되었던 2012년 미국 대선 시기, 대단히 논란이 많았던 CNN 기사를 예로 들어보자. 선거 2주 전, CNN은 곧 발표될 연구[2]에 의거해, 배란기 동안 (생식력이 정점일 때) 싱글 여성들이 미트 롬니(Mitt Romney) 주지사보다 버락 오바마(Barack Obama) 대통령과 그의 정책을 선호한다는 내용의 기사를 웹사이트에 게재했다. 기사는 연구자들의 결과를 이런 식으로 설명했다. "여성들은 배란을 할 때 스스로 '더 섹시하다고 느낀다.'라며 따라서 낙태와 결혼 생활의 평등에 관해 진보적인 태도에 이끌린다."[3] 반면에 기혼 여성이나 진지한 만남을 하는 여성들은 좀 더 보수적인 롬니 쪽으로 표가 기운다고 기사는 전했다.

속사포 같은 블로그 논평과 인터넷 뉴스 덕분에 반발은 빠르고 맹렬했다. "CNN은 미친 여성들이 질(vaginas)로 투표를 한다고 생각한다."라고《제저벨(Jezebel)》(미국 페미니스트 뉴스 웹사이트 중 하나. ─ 옮긴이)의 케이티 베이커(Katie Baker)는 지적했다. "오바마에 대한 뜨거운 반응, 그러나 우쭐한 기혼녀들이 배란기가 아닐 때만"은《사이언티픽 아메리칸(Scientific American)》웹사이트에 포스팅된 케이트 클랜시(Kate Clancy)의 반응 제목이었다. "이것은 후보자를 결정하는 투표장을 턱 힘으로 휘젓고 다니는 여성들의 악몽 같은 이미지를 정확히 담고 있으며 너무도 오랜 세월 여성 후보자들 역시 그런 모습으로 여겨졌다."라고《워싱턴포스트(Washington

Post)》의 알렉산드라 페트리(Alexandra Petri)는 짚어냈다. CNN은 며칠 만에 기사를 내렸고, 기자는 조롱을 당했으며, 해당 연구의 주 저자에게는 항의 메일이 쏟아졌다.

CNN의 기사 철회는 여성들의 승리이며, 정계 거물들이 여성들의 '걷잡을 수 없는 호르몬 영향' 때문에 여성은 중요한 직책을 맡을 자격이 없다고 공공연히 주장하던 1970년대에 비해 정치적 진보를 이루었고 세상이 달라졌다는 표상으로 보였다. 에드거 버먼(Edgar Berman) 박사는 국가 우선 순위에 관한 민주당 위원회 소속 위원이었고, 허버트 험프리(Hubert Humphrey) 부통령의 최고 조언자일 뿐만 아니라 개인 주치의였다. 1970년 의회 여성 위원 한 사람이 여성의 권리가 최고 우선 순위여야 한다고 제안했을 때, 버먼의 부정적인 반응은 경멸스러웠고 뼈저리게 빅토리아 시대적인 사고 방식이었다. 그는 여성이 절대 평등을 얻어 낼 수 없는 이유로 생리 주기와 완경을 언급했다.

"당신이 은행에 투자를 했다면, 은행장이 그 특정한 시기에 걷잡을 수 없는 호르몬의 영향을 받는 상태에서 대출을 해 주기를 바라지 않을 것이다."라고 그는 설명했다. "백악관에 여성 대통령이 있다고 가정해 보라, 당연히 좋지 못한 결단으로 평가될 피그스 만 침공에 대한 결정이라든지, 당대 러시아와 쿠바의 분쟁에 관한 결정 등을 폐경기 여성 대통령이 내린다고?" 근본적으로 버먼은 자유 세계의 여성 지도자가 기분에 사로잡혀 미국 대통령 집무실에서 붉은 전화기를 들어 크렘린에 불평을 쏟아내고 핵전쟁으로 인한 대학살극을 촉발할 것임을 암시했다. (이 글을 쓰고 있는 시점은 2016년 미국 대선이 끝난 이후다. 참 아이러니하다.)

육아 시설과 더 쉬운 피임 같은 여성 문제를 대변했던 충실한 민주당 의원이었던 버먼이 베트남 문제 등으로 의제를 넘기려 애쓰는 중이었고 농담을 시도한 것이었다는 일부 증거가 있지만, 그렇다 해도 그의 경청 기술은 형편없었고 유머를 적용한 타이밍도 정말 좋지 못했다. 당시는 여성 지도자들이 동등한 임금 같은 문제에 주의를 환기하고 남녀 평등 헌법 수정안(Equal Rights Amendment) 지지 세력을 형성하는 등, 여성 운동을 위한 결정적인 순간이었다. 중대한 빌미를 제공한 버먼의 언사에는 여성의 공간은 가정에 존재해야 한다는 성차별적인 개념이 고스란히 반영되어 있다. 직업 의식 투철한 메리 리처즈(독립적인 미혼 여성 캐릭터 ― 옮긴이)를 주인공으로 하는 시트콤 「메리 타일러 무어 쇼(The Mary Tyler Moore Show)」는 여성이 너무 호르몬에 좌우된다고 버먼이 주장했던 것과 같은 해인 1970년에 방영을 시작했다. 그러나 여전히 미스 아메리카 선발 대회가 메리의 쇼보다 시청률이 더 높게 나왔고, 「아내는 요술쟁이(Bewitched)」의 주인공 사만다는 용감무쌍한 캐릭터임에도 (보통 인간처럼) 집안 청소에 많은 시간을 들인다.

인터넷의 도움 없이도 버먼의 발언이 대중에 알려지기까지 오랜 시간이 걸리지 않았고 몇 달 만에 그는 위원직에서 물러났다. 그의 정치학만 문제시된 것이 아니라 그의 과학적 지식 또한 문제였다. "'걷잡을 수 없는 호르몬 영향'에 대해 언급하는 것은 난센스이거나 적어도 역겨운 과장이다."라고 하버드 대학교의 내분비학자 시드니 잉바(Sydny Ingbar) 박사가 전문가로서 의견을 표했고, 다른 이들도 동감의 목소리를 높였다. "권위를 앞세워 이야기하는 사람은 누구나 편견이나 근거 없는 확신이라는 견고한 기반 위에 서 있다."라고 캘리포니아 대학교의 리언 엡스타인(Leon J. Epstein) 박사가 의견을 보탰다.[4]

그러나 CNN과 달리 버먼은 자신의 주장을 철회하지 않았고 사실상 자신의 입장을 고수했다. 나중에 자신의 발언을 옹호하며 그는 "의사들(과 대부분의 여성들)은 아마도 많은 여성들의 생애 가운데 특정 시기 동안 평균적인 남성들이 겪는 것 이상의 스트레스와 감정적인 격변을 겪는다는 사실을 부인할 수 없을 것이다. 모든 것들이 동일한 상황에서 압박감을 느끼는 그 시기 동안을 가리킨 것으로, 개인적으로 나는 중대한 결정에는 남성의 판단을 높이 평가했다. ⋯⋯ 과학적 진실을 철회할 수도 없고 철회해서도 안 될 것이다."[5]

물론 버먼 박사의 주장 뒤에 '과학적 진실'은 없다. 그러나 그는 여러 세대에 걸쳐, 심지어 수 세기 동안 끈질기게 내려온 여성에 대한 흔한 믿음, 즉 여성 호르몬은 엉망진창이고 문제적이며, '고칠' 필요가 있는 뭔가라는 사실을 토로하고 있었다. 월경과 완경은 민망한 주제로 생각되었고, 의학계는 여성들의 신체에 대해 많은 정보를 여성들에게 내놓지 않았다. '저주'가 있고 '변화'가 있고 그 사이에 섹스, 임신, 출산 같은 어둠에 휩싸인 화제가 존재했다.

그러나 버먼이 이렇듯 터무니없는 주장을 펼친 때와 거의 같은 시기에 일군의 여성들이 보스턴에 모였다. 그들은 여성의 생식 건강에 관해 스테이플러로 제본한 193쪽짜리 소책자를 최근 발행했던 참이었고, 그 책은 성생활과 임신, 출산, 낙태(abortion, 임신 중단이라는 표현이 사용되기도 한다. ― 옮긴이), 그리고 당시 터부시되던 다른 여러 주제를 생생하게 담아냈다. 이제 그들은 소박하지만 과감한 소식지 형태의 소책자를 개정해, 여성 건강에 관한 블록버스터급 성경인 『우리의 몸, 우리 자신(Our Bodies, Ourselves)』 초판을 출간할 참이었는데, 그 책은 여성의 몸에 관한 자기 인

식, 그리고 그에 따르는 힘을 곧장 여성의 손에 쥐어 줌으로써 지형도를 바꾼 역작이다.[6]

우리는 먼 길을 걸어왔다. 그래도 아직 앞으로 얼마나 더 이 여정을 계속할 필요가 있는지 기억할 가치가 있다. 2015년 당시 대통령 후보였던 도널드 트럼프(Donald Trump)가 여성에게 무례한 표현을 일삼는 그를 압박한 여성 기자에 관해 언급했던 불평을 잊지 말자. 그는 이 여기자가 "어디선가 피가 흘러나오고" 있기 때문에 그런 행동을 했다고 암시했다.

다시 말해 45년이 흘렀는데도 여성은 여전히 호르몬에 좌우된다는 말을 듣는다.

(호르몬의) 악순환

호르몬과 여성 행동에 관해 우리가 곧장 장점을 언급하지 못하도록 막은 것은 비단 남성들의 편견뿐만이 아니다. 일터에서 남녀 평등을 성취하려고 몸소 헌신해 온 여성들을 포함해 때로 가장 큰 장애물을 토해 내는 이들은 여성들 자신이다.

성별 간의 차이를 인지하자마자 우리는 싸움터에서 입지를 잃어 결코 동등하게 취급받을 수 없을 것이라는 쪽으로 생각이 흐른다. 동등하게 보이는 대신 우리는 약하고 상처받기 쉬우며 무능하게 비칠 것이다. 임신한 여성은 호르몬이 불러일으킨 모성애의 부름에 응답한 것이므로 일터로 되돌아갈 마음이 없는 것으로 여겨져, 굳이 승진시킬 이유도 없을 것이다. 갱년기에 이른 나이 든 여성은 밤마다 불면과 안면 홍조증에 시달려 능력을 100퍼센트 발휘할 수 없는데다 깜빡깜빡 잘하는 여성의 두뇌가 업무 수행 능력에 타격을 입힐 뿐만 아니라, 때때로 함께 일하기 정말 어려운 상대가 될 것이다. 그러니 나이 든 여자 역시 굳이 승진시킬 이유가 없다.

내가 아는 예술가 한 사람도 최근 이런 생각의 흐름에 정면으로 부딪쳤는데 그 방식이 다소 놀라웠다. 여성들의 권익을 위해 고안된 작품임에도 갑자기 그녀는 다른 페미니스트들 탓에 위축된 자신을 발견했다. 어느 디너 파티에서 요즘 무슨 작업을 하고 있느냐는 친구들의 질문을 들은 그녀는 자신의 최근 프로젝트를 설명했다. 28일 호르몬 주기를 기반으로 봉오리가 솟아올라 왔다가 개화하고 시드는 꽃의 비유를 활용해 에스트로겐과 프로게스테론 수치가 여성의 행동에 미치는 영향을 시각적으로 기발하게 재현해 낸, 「보이지 않는 달(The Invisible Month)」[7]이라는 제목의 온라인 설치 미술이었다.

예를 들어 사이트 방문자가 '꽃봉오리 단계' 아이콘을 클릭하면, 에스트로겐과 프로게스테론 수치에 관한 일반적인 정보와 함께 (과학 서적의 인용문과) 이런 설명을 보게 되는 식이었다. "첫 주에는 에스트로겐 수치가 높아지면서 행복감도 늘어난다. 기분이 좋아지며 잠이 잘 온다. 여성들은 명료한 사고와 최상의 집중력을 경험한다." 방문자가 '개화 단계'라고 표기된 이후 주기를 클릭하면, 이런 내용을 보게 될 터였다. "이제 여성들은 남성보다 너그러워진다. 배란기 동안 여성들은 공원에서 접근하는 낯선 남성에게도 전화 번호를 줄 가능성이 더 높아진다."(물론 현실에서 그런 일이 벌어지려면 그 낯선 남자가 아주 잘생긴 사람이어야 할 것이다.) 혹은 '시드는 단계'에서는 "생리로 인한 편두통이 업무 생산성을 낮춘다." 같은 내용일 것이다.

친구 하나가 걱정스레 말했다. "네가 하려는 이야기는 여성에게 자유 의지가 없다는 거잖아." 다른 친구도 거들었다. "그 말이 맞아! 네 프로젝트가 엉뚱한 사람 손에 들어가면, 가령 여성은 리더 역할에 맞지 않는다고 설득당한 골드먼삭스 CEO한테 이용당하면 어쩌려고 그래?" 또 다른 친구가 맞장구를 쳤다. "근본적으로 네 주장은 한 번 거절했던 여자가 2주 뒤에 청하면 들어줄 거라는 의미잖아." 비난이 이어졌다. 그녀는 친구들의 반응에 어안이 벙벙했다. 그들은 모두 성공하고 학식 있는, 진보적인 사상을 지닌 개개인들이었지만 나의 지인에게 프로젝트를 중단하라고, 그러한 정보를 꽁꽁 감추어야 여성들을 방해하는 일이 없을 것이라고 이야기하는 듯했다.

그녀가 처음 염두에 둔 과제는 단순했다. "나는 공공 서비스 작업의 일환으로 작품을 창작했다."라고 그녀는 설명했다. 여성들(과 남성들)이 내면에서 일어나는 과정이 외면에 어떤 영향을 미치는지 이해할 수 있도록 도우려는 작업이었다.[8] 예술가로서 내면/외면의 개념은 오래전부터 그녀의 상상력을 사로잡았다고 한다. 「보이지 않는 달」과 함께 그녀는 예술 작품을 창작하고 동시에 다른 여성들이 알고 싶어 하고 수용할 것이라 여긴 정보를 공유하고자 한 것이었다. 그러나 친구들에게 그녀는 성 정치학의 판도라 상자를 여는 사람이었다.

나도 그 기분을 안다.

성차별이라는 목욕물 버리려다가
생물학이라는 아기까지 잃다

호르몬 주기 연구를 처음 시작했을 때, 내가 속한 사회 과학 분야는 크고 뛰어난 두뇌와 나란히 들어 올릴 수 있는 엄지를 지닌 우리 인류는 동물 왕국의 다른 친구들과 엄청나게 다르다는 사상을 확고한 기반으로 삼고 있었다. 물론 필연적인 일부 진화 고리를 인식하고 있었지만 인간의 정신과 욕망, 성적인 행동에 관해서라면 확실히 선을 그었다. 우리는 자연이 우리에게 명할 때가 아니라 우리가 원할 때 섹스를 하는 존재였다. 다른 포유동물은 호르몬에 속수무책이었고, 모든 것이 번식의 이름으로 이루어졌다. 다람쥐들은 주변을 뛰어다니며 미친 듯이 행동하다가 서로에게 달려들었다. 우리는 전화 번호를 교환했다.

당신은 내 연구가 인간에게서 동물적인 면을 보는 것이라고 이야기할 수도 있겠고, 실제로 그것은 나의 연구 경력 내내 해 온 일이기도 하다. 우리 인간이 자유 의지와 엮인 복잡한 지능과 감정을 지닌, 문화적으로 앞선 존재라는 생각을 품고 있는 특정 학계나 일부 과학계에서 동물과 인간의 연결은 늘 인기 있는 분야가 아니다. 수백 년간 수많은 과학자들은 인간과 동물 간의 진정한 차이를 확립하느라 노고를 아끼지 않았다. 학문의 전반적인 분야, 그리고 사회학 자체는 우리를 특별하고 차별화되며 더 나은 존재로 만들어 주는 인간 본성의 개념을 바탕으로 성립되었다. 우리가 무슨 행동을 한다면, 그것은 성 호르몬이 촉발한 화학 반응에 속수무책으로 휘둘린 때문이 아니라 우리만의 이유가 있기 때문이다. 우리는 근본적인 동물 본능이 아니라 우아한 인간의 본성에 의거해 움직인다.

그러나 내가 연구실에서 발견한 결과는 가임기(受胎期) 여성들이 가장 매력적인 남성을 찾아낸다는 점을 시사했고, 그것은 영장류와 햄스터, 그 사이에 존재하는 수많은 종에 속하는 암컷과 수컷에게도 똑같이 일어난다. (이 연구에 대해서는 5장에서 깊이 있게 다룬다.) 동물들의 호르몬과 상호관계를 연구하며, 나는 무시하는 것이 도저히 불가능한 행동 패턴을 온갖 종에 걸쳐 확인했다. 지극히 단순하게 말하자면 암컷들, 즉 원숭이, 쥐, 고양이, 개 등 다른 동물들은 호르몬 주기 동안 임신할 가능성이 가장 높으며, 그들이 일관되게 보이는 행동은 특히 건강한 새끼를 보장하는 수컷을 매혹하기 위해 고안된 듯하다. '건강'하다는 것은 조상 대대로 전해진 환경에서 더 잘 생존하거나 번식할 수 있는 능력을 의미한다. 확실히 징후는 종마다 다양하지만, 이처럼 예측 가능한 물리적 현상에서 인간이 전적으로 예외라는 것을 나로서는 받아들일 수가 없었다.

여성들은 한 달 중 임신 가능한 날이 2, 3일밖에 되지 않기 때문에 인간의 가임기는 다소 취약하고 그 기간이 순식간에 지나간다. 어째서 우리는 이 결정적인 시기에 섹스와 관련된 최선의 결정을 내릴 방법을 지니지 못했을까? 2006년이 시작되면서 나는 사실상 여성들이 '가임력 고조기' 동안 행동이 달라진다는 사실을 보여 주는 연구 논문을 쓰기 시작했다. 연구 결과 중에는 이런 것들도 있었다. 클럽과 파티에 가고자 하는 여성들의 동기가 높아졌고, '원래 파트너'가 아닌 다른 남성들을 눈여겨보기 시작했으며, 목소리가 더 높고 좀 더 여성스러운 톤으로 변했고, 더 매력적인 옷을 입었으며, 그들의 체취도 남성들에게 더 매력적으로 느껴졌다.[9] 나는 인간의 성적인 행동은 호르몬의 통제에서 '해방'되었다는 전제를 정면으로 반박할 예정이었다. 수태 기간 동안 인간 여성의 행동은 동물의 행동을 그대로 따르고 있다고, 여성의 성적 욕망이 변화했으며 여성의 가임력을 외형적으로 드러내는 조짐이 존재한다고 주장할 생각이었다. 따라서 우리의 영장류 사촌들보다는 좀 더 제한된 방식이기는 해도 인간의 가임기는 완벽히 감추어지는 것이 아니라 겉으로 드러나고 있었다.

일부 인간들은 우리도 한때 꼬리를 지닌 존재였음을 상기하는 것을 좋아하지 않는다는 사실을 나는 재빨리 깨달았다. 내 연구는 급진적으로 비쳤다. 어떤 이들에게는 마치 내가 "있잖아요, 우린 결국 동물 떼거리에 불과했어요."라고 말하며 여러 세대에 걸쳐 이룩한 과학적 연구를 묵살하는 것처럼 보일 터였다.

급진적이면서 복고풍. 어떤 이들은 내 연구 결과가 여성들을 위해선 뒷걸음질이라 여겼다. 그들은 연구 내용의 일부를 맹렬히 비난하며 대중의 인기에 영합하는 헤드라인을 뽑았고 (《굿모닝 아메리카(*Good Morning America*)》는 "생리 주기가 당신을 더 섹시하게 만든다고?"라는 헤드라인을 달았다.) 여성들이 출산과 자녀 양육, 심지어 자신의 생존이라는 난관에 반응하는 과정에서 자신의 성적인 행동을 훌륭하게 진화시켜 왔다는 내 연구의 광범위한 함의는 대체로 무시되었다. 게다가 내가 남성과 여성의 행동 간에 차이점을 지적하자마자 나는 성차별주의자들에게 빌미를 제공한 사람으로 인식되었다. 나의 예술가 지인(이나 CNN에서 논문이 난타당한 연구자들)과 다를 것 없이, 나는 여성을 하찮은 존재로 주변화하는 아이디어를 내세운 사람으로 비난받았다. 나도 그들을 '호르몬에 좌우되는' 존재로 부르고 있었기 때문이다.

40년 전, 그러니까 버먼 박사가 한 장의 제목을 "부실한 두뇌는 주로 여자들에게 생겨난다"로 정한 저서를 출간한 시기와 맞물려, 여성들은 페미니즘을 주류 운동으로 확립하고 남성과 여성의 차이를 완벽히 부인하지는 못하더라도 젠더 격차를 줄여 보려고 고전 중이었다. 1960년대 말을 시작으로, 페미니즘에 영감을 받아 생리 전 증후군(premenstrual syndrome, PMS)이 실제로 존재하는지 따져보는 과학 논문들이 여러 편 발표되었다. (어떤 여성을 정말로 화나게 만들고 싶거든, 그 사람의 신체적 감정적 불편함이 본인의 상상력이 만들어 낸 허구에 불과하다고 말해 주면 된다.) 수십 년간 남녀 평등의 이름으로, 남성과 여성의 행동 간에 차이점을 부각하는 것은 좋지 못하다고 인식되었다. 길을 물어보지 않는 남자들에 관한 농담을 하는 것은 그렇다 처도, 나는 성 호르몬이 여성의 두뇌에 미치는 방식에 관한 이야기를 하고 있었다.

나의 연구는 두 집단의 심기를 거슬렀다. 동물과 인간 행동 사이에 연관성이 있다는 나의 주장을 거부하는 이들과, 여성과 남성 사이에 내가 그은 선을 거부하는 이들이었다. 나의 연구와 실험 방법은 치밀한 점검을 받았고, 나를 비방하는 사람들은 심지어 연구 데이터가 조작되었다는 터무니없는 주장을 펼치기도 했다.

논란이 사라졌다고 생각하고 싶지만 아직 사라지지 않았고, 결국 사라지는 날이 과연 있을지 자신도 없다. 대중 문화를 양산해 내는 뉴스 제작자들, 편집자들, 기타 관련자들은 과학을 섹시하게 만들어 사람들이 관심을 갖도록 하는 것을 즐기므로, 우리 분야에 있는 다른 사람들의 연구와 내 논문을 그들이 이런 식으로, 그나마 정중했던 《뉴욕 포스트(New York Post)》의 헤드라인 "풍요의 흥분: 인간의 매력에 관한 열정적인 진화 생물학(Horny of Plenty: Passionate Evolutionary Biology of Human Attraction)"처럼 묘사하는 한, 논란은 지속될 것이다. (그리스 신화에서 음식과 풍요를 상징하

는 제우스의 '풍요의 뿔(horn of plenty)'을 이용한 언어유희. — 옮긴이)

어쩌면 여기서 헤드라인에 등장하지 않는 것이 진짜 뉴스일지도 모른다. 우리의 몸과 정신의 작용 방법을 더 잘 이해함으로써 여성의 권리는 (약화된 것이 아니라) 강화되었으며, 아직도 우리에게는 배울 것이 많다. 그것이 바로 나에게 동기를 부여한 주요 부분이다. 우리는 성적인 관계 및 낭만적 관계, 친구들과 친척들과의 관계를 비롯해 인간의 관계에 미치는 호르몬의 영향을 더 알아내야 한다. 이것은 남녀 모두에게 전반적인 인간 경험을 형성시켜 주는 관계이다. 또한 우리는 호르몬이 우리의 건강과 행복감에 영향을 미치는 방식을 더 잘 이해해야 한다. 하지만 더 많이 알아내기 위해서는 연구실에 더 많은 여성들을 영입해야 한다. 단순한 연구원으로서가 아니라 더 많은 역할을 하는 자리에 말이다.

남성들을 위해 비아그라가 발명된 이유

암과 약물 효능 같은 질병과 관련된 주요 생체 의학 연구는 수십 년간 남성 연구 참가자들을 대상으로 이루어진 반면 여성들은 대체로 배제되었다. 심지어는 남성들보다 여성들에게 더 흔하고 치명적인 뇌졸중 연구도 한때는 거의 배타적으로 남성 환자들에게만 집중되었으며, 모든 연구가 남성들을 대상으로 이루어졌던 까닭에 의사들이 여성의 심장병 진단에 대해서는 충분한 지식을 갖고 있지 못했다. 오늘날에는 더 많은 여성과 소수자들이 임상 시험에 포함되어 상황이 다소 나아졌지만, 공평함과는 거리가 멀다.

연구실의 젠더 격차는 정말로 실재하며 너무도 극심해 미국 국립
보건원에서는 최근 연구 지원금을 신청하는 과학자들에게 동물 연구 분
야에서 양성을 동등하게 포함시키도록 하는 조치를 취했다. 연구 지원금
신청자가 한쪽 성만 연구하길 원하는 경우에는 다른 성을 배제하는 '강
력한 정당성'이 인정되어야 한다.[10] 난소암이나 전립선암 같은 특정 성별
과 관련된 경우는 당연히 예외지만, 미국 국립 보건원의 분명한 목표는
질병과 치료 면에서 좀 더 광범위하고 유익한 연구를 권장하는 것이다.

　　당신이 연구 과학자가 아니라면, 애당초 실험용 쥐의 수컷과 암컷
의 수가 왜 동등하지 않았는지 의아해할지도 모르겠다. 왜 줄곧 더 많은
수컷이 연구되어 왔는지, 비용의 문제인지, 유용성의 문제인지 하고 말이
다. 공공연한 편견을 포함해 실제로 수많은 이유로 그러한 일이 벌어졌다.
20세기 들어 동물을 대상으로 현대 의학 연구가 본격적으로 이루어졌을
때, 소수 인종뿐만 아니라 여성의 건강에 대한 염려는 우선 순위가 아니
었고, 과학자들도 성별에 따른 생물학적 차이를 온전히 이해하지 못했다.
수컷만을 실험 대상으로 삼는 것을 포함해 연구 기준은 당시 표준이었던
문화적 편견을 반영했고, 그 결과 산후 우울증이나 일부 암 발생 비율이
유독 아프리카계 미국인에게만 더 높다는 점 같은 특이 조건에 대한 우리
의 지식은 수세대에 걸쳐 뒤쳐져 있었다.

　　편견 이외에도 암컷이 동물 연구에 포함되지 못했던 데는 다른 이
유가 존재했다. 대부분의 과학자들은 실험과 관련 없는 변수를 바라지
않았는데, 호르몬 주기를 지닌 암컷은 잠재적으로 불편한 '잡음'을 초래
하는 실험 대상이었기 때문에 명확한 패턴을 확인하기 어렵게 만들었다.
1923년에 발표된 연구는 우리에 갇힌 암컷 쥐가 호르몬 주기상 임신이 가

능한 발정기일 때 더 자주 운동용 쳇바퀴를 달린다는 사실을 보여 주었다.[11] 거의 100년 전에 한 연구가 오늘날까지도 변함없이 지속되어 온 견해를 제공했다. 암컷은 본질적으로 발정 주기 때문에 수컷보다 변수가 더 많다. 과학자들은 그런 번거로운 상황을 원하지 않았다.

과학적 실험에서 원인과 결과를 구분해야 할 때 변수는 정말이지 골칫거리다. 대니얼슨 선생님의 2학년 과학 실험 수업에서 학급 친구들이 모두 강낭콩을 받아 흙을 채운 종이컵에 심고 어린 싹의 성장 속도를 기록할 때, 컵을 창가에 두었는지 혹은 옷장 안에 두었는지에 따라 결과가 얼마나 달랐는지를 돌이켜보라. 대니얼슨 선생님은 모두에게 콩 한 알과 컵에 담긴 흙을 나눠주었다. 해바라기 씨나 기적의 영양제를 받은 사람은 아무도 없었다. 통제 집단은 명확했다. 달리 말해, 별도의 변수는 없었다.

과학자들에게는 열을 올리며 쳇바퀴를 달리고 있는 분주한 암쥐야말로 실험 대상으로 암컷을 쓰면 신중하게 통제된 실험을 엉망으로 만들 수 있는 변수를 도입하는 꼴이 된다는 증거였다. 발정기의 암컷은 그야말로 '엉망진창'이어서, 수월하고 성공적인 연구를 보장하기 위해서는 모두 수컷 동물을 대상으로 삼아 좀 더 예측 가능한 그들의 행동으로 실험을 진행하는 것이 더 낫다는 생각으로 발전했다. 그런 생각이 수십 년간 이어져 연구실은 다방면으로 수컷이 우세한 공간이 되었다. 2009년의 분석 자료는 실험용 동물 암컷보다 수적으로 우세한 수컷의 비율이 생리학 분야에서는 3.7 대 1, 약리학에서는 5 대 1, 신경 과학에서는 5.5 대 1임을 보여 주었다. 진통제가 남성에게는 잘 듣는데 여성에게는 잘 듣지 않는 이유를 생각해 본다면 이것은 좋은 통계가 아니다. 당신이 통증에 시달리는 여성이라면 특히 곤란하다.

일부 과학자들은 특정 실험 결과에서 암컷과 수컷 동물(이나 세포)의 반응 방식에 거의 편차가 없었음을 나타내는 연구를 강조하거나, 정반대로 성별 간의 차이를 강조하며 그로 인해 연구에 깊이가 생긴다는 이유로 그와 같은 편향이 의도적이라고 주장하며 국립 보건원의 개정된 실험 대상 지침에 반발했다. 어떤 상황에서는 그것이 사실이고 타당한 구석이 있을 수 있겠으나, 그런데도 사실은 남는다. 실제로 남성보다 여성에게 더 많이 발생하는 우울증과 성 기능 장애 같은 수많은 생리학과 심리학 분야에서는 응당히 여성에 관한 연구가 더 이루어져야 한다. 만일 실험실의 동물 연구부터 임상 실험에 이르기까지 연구에서 암컷 개체를 외면한다면 그러한 연구는 여성을 돕기까지 순조롭게 출발도 하지 못할 것이다.

UCLA의 생물학과 생리학 통합 과정 교수인 아서 아널드(Arthur P. Arnold) 박사는 성별 간의 생물학적 차이를 연구한다. 그와 그의 박사 학위 지도 교수인 페르난도 노테봄(Fernando Nottebohm)은 명금류 연구를 통해 특정 두뇌 회로에서 큰 성 차이를 최초로 발견했다. (수컷 새는 암컷보다 더 정교한 노래를 부르는데, 일반적으로 다른 수컷들과 경쟁하고 짝을 매혹하기 위해 그렇게 진화했다. 아널드와 노테봄은 수컷의 경우 노래 부르기와 관련된 세포들이 (5~6배까지) 더 크다는 것을 발견했다.) 아널드는 성 차이가 어떻게 다양한 장기 체계에서 질병을 촉진하거나 막을 수도 있는지를 보여 주는 연구를 강조하며, 새로운 국립 보건원 지침에 따라 너 많은 암컷 연구가 필수석이라고 믿는다. 그러나 아널드 역시 내가 앞서 언급했던 똑같은 반발에 부딪혔다. 그의 연구 내용처럼 수컷과 암컷 사이의 생물학적 차이를 조명하는 순간 곧 우리는 남성과 평등을 이루려는 여성의 능력을 깎아내리게 된다.

아널드는 이런 견해를 "막연한 페미니스트(far feminist)"라고 부르며 여성에 도움이 되기보다는 오히려 해가 된다고 믿는다. 성별 구분과 질병에 대한 민감성 연구 결과는 성별 간의 생물학적 차이를 부정하는 경우 여성의 건강 관리에 악영향을 줄 것이라는 증거다. 마찬가지로 나의 연구 결과는 만일 우리가 이런 차이를 부정한다면 여성의 섹슈얼리티, 그리고 아마도 좀 더 일반적으로 여성의 친밀한 관계뿐만 아니라 여성의 건강을 이해하는 데 뒤처질 것임을 시사한다.

예를 들어 어째서 성적인 만족감을 얻으려는 남성들을 위해서는 기억하기 쉬운 이름의 작고 파란 알약이 탄생했는데, 여성들은 (오랜 세월이 흐른 뒤에야) '성욕 감퇴 장애(hypoactive sexual desire disorder, 리비도가 약하다는 뜻인가?)', 줄여서 HSDD라고 불리는 증상에 처방되는 약 플리반세린(flibanserin)을 갖게 된 것일까? 플리반세린에 붙은 상호인 애디(Addyi)는 비아그라와 다른 방식으로 작용하는데, 생리학보다는 심리학과 관련이 있다.

남성들은 30분쯤 뒤에 섹스를 하고 싶을 때 비아그라(또는 레비트라나 시알리스)를 한 알 먹으면, 그 약이 페니스로 가는 모든 주요 혈류량을 증가시킨다. 여성들이 애디를 먹는 것은 그 여성이 평소 섹스를 원치 않기 때문인데, 플리반세린은 간단히 말해 뇌에서 세로토닌 분비를 낮추고 도파민 수치를 높여 그런 마음을 뒤바꾸려 한다. 여성은 파트너가 이미 렘수면 상태에 빠져 있거나, 출장을 갔거나, 혹은 그럴 기분이 아닐 때조차 매일 밤 자기 전에 애디를 먹어야 한다. 완경 이전 여성에게만 약효가 있고, 치명적인 저혈압을 불러올 수 있으므로 알코올 섭취는 절대적으로 금지된다. (알코올 금지 문제는 이 약물의 매출이 형편없다고 전해지는 이유를 설명해 줄 수 있을 것이다.)

생각해 보라. 이것은 진정한 불평등이다.

'여성용 비아그라'는 왜 존재하지 않으며, 또한 여성들은 피임약의 유해한 부작용과 부작용을 피하기 위한 적절한 복용량을 발견하는 데 왜 수십 년이나 걸려야 했을까? 우리는 여성에 대해서 왜 더 알지 못하는 것일까? 여성의 성적 흥분은 아마도 혈류를 모으는 것보다 훨씬 더 복잡하고 어려운 일일 것이다. 그러나 확실한 것은, 우리가 여성을 더 많이 연구했더라면 더 많이 알게 되었으리라는 점이다. 지금도 여전히 생물학자들 사이에서는 여성의 생식기는 제외한 체 페니스만 연구하는 경향이 존재한다. 지난 10년간 종을 막론하고 생식기 형태학에 관한 연구는 오로지 수컷에 집중되었다.[12] 10퍼센트 미만의 연구만 암컷을 다루었다.[13] 암컷의 생식기가 흥미롭지 못하기 때문이 아니다. 어떤 물새는 원치 않는 수컷의 정자를 차단하는 기능을 하는 여러 갈래의 막다른 질 주머니를 갖춘 정교한 미로 같은 생식기를 갖고 있다.[14] 페니스에 편향된 결론을 제시한 연구자들은 정당화할 수 없으며, 섹스에서 남성이 지배적인 역할을 한다는 가설을 반영했을 것이다. (또한 질 내부 성감대를 가리키는 G스폿이 진짜 존재하는지, 혹은《코스모폴리탄》같은 잡지 속에서만 살아나는 유니콘 같은 허상인지, 왜 우리 모두가 합의에 이를 수 없는지 그 이유를 설명해 줄 수 있을 것이다.)

여성이 연구실에서 따라잡지 못한다면 현실 세계에서도 따라잡지 못할 것임은 자명하다.

해답 찾기

수세대를 지나는 동안 우리는 수컷을 관찰하며 얻은 내용을 바탕으로 여성들의 관계와 건강에 관한 지식을 얻어 왔다. 섹스 영역에서 수컷은 쫓아다니고, 다른 수컷과 경쟁을 하며, 더 큰 성욕을 지닌다. 즉 그들이 지배자다. 수컷 공작이 화려한 쇼를 펼치면 못생긴 암컷 공작이 덤불에서 나온다. 나이 많은 수컷 고릴라는 다른 수컷을 죽이고 여러 마리의 암컷과 교미한다. 실험용 숫쥐는 공격적으로 암컷에 올라타고 암쥐는 환영의 몸동작으로 반응해 임신에 이른다. 그러나 이것은 암컷이 수컷을 순순히 받아들이도록 설계된 것처럼 수동적인 역할만 하는「동물의 왕국」수준으로 섹슈얼리티를 바라보는, 시대에 뒤떨어지고 제한된 시각이며 지난 10년간 부상한 과학과도, 현실과도 어울리지 않는 견해다.

암컷의 성적인 행동, 즉 욕망부터 성적인 반응, 번식을 이해하는 방법은 수컷의 성적인 행동에 대한 과도한 관찰을 그만두는 것이다. 대신에 우리는 단순히 남성들에게 보이는 여성들의 반응뿐만 아니라, 그들의 행동을 연구함으로써 왜 여성들이 그런 행동을 하는지 지속적으로 탐구해야 한다. 구체적으로는 호르몬 주기의 역할과, 시간에 따라 뚜렷하게 정해진 호르몬 단계를 최대한 활용하기 위해 여성의 두뇌가 어떻게 진화해 왔는지 더 면밀히 관찰해야 한다. 편향된 연구 탓에 특히 여성의 섹슈얼리티와 가임기의 역할을 포함해 여성의 건강과 행복 연구 분야의 발전이 얼마나 저해되었는지 가늠하기는 어렵지만, 이제 낡은 태도를 버리고 앞으로 나아갈 때가 되었다.

호르몬 변화에 따르는 지식을 이제는 받아들일 때다.

2

열 추적자들

이 책은 과거에는 확인할 수 없었던 여성의 성적, 사회적 행동 단계, 즉 호르몬이 지배하는 생리 과정과 그 단계를 연구하는 과학자들의 이야기다. 그것을 발견하기 위해서는 일단 좀 더 광범위하게 여성의 섹슈얼리티에 관한 우리 생각을 바꿔야 했다.

'열에 들뜬 암컷(female in heat)'이라는 표현은 암고양이가 주변 골목을 배회하며 짝짓기를 하려고 흥분한 수고양이를 시끄럽게 불러대는 모습이나, 혹은 헤픈 여성이 자제력을 잃어 욕망하는 남성에게 넘어가는 이미지를 떠오르게 한다.

가임 주기 중 임신 가능성이 가장 높은 단계를 흔히 가리키는 '열'의 진정한 의미('in heat'에는 '발정 나다.'라는 뜻이 들어 있다. ― 옮긴이)는 그보다 훨씬 더 미묘한 차이를 지니므로, 동물과 인간에게 벌어지는 생물학적 현상으로 제대로 탐구되어야 마땅하며, 천성이 불러일으킨 성적인 유혹쯤으로 경시해선 안 된다. 자기야, 내게 다가와(그리고 나에게 아기를 안겨 줘.)라고 말하듯 단순하지가 않다. 호르몬이 어떻게 암컷의 성적 행동에 영향을 미치는지 확실히 알고 싶다면, 혹시 기다리고 있을 정자에 의해 수정될 가능성을 향해 난소에서 난자를 내보내기 직전에 발생하는 이른바 열, 혹은 발정 현상(estrus)을 좀 더 면밀히 들여다보는 것으로 시작해야 한다. 번식을 넘어선 발정 현상의 역할을 이해하는 데 인류 역사의 대부분을 쏟았지만 우리는 여전히 그 비밀을 찾고 있는 중이다.

과학계에서 발정 현상을 둘러싼 우리의 견해는 고대로 거슬러 올라간다. 짝을 사로잡고 지키려는 여성으로서의 욕망 때문에 광란의 상태로 빠져드는 성적 매력이 넘치는 인간(혹은 여신)에 대한 묘사부터 시작되는 것이다. 신화 속 인물이든 현실 속 인물이든 그런 여성들이 필연적으로 '열에 들떠 발정 난' 상태는 아닐지 몰라도 그들을 그려 내는 서사는 어느 정도 호르몬에 휘둘린 모습으로 치부된다. 유혹하는 이브, 복수심에 불타는 헤라, 열정적인 클레오파트라, 현실에 연이어 등장하는 팜므 파탈, 계략을 꾸미는 왕비, 마녀, 교미 후 수컷을 잡아먹는 독거미에 비유되는 수많은 과부들. 여기에는 속박에서 벗어난 여성들에 대한 거의 공포에 가까운 시각이 담겨 있는데, 역설적이게도 이런 견해는 여성들이 종종 억압되고 무기력했던 시대에 존재했다.

그러다 현대 과학이 추진력을 얻으면서 사고 체계에도 제2의 물결이 찾아왔고 광분한 여성의 전형은 빛을 잃고 덜 위협적인 형태, 즉 매달 호르몬의 변화에 흔들려 남성의 접근을 좀 더 받아들이게 되는 수동적인 여성상으로 옮아갔다. (그런데도 완전히 대체되는 일은 절대 없었다.) 기다리던 남자가 노크를 하면 여자는 벌떡 일어나 문을 활짝 열어젖힌다. 이것은 여성 호르몬을 바라보는 쉽고도 깔끔한 방법이었으며, 어쩌면 임신과 혈통 보존을 보장하는 방법에 지나지 않았을 것이다.

마침내 발정 현상을 현대적으로 풀어 내는 이야기가 생겨났고, 그 안에서 여성은 본인의 섹슈얼리티와 생식력을 연출하는 데 훨씬 더 역동적인 역할을 담당한다. 그들은 옛날처럼 음란하고 히스테리컬한 여성들이 아니며, 때맞추어 만난 남성의 관심과 아기씨를 받아내는 단순한 그릇도 아니다. 여성들의 행동에서 그러한 패턴을 찾으려는 노력으로는 실질적인 여성들의 행동에 관해 새로운 통찰력을 얻지 못했다. (또한 동물 연구에서도 실패하곤 했다.) 좀 더 현대적인 관점을 통해 우리는 호르몬과 여성의 섹슈얼리티 간 관계의 진정한 본질을 발견하고 발정 현상 같은 여성의 상태를 이해하게 되었다.

오스틴의 열기

텍사스 대학교 대학원생이었던 나는 무덥고 습한 오스틴의 밤마다 공부도 하고 일도 하고 전형적인 대학원생들이 할 만한 짓을 벌이며 보냈다. 하루는 땀에 젖은 또 다른 대학원생 친구와 파티에 참석해 차가운 샤이너벅 맥주 한 병을 마시고 있었다. 좁고 빽빽한 공간에 그토록 뜨거운 인간 난로들이 많이 모여 있으니 모두들 약간 독한 체취를 풍겼고 특히 그 남자는······.

과학자로서 발정 현상의 길을 추적하는 나의 여정은 대학원에서 시작되었는데, 나는 실험실에서 관련 연구를 수행했을 뿐만 아니라 매달 특정 기간이 되면 달라지는 나 자신의 행동과 같은 양상을 보이는 동성 친구들의 행동를 면밀하게 관찰했다. 남성들에 대한 나의 견해, 나 자신에 대한 견해, 사회적 존재에 대한 전반적인 관심은 매일 변화했고, 다른 여성들도 마찬가지였다. 이러한 변화는 여성에 대한 일종의 고정 관념, 즉 여성은 변덕스럽고 반대만 하며 쉽게 달아올랐다 식는 아가씨들 같은 존재일 뿐이라는 시각으로 다뤄졌다. 진화 생물학자로서 나는 이 관념이 믿음직하지 않았으나, 과학을 계속해서 탐구하며 인간의 경험과 우리 사촌인 동물들의 경험 사이에도 유사점이 있음을 알게 되었다.

당시 나는 보편적으로 인정된 지식을 배웠다. 즉 호르몬 주기의 가임 기간 동안 인간의 성적인 행동은 달라지지 않으며 배란은 완벽하게 감추어진 사건이라는 것이었다. 그러나 다른 거의 모든 포유동물은 발정 기간 동안 상당히 다른 행동을 보였다. (숙녀들은 함부로 그 시기를 드러내지 않지만, 개코원숭이 암컷은 실제 부풀어 오른 생식기로 발정기를 드러냈다.) 그러나 인간을 형성한 진화의 힘을 좀 더 깊이 고찰하면 할수록 나로서는 이 생각이 더욱 더 의문스러워졌다.

진화는 번식과 관련된 영리한 결정들의 결과다. 분명 인간의 진화는 짝짓기를 중심으로 특별히 준비된 단계에 맞춘 정신적 결정을 장려했을 테고 그 결정은 번식력을 염두에 두었을 것이다. 동물과 인간 모두에게 똑같이 성석 행농의 이득과 잠재적 비용은 높다. 성공적인 짝짓기의 결과는 그런 성공적인 짝짓기 결정을 내리게 했던 유전자의 영구 보존이며, 실패는 진화의 막다른 길이다. 나는 자문했다. 도대체 왜 우리 인간의 두뇌는 주기에 따른 번식력의 차이에 무관심하도록 진화되었을까?

바로 그 질문을 떠올렸던 오스틴의 그날 밤이 다시 떠오른다. 그날 밤에 대해서는 아주 강한 기억이 남아 있다. 내 옆에는 반짝이는 아이디어를 좋아하는 매우 똑똑한 친구이자 나처럼 진화 생물학자인 동료 하나가 앉아 있었다. 그는 파티에 자전거를 타고 왔던 것 같다. 체취가 강렬했기 때문이다. 코를 찌를 듯 매캐하고 사향 냄새 같기도 했던 체취는 평소의 나라면 지나치다고 외면했을 정도였다. 그런데 그날 밤 나는 그의 체취를 흥미롭다고 생각했고 심지어 (설마 그랬을 리가?) 섹시하다고 여겼다. 나는 그를 훑어보았다. 이제껏 그를 매력적이라고 생각했던 적은 결코 없었다. 평소 나는 그의 얼굴이 약간 너무 각이 졌고 너무 크고 너무 남성적인 외모라고 생각했다. 그런데 뭔가가 그를 다르게 보도록 나를 이끌었다. 처음 만났을 때 별로 관심 없었던 남자에게 그런 비슷한 일을 겪은 적은 전에도 있었다. 나중에 데이트를 하며 그를 다시 봤을 때에는 왜 좀 더 유심히 관찰하지 않았던가 의아했기 때문이다.

몇 달 뒤, 과학 논문 한 편(이제는 유명해진 '냄새 나는 티셔츠 연구')이 발표될 예정이었고 그 논문에서는 부분적으로 여성들이 특정 생리 주기 단계 동안 남성들에게서 어떤 매력을 찾는지 추적했다.[1] 연구 결과 중에는 이런 것들도 있었다. 가임기 여성들은 좌우 대칭되는 외모의 남성들을 더 매력적으로 여겼고, 체취는 단서로 작용해 여성을 특정 남성에게 이끌었다. 남성의 균형미가 중요한 요인인 이유는 잠재적으로 강한 유전 형질의 존재를 가리키기 때문이다. 여성은 남성이 제공한 고도로 건강한 유전자를 자식에게 전달할 수 있고, 그렇게 함으로써 자식의 생존과 자체 번식 성공을 보장받을 수 있다. (적어도 인근에 종합 병원이 없는 곳에서 살며 질병이나 부상의 위험을 맞닥뜨렸던 인류 조상들의 환경 조건에서는 그러하다.)[2]

그 연구는 다음과 같은 깨달음을 주었다. 나는 특정한 남성들에게 관심을 기울였던 것이 아니었으며, 내가 매력적이라고 여겼던 것은 호르몬 지능에 따라 체계적으로 변할 수도 있다는 사실이었다. 그날 밤 파티로 되돌아가 보자면, 나는 별안간 잘생겨 보이고 놀랍도록 섹시한 체취를 풍기는 남자와 맥주를 홀짝이고 있었던 게 아니었다. 일부 동물들이 그러는 것처럼 잠재적인 짝을 후각으로 알아내기 위해 호르몬 지능을 이용하고 있었던 것이다. 훗날 열을 추적해 가는 이야기의 주요 부분이 될 그 논문은 우리의 비인간 사촌들이 여러 세대에 걸쳐 최대한 활용해 온 발정 현상 같은 과정을 인간 여성도 소유하고 있다는 강력한 증거를 제시하는 최초의 연구였다. (나는 인간의 발정 현상을 추적하는 나 같은 연구자들을 열 추적자들이라고 부를 것이다.)

발정 현상: 동물적 매력부터 시작하자

아마도 동물과 인간의 발정 현상에서 유사성을 찾기란 어려웠을 것이다. 우리와 달리 동물은 가임기에 관한 한 너무도 두드러지기 때문이다. (일부 발정하고 흥분한 동물들의 피가 몰린 외부 성기에는 미묘함 따위는 존재하지 않는다.) 인간과 동물 행동의 극적인 차이에도 불구하고 여전히 연결성을 찾는다면, 이 같은 생물학적 현상이 종별로 어떻게 펼쳐지는지 이해하는 것이 중요하다. (최소한 영문법을 약간 공부하게 될 것이다. '발정기에 접어든 암컷 (female in estrus)'이라는 표현에서 보듯 '발정/발정 현상(estrus)'은 명사형이고, '발정 주기(estrous cycle)'에서 쓰인 'estrous'는 형용사다.)

발정 현상은 암컷의 섹슈얼리티를 특징 짓는 현상이며 더 큰 범위의 발정 주기(호르몬 주기나 가임 주기로도 표현된다.)에 따라 일어난다. 발정 현상은 난소가 난자를 배출하기 직전에 이루어진다. 혹시 잔류하고 있을 지도 모를 정자하고도 수정하기 위해서다. 쥐, 생쥐, 개, 다른 수많은 종의 경우 발정 현상은 암컷이 짝짓기하는 시기에만 일어나며, 이는 동물과 인간(그리고 밝혀진 대로 많은 영장류)의 주요 차이점이다.[3] 또한 인간을 포함해 발정 현상이 있는 모든 종의 경우 아마도 수컷이 암컷을 특히 매력적으로 여기는 때도 바로 이 시기다.[4]

발정 현상이 일어나는 동안에만 짝짓기를 하는 암컷들은 발정 주기의 다른 시기에는 상대 수컷에게 거의 관심이 없다. 암컷 햄스터는 이 엄격한 시간의 틀을 극단적인 수준으로 완강하게 지킨다. 톱밥 속 아늑한 보금자리에 웅크리고 있는 작고 보들보들한 공처럼 생긴 이 동물을 당신은 그런 식으로 생각해 본 적이 결코 없을 것이다. 하지만 동물의 왕국에서 암컷 햄스터는 가장 공격적인 암컷에 속한다. 암컷 햄스터는 맞닥뜨리는 수컷이라면 누구든 잔혹하게 공격을 감행하는데, 상대에게 달려들어 몸싸움을 벌이고 재빨리 물어뜯으며 때로는 뒷다리를 이용해 갑자기 몸을 떼어 낸 뒤 물어뜯은 수컷의 살점을 입에 물고 가 버린다.[5]

그러나 발정기에는 그렇지 않다. 배란이 가까워지기 시작하면서 발정 상태에 돌입하면 암컷 햄스터는 굴에서 나와 수컷이 따라올 수 있도록 좋은 향을 흔적으로 남긴다. 수컷이 찾아오면 암컷은 굴 안으로 수컷을 데려가 교미한다. 그러나 일단 볼일이 끝나면 그것으로 끝이다. 암컷은 다시 공격적으로 변해 수컷 햄스터를 당장 굴 밖으로 쫓아낸다.[6] (반려 동물 상점 주인들은 햄스터 우리를 성별에 따라 분리하지 않고 그냥 두었다가는 물린 자국이 있는 수컷 사체를 수없이 발견하게 될 것임을 잘 안다.)

그러나 기꺼이 하는 것과 할 수 있다는 것은 각각 다른 이야기다. 햄스터를 비롯해 많은 종은 발정기 동안에만 짝짓기가 물리적으로 가능하다. 암컷 햄스터는 발정기 때에만 생식기의 입구가 열린다. 발정기에 뒤이어 암컷의 몸에는 폐쇄 점막('음경 장애 구역'에 해당하는 과학 용어)이 자라나 교미를 위해 접근할 가능성이 있는 모든 수컷을 차단한다. (수컷들아, 꿈도 꾸지 마, 날 가만 두지 않으면 물어뜯어서 죽여 버리겠어.)

암컷 쥐들은 엄격하게 호르몬의 통제를 받는 '천추 전만(lordosis)' 반사 반응을 일으킨다. 천추 전만은 발정기 동안에만 생기며, 수컷이 교미에 성공하기 위해선 필수적인 현상이다.[7] 교미를 하려고 접근할 때 수컷이 암컷의 뒷다리에 몸을 문지르면 암컷은 꼬리를 옆으로 치우고 등을 아래로 활처럼 굽히고 궁둥이를 올려 천추 전만 반사 반응을 일으켜 수컷이 삽관(intromit, 역시 임상 용어이지만 독자 여러분이 굳이 찾아볼 필요는 없다.)할 수 있게 해 준다. 천추 전만 없이는 생식기 입구의 방향이 아래쪽으로 향해 있어 수컷과 암컷의 교미가 구조적으로 불가능하다.

암컷에게 생기는 이런 변화의 요인은 호르몬이다. 호르몬은 기꺼이 짝짓기를 하려는 의향뿐만 아니라 짝짓기를 할 수 있는 능력까지 부여한다. 이런 양상을 반복해서 관찰해 온 과학자들은 발정 호르몬과 암컷의 성적 행동 사이에 직접적인 관계가 있다고 확신한다.

창문 열기

동물계에서는 대개 암컷이 최적의 수태 기간(fertile window, '창문 열기'라는 소제목은 수태 기간, 가임 기간을 뜻하는 이 표현에 든 '창문(window)'을 열어야 임신이 가능해짐을 은유로 사용한 것이다. ─ 옮긴이) 또는 '고전적인 발정 현상'이라 불리는 상태에 있을 때만 교미를 한다. 암컷들은 번식 주기의 다른 때에는 짝을 찾으려는 동기가 부여되지 않으며, 교미하려는 수컷들의 어떠한 시도도 거부한다.

원숭이, 긴팔원숭이, 유인원(그리고 맞다, 인간)은 사실상 주기 중 언제라도 성관계를 할 수 있다.[8] 침팬지의 경우 비가임기 단계에 성생활이 더 문란할 수도 있음이 일부 관찰되기는 하지만, 이 영장류들 가운데서도 성관계는 고전적인 발정 현상이 일어나는 동안 가장 빈번하게 일어난다.[9] (그리고 인간의 경우, 나중에 살펴보겠지만 가임기의 창문이 열려 있는 동안에 실제로 성관계가 일어나지 않을지라도 발정 현상 같은 성욕은 발생한다.) 과학자들(과 수많은 비전문가들)이 오랜 세월 관심을 기울여 온 결과, 열에 들떠 있을 때 보이는 암컷의 성적 행동은 다르다는 것이 관찰되었다. 하지만 사회적, 성적 행동의 변화가 정확히 의미하는 것은 무엇일까? 그리고 우리가 '호르몬에 좌우되는' 암컷을 진정으로 이해하고자 한다면 그런 행동들을 어떻게 해석해야 할까?

단순한 해답은 이것이다. 언뜻 보기에 발정 현상이 낳은 행동들은 (냄새로 단서를 남기는 햄스터부터 다른 사람보다 특정 남자들을 더 매력적으로 여기는 여성에 이르기까지) 성관계를 하려는 암컷의 욕망이 증가했음을 가리키는 듯하다. 진화론적 관점에서 볼 때 이는 앞뒤가 맞는 행동이다. 발정 상태는 임신의 최적기이므로 암컷의 뇌는 성 호르몬의 호의로 그 소식을 재빨리 퍼뜨린다. 이봐! 적당한 때가 왔으니, 섹스를 해! 진화의 막다른 길이 되지는 마. 난자를 수정시킬 정자를 받아들여서 아기를 가져!

이 시나리오에는 두 가지 간단한 버전이 있다. 하나는 암컷이 수컷 사냥을 나가 성관계를 하도록 애걸한다. 다른 한 가지는 암컷이 좀 더 수동적이다. 그들은 뭔가 매혹적인 화학 물질을 단서로 내뿜어 간절한 수컷이 따라오도록 유도한다. 그런 다음 찾아온 수컷과의 성관계를 단순히 수용하는 식이다. 양쪽 방법 모두 암컷들은 정자를 얻어 그들의 유전자를 다음 세대에 전한다. 임무는 완수되었다.

그러나 그 시나리오는 너무 단순한 것으로 드러났다. 동물들에게도 너무 단순하고 인간에게는 확실히 지나치게 단순하다. 현재 우리가 발견해 내고 있는 것은 뇌에서 뭔가 훨씬 더 미묘하고 흥미로운 작업이 벌어지며, 바로 그것이 발정 현상이 일어나는 동안 과거 우리가 생각했던 것보다 훨씬 더 적극적인 역할을 하도록 암컷들을 이끄는 요인이라는 점이다. 발정 기간이 암컷들에게 성관계를 하도록 동기를 부여하는 시기를 가리킨다는 점은 이미 아는 사실이었지만, 암컷들이 극단적으로 선별에 까다로워진다는 것은 새로이 발견한 사실이다. 그들은 특별한 자질을 갖춘 특정한 종류의 수컷을 조심스럽게 찾아낸다.

암컷의 섹슈얼리티는 전략적이다. 그러나 우리는 항상 그 점을 그런 식으로 바라보지 못했다.

광분한 암컷의 짧은 역사

'발정 현상'이라는 단어의 고대 그리스 어 어원은 암컷의 섹슈얼리티에 관한 초창기의 집요한 개념을 드러내며, 문제의 암컷이 여신이든, 인간이든,

동물이든 상관없다. 아이스킬로스의 비극 「포박된 프로메테우스」[10]에서 제우스는 자신의 아내(질투심이 아주 강한 아내 헤라)가 아닌 매력 넘치는 젊은 상대와 (또다시) 사랑에 빠진다. 저항할 수 없이 유혹적이고 감미로운 이오를 복수심에 불타는 배우자로부터 숨기기 위해 제우스는 연인을 …… 암소로 변신시킨다. (키우던 가축이 사실은 그리스 여신이라고 사람들에게 믿게 만들려던 외로운 농부들이 좀 있었던 게 틀림없다는 생각을 낳게 할 만한 이야기다.) 최근에 저지른 남편의 불륜을 알아차린 진노한 헤라는 가축을 성가시게 따라다니며 무는 파리인 쇠가죽파리(그리스 어로 오이스트로스(oistros))를 보낸다. 쇠가죽파리는 가엾은 이오를 정말로 물어 광분하게 만들었고, 집에서 점점 멀어져, 제우스와도 점점 멀어지도록 몰고 간다. 발정 현상이 암컷 포유동물을 성적 욕망이라는 야성의 광분 상태로 몰아넣는다고 생각했던 것처럼 오이스트로스는 이오에게 안절부절못하는 광란을 일으켰다.

아이스킬로스는 광기의 상태를 묘사하는 데 오이스트로스를 이용했다. 훗날 『국가론』[11]에서 플라톤은 그 용어를 '혼란(confusion)'을 나타내는 데 사용하고, 호메로스는 『오디세이아』[12]에서 '공황 상태(panic)'를 가리키는 데 사용한다. 따라서 발정 현상을 가리키는 현대 용어 'estrus'라는 낱말의 뿌리에는 광기, 광란, 혼란, 공황 상태의 의미가 함축되어 있다. 그리스인들은 수많은 위대한 것들의 근간을 마련했지만, 발정 현상이 여성에게 논리 없는 행동을 일으키고, 무분별하게 욕정에 사로잡혀 문란해지는 원인이 된다는 생각의 씨앗을 뿌린 책임 또한 져야 할 것이다.

길들인 개와 고양이 혹은 사육용 가축과 함께 살아오는 동안 인간은 열에 들뜬 동물들, 특히 짝짓기에 열심인 암컷들의 행동을 주시해 왔다. 짐승 중에서도 암컷의 성욕에 관한 사고는 심지어 구약 성서에도 나타난다. 하느님 본인이 낙타에 관해 하는 이야기는 이러하다. "그 발정기에 누가 그것을 막으리요. 그것을 찾는 것들이 수고하지 아니하고 그 발정기에 만나리라."[13] 검과 샌들의 시대에 암컷은 "발정기에 늘 만날 수 있는" 존재였기 때문에 언제든 수컷과 갈 준비가 되어 있고 통제 불능에다 만족할 줄 모른다고 생각되었으며, 그 생각은 입증 가능하다는 힘까지 갖게 되어 현대까지 이어져 내려왔다.

1700년대 후반에 이르면 발정이 나 '열에 들뜬' 상태의 동물을 묘사하는 영어 문서가 흔하고, 이 용어는 농장 운영 과정을 기록한 보고서에도 나타난다. 발정 난 암소가 (고대의 조상 이오처럼) 소리도 더 많이 지르고 안절부절못한다는 것은 우리도 아는 사실이다. 마찬가지로 발정 상태의 돼지, 양, 염소는 울음 소리를 더 많이 내며 마치 수컷들이 있는 곳으로 나갈 길을 찾기라도 하듯 우리 주변을 따라 뛰거나 걸어 다닌다.[14] 발정 난 개와 고양이는 담장 아래에서 달싹거리거나 담을 넘어 뛰쳐나가고 때로는 짝을 찾아 수 킬로미터를 돌아다닌다. 발정 난 붉은털원숭이 암컷은 수컷 우리로 이어지는 문을 열려고 가로대를 더 빠르게 눌러댄다.[15] 발정 난 쥐는 수컷에게 접근하기 위해 전기가 통하는 철망을 건너간다.[16]

이 모든 증거는 광분 상태의 암컷을 그리는 대중적인 묘사와 결합되어 발정 기간 동안 호르몬 스위치가 켜지는, 말하자면 '흥분하는' 암컷 표현의 근거가 된다. 일단 스위치가 켜지면 암컷은 짝짓기를 위해 파트너를, 상대가 누구든 상관없이 찾아 나서며 욕정을 숨김없이 드러낸다. 담을 뛰어넘고 문을 부수는 따위의 위험도 감수하며, 성욕을 만족시키기 위해서라면 무슨 일이든 한다.

그러나 다시 한번 말하지만 동물의 행동(과 우리 인간의 행동)은 그저 그렇게 단순하지가 않다. 초창기 동물 연구학자들이 발정기의 행동을 해석하려 시도한 것처럼 성적인 열기에 들뜬 문란한 암컷 개념은 또 하나의 전혀 다른 이론에 의해 무너지며, 암컷의 극적인 변화가 조명된다. 통제 불능이었던 암컷은 지극히 순종적으로 돌변했다.

남녀가 만난다, 그리고 여성은 '수용'한다

실험실에서 다년간 동물을 관찰한 이후 연구자들은 암컷의 역할에 대해서 다시 생각하기 시작했고, 발정기의 성욕이 어느 정도 범위에서 암컷의 행동과 생식 과정을 제어하는지 의문을 품었다.

발정기에 열에 들뜬 암컷은 도발하는 쪽일까, 아니면 수컷의 접근을 받아들이는 쪽에 더 가까울까? 과학자들은 발정 상태에서 광분했던 암컷을 묘사했던 입장과는 꽤 상반되는 견해로 옮겨 가고 있었다. 20세기의 상당 기간 동안 과학자들은 암컷이 대체로 수컷의 접근을 받아들인다고 믿었다. (연구의 초점은 동물이었지만, 그들의 새로운 견해 역시 어느 정도 인간 사회를 반영하고 있었다. 즉 실험실 밖에서 남성들은 전통적으로 리드를 하고, 여성들은 일반적으로 따르는 쪽이었다.)

수컷이 주도적이라는 견해는 암컷의 경우보다 더 복잡하다고 여겨졌던 수컷의 성적 행동에 과학자들이 중점을 두면서 어느 정도 발전했다. 1960년대 후반 성적 행동 연구의 선구자인 프랭크 비치(Frank Beach)는 정확히 그 점(비록 나중에 견해를 바꾸긴 했지만)을 가리키는 것으로 보이는 연구를 수행했다.[17] 그는 수컷 비글 종 개를 연구하며, 거세한 지 한참 뒤에도 여전히 암컷과 교미에 성공한다는 사실을 관찰했다. 실험견들이 새끼들의 아비가 되었기(거세 상태로는 불가능하다.) 때문이 아니라, 개 입장에서 볼 때 성관계 후 침대에서 피우는 담배 한 개비에 해당하는 뭔가 흡족한 수준에 도달했기 때문이었다. 개들의 성공적인 짝짓기 징후는 교미 잠금(postcopulatory lock)이라 부르는 자세다. 엉덩이와 엉덩이를 맞대 수캐의 음경으로 서로 연결되면 정액이 암캐에게 완벽하게 이동하도록 암수를 고정시키는 기능을 한다. 교미 과정이 끝날 때까지 수컷은 말 그대로 암컷에게 '잠겨(locked)' 있다. 거세된 비글은 여전히 이 행동이 가능하다.

그러나 암컷의 난소(와 결과적으로 생성되는 호르몬까지)를 제거하면 교미 기간은 갑자기 끝이 나며, 교미를 하려는 수컷이 아무리 시도해도 암컷이 거부한다.[18] 비치의 연구는 암컷의 성적 행동이 철저하게 호르몬의 제어에 따르고 있다는 점을 시사한다. 발정기에는 (온전한 난소와 분출된 호르몬의 영향으로) 흥분하고, 그렇지 않을 때는 가라앉는 식이다. 그러나 수컷은 호르몬 주기에 좌우되지 않는 좀 더 복잡한 방식으로 행동했다.

당시 발정 상태의 암컷은 주로 수컷의 자극에 반응한다고 여겨졌다.[19] 수컷(설치류 혹은 개)이 접근하면, 암컷이 발정 상태인 경우 교미를 '수용'했다. 이처럼 수동적인 암컷 개념은 동물의 왕국에서 지배적인 위치에 놓인 수컷 패러다임과 깔끔하게 맞아 떨어진다. 이 견해에 동의한다면 암컷이 아닌 수컷이 공격자이자 도발자라는 사실이 이해되었다. 물론 이것이 자연의 법칙이라고 많은 사람들이 실제로 믿었는데, 부분적으로는 암컷이 수컷만큼 면밀하게 연구되지 않았기 때문이다. 동물 연구에서 페니스에 집중된 편향을 잊지 말자. (1장) 암컷은 실험실에서 수컷만큼 광범위하게 연구된 적이 없기 때문에 단순히 말해 과학자들은 암컷의 성적 행동에 관한 지식이 더 적었다.[20]

그러나 수컷/암컷의 성적 행동에 대한 새로운 이해의 조짐이 보였다. 비치 본인도 결국에는 수동적인 암컷의 행동 이론을 다시 생각하기 시작했는데, 특히 비글 암수가 궁극적인 합체 과정에서 생식기가 잠기기 훨씬 이전, 짝짓기 게임의 초반부에서 비글 암수 사이에서 일어난 행동을 관찰한 결과였다.[21]

남녀가 만난다, 장면#2.
수동적이 아니라 능동적으로

짝짓기 춤에 관한 한 수컷이 주도적이라면, 비치의 연구에서 목격된 중요한 관찰 내용을 그는 어떻게 설명했을까? 비치는 열에 들뜬 암컷이 수컷의 추적을 이끌어내려고 한다고 지적했다. 수컷 비글이 기둥에 묶여 있어서 짝짓기를 열망하는 암컷을 쫓아올 수 없는 경우, 암컷은 관심을 잃고 다른 수컷을 찾아 나섰다. 뭐야? 넌 날 따라오지 않겠단 거야? 좋아, 그렇다면 넌 잊어 주마! 동물의 교미에서 이것은 좀 더 보편적인 원칙일지도 모른다고 비치는 생각했다. 암컷은 그냥 내숭을 떨며 수컷을 성가시게 구는 게 아니었다. 그것은 수컷을 찾는 진정한 시험이었다. 네가 나를 잡을 수 있는지 (혹은 내 마음을 사로잡거나 구애를 하거나, 그게 아니라면 내 자식들을 위해 네가 아비가 될 자격이 있다는 것을 입증해 봐.) 입증할 수 없다면 난 너와 교미하지 않을 거야. 이것은 암컷 개들이 (발정 상태일 때조차) 그냥 아무 수컷이나 찾는 것은 아니라는 점의 증거가 되었다. 수컷은 암컷을 잡을 수 있을 만큼 충분히 힘세고 건강해야 했다.

흥미롭게도, 그리고 어쩌면 그리 놀라울 것도 없이 '암컷의 전략적인 선택'이라는 주제는 1970년대와 1980년대 들어 생물학 분야에서 유입되어 떠오른 젊은 여성 학자들 집단이 수행한 연구로 널리 알려졌다. 심리학자 마사 맥클린톡(Martha McClintock)은 1974년 박사 논문에서 우리가 번식과 생리학에 관해 알고 있는 지식은 상당수 쥐, 실험실 우리에 갇힌 쥐를 기반으로 한다는 사실에도 불구하고 야생 상태의 쥐에 대해서는 거의 아는 것이 없음을 지적했다.[22] 일반적 기준이 된 수동적인 암컷 패턴이 등장한, 실험용 쥐의 표준 암수 성비를 생각해 보라. 수컷이 접근해 올라타며 암컷을 붙잡고 암컷의 뒷다리를 쓰다듬는다. 암컷은 척추 전만 반응을 보이며 수컷이 교미에 수월하도록 등을 활처럼 구부린다. 몇 번의 교미 절차 이후 수컷은 사정을 한다. 수컷은 휴식을 취했다가 되돌아와 그 패턴을 반복한다.[23] 여러 번의 올라타기와 사정 이후, 암컷은 (놀라울 것도 없이) 임신한다. 그러므로 실험실에서는 수컷이 접근하고 암컷은 반응한다. 쿵, 퍽, 고마워요, 아가씨.

그러나 야생에서 쥐들은 전혀 다른 방식으로 서로 관계를 맺는다. 맥클린톡이 동시대 생물학자인 메리 어스킨(Mary Erskine, 쥐의 행동 연구 전문가로 여겨지는 선구적인 신경 과학자)과 함께 자신의 연구에서 보여 주려 했던 것은, 자연 환경에서 암컷은 실험실 암컷들처럼 수컷의 접근을 단순히 받아들이지 않는다는 점이었다. 암컷 쥐는 보통 여러 마리 암수 쥐들과 함께 구불구불한 굴속에서 산다. 잠깐만 생각해 보자. 실험실에서 쥐들은 종종 성별에 따라 갈라 놓는다. 수컷 한 마리와 암컷 한 마리가 합방을 하게 되면 암컷은 짝짓기 상대를 고르지 못한다. 그냥 짝을 할당받을 뿐이다. 기본적인 실험실 환경이 뒤바뀐다면, 그런 행동 역시 따라서 바뀔지 모른다.

야생에서는 암컷들이 미로 같은 굴속에서 수컷들과 가까이 살아가기 때문에 수컷에게 접근하거나 달아날 능력이 있을 뿐만 아니라, 교미할 수컷의 순서를 선택함으로써 성적 행동의 속도를 조절할 기회 또한 갖는다.[24] 모든 행동이 만천하게 드러나는 조명 환한 여학생 전용 기숙사에서 사는 대신 그들은 어두운 구석이 많은 나이트클럽으로 달아날 수도 있다. 그리고 그들은 마음 내키는 대로 행동한다.

맥클린톡의 연구는 야생 암컷 쥐들이 교미에 앞서 암컷 특유의 뚜렷한 행동을 한다는 것을 보여 주었다. 우선 암컷은 자신이 선택한 수컷에게 다가간다. 그런 다음 귀를 쫑긋거리고 폴짝폴짝 뛰며 쏜살같이 달아나 수컷의 관심을 더 끌기 위해 쫓긴다.[25] 수컷이 뒤에서 접근한 다음 단순히 암컷에게 올라타는 실험용 쥐의 성생활과는 상당히 다르다. 자연스러운 환경에서 암컷들은 다른 수컷들과 여러 번에 걸쳐 교미하며, 교미 순서에서 처음과 마지막에 사정하는 수컷이 새끼들 대부분의 아비가 되는 것으로 드러났다. 야생에서 생활하는 암컷 쥐들은 유전자를 자손에게 함께 물려줄 수컷들(처음과 마지막)을 결정하며, 짝 선택에 아주 적극적인 역할을 수행하고 있다. 선택되는 수컷들은 가장 우수한 짝일 가능성이 있으며, 이는 자손의 건강이나 미래의 번식 성공률과도 관련이 있을 것이다. 혹은 그들이 암컷 유전자와 잘 결합되는 유전자를 소유해, 결과적으로 더 건강한 자손을 낳을 가능성이 있다. (6장 MHC 유전자에 관한 논의 참고) 실험실 환경에 갇혀 사는 암컷은 짝을 결정하는 데 선택의 기회

(또는 한 마리 이상의 수컷과 교미할 가능성)가 없으며, 어쩌면 수컷의 접근에 그저 굴복하는 것 외에는 거의 선택의 여지가 없을 것이다. 싸워서 다른 동물을 쫓아 버리는 것 또한 쓸모없는 에너지 낭비에 불과하거나 위험한 행동일 수 있다.[26]

이처럼 암컷의 전략적 선택이라는 동일한 양상은 발정기 암컷이 우세한 수컷들을 선호하고 찾아낸다는 것을 보여 주는 좀 더 최근 연구에도 반복된다. 한 실태 연구 조사에서 이탈리아 생물학자인 시모나 카파초(Simona Cafazzo)는 로마 거리에서 살아가는 야생견 무리를 추적하는 연구팀을 이끌었다. 그들은 발정기에 열에 들뜬 암컷이 서열 높은 수컷을 찾아 그들과 더 자주 교미함으로써 특정한 수컷들을 아비로 둔 강아지들을 더 많이 낳는다는 사실을 확인했다.[27]

따라서 설치류와 개 같은 발정기 포유동물은 우리가 과거 생각했던 것보다 더 분별력이 있다. 그렇다면 우리와 좀 더 가까운 사촌격인 침팬지와 오랑우탄은 어떨까? 증거가 다소 엇갈리기는 하지만, 그들 역시 발정기 때 서열 높은 수컷을 선호하는 모습을 보임으로써 암컷들이 자손을 얻기 위해 아비를 선택할 때 일종의 자제력을 발휘할 수 있는 능력을 가지고 있음을 보여 주는 듯하다. 최대치의 생식기 팽창(배란이 임박했음을 가리키는, 놓치기 어려운 신체적 변화다.)을 보이는 야생 침팬지 암컷은 번식 주기의 다른 어느 때보다 더 자주 서열 높은 수컷들과 반복적으로 교미를 한다.[28] 최적의 가임기 상태에 있는 암컷이 경쟁자들을 간단하게 겁주어 쫓아 버리고 자신의 의지를 강요하려는 수컷들을 배제할 순 없겠지만, 나로서는 암컷 침팬지 역시 적극적인 선택을 한다는 데 기꺼이 한 표를 던지겠다.[29]

발정기 암컷 오랑우탄 역시 우세한 수컷을 선호하는 등 전략적인 성적 행동을 보인다. 우세한 수컷 오랑우탄은 열등한 수컷들보다 신체적으로 몸집만 큰 것이 아니라 더 높은 테스토스테론 수치와 연결 지을 수 있는 플랜지(flange)라고 부르는 크고 선명한 뺨 주머니를 지녀, 우세함을 나타내는 뚜렷한 외모까지 자랑한다.[30] 암컷들은 열등한(뺨 주머니가 덜 도드라진!) 수컷들과도 교미를 하지만, 발정 상태일 때 그들의 교미 상대는 거의 모두가 우세하고 플랜지가 달린 수컷들이다.[31] 장담컨대 암컷들은 자식의 아비가 될 짝을 선택하며, 크고 뺨이 늘어진 얼굴을 좋아하는 것이 틀림없다.

차크마개코원숭이 사이에서 생식기가 부푼 암컷들은 '컨소트십(consortships)' 관계를 형성('consort'는 특히 국왕, 여왕 등의 배우자를 가리킨다. ― 옮긴이)한다. 컨소트십 관계라고 하면 (빅토리아 여왕과 그녀의 사랑하는 부군 앨버트 공처럼) 예스러운 의식이나 법적인 용어처럼 들릴 수도 있겠으나, 암컷 입장에서는 또 하나의 전략적인 성적 행동 양태일 뿐이다. 차크마개코원숭이 사이에서 컨소트십 관계란 암컷들이 가임기일 때 신랑 곁에 가까이 앉아 거의 독점적으로 서열 높은 수컷들과 교미하는 것을 가리킨다.[32]

1장에서 언급했던, 1920년대 실험실에서 끊임없이 쳇바퀴 속에서 달리던 발정 난 실험용 쥐를 기억하는가? 우리 암컷 쥐가 왜 아무 데도 갈 수 없는데 달리기를 했는지 생각해 보자.

궁극적으로 연구 결과가 보여 주듯, 그 쥐는 영장류를 포함한 다른 포유동물처럼 발정 상태의 열에 들떠 성적 에너지 때문에 안절부절못하고 미쳐 날뛰는 공포에 사로잡힌 암컷이 아니었다. 아무 수컷이나 접근하기를 기다리는 인기 없는 존재여서 성적인 관심을 수동적으로 받아들이는 것도 아니었다. 자연 서식지에 살았다면, 그 암컷도 자유롭게 돌아다니며 자기 새끼를 위해 건강한 아비를 찾아 접근을 시도했을 것이다. 그것은 짝짓기 춤이었으되, 거의 언제나 세이디 호킨스 댄스 파티(Sadie Hawkins Day Dance, 여성이 남성 파트너를 초대해서 열리는 댄스 파티로 중고교, 대학교에서 열린다. ─ 옮긴이)였다.

발정기 암컷이 적극적으로 자신이 선택한 수컷과 성관계를 맺으려하는 것은 분명하다. 암컷은 수컷이 자신을 따라올 만큼 충분히 건강한지 보려고 시험한다. 암컷은 특정한 유형의 수컷에 대한 선호도를 드러낸다.

암컷이 수컷을 고른다.

이것이 현실 세계에서 작동하는 방식이다. 실험실로 돌아가면 달라진다. (여전히 지금도 그러하다.) 적어도 우리 암컷에게는 바쁘게 지낼 수 있는 쳇바퀴가 있었고, 다른 우리에 있던 수컷들은 무작위로 배정된 짝이어서 그저 너무 지루했다.

자신의 욕망을 행사하는 전략적인 암컷을 탐구하려는 이야기에는 역사적으로 매혹적인 아이러니가 존재한다. 찰스 다윈(Charles Darwin)은 아주 오래전(1871년 『인간의 유래와 성 선택(*The Descent of Man, and Selection in Relation to Sex*)』을 펴냈을 때)에 그 점을 주장했다.[33] 다윈에게 암컷의 선택은 공작의 꼬리깃 같은 화려한 수컷의 뽐내기를 설명하는 데 필수적이었다. 다윈은 암컷들이 왜 그토록 수컷의 미학에 설득당하는지 의아했지만, 수컷들의 외모가 단순히 너무 다채롭기 때문일 것이라고는 생각하지 않았다. 그들의 아름다운 외모에는 뭔가 더 큰 의미가 담겨 있었고, 어쩌면 암컷이 보기에 자손들에게 전달하기에 유용한 뭔가를 가리켰다. 그리고 어쩌면 인간 여성들에게도 똑같이 해당할지도 몰랐다.

우린 어떨까? 인간의 발정 상태 탐구

20세기 초 생리학 과학자들은 인간에게도 발정 상태가 존재한다고 추측했다. 결국 실험실 안팎에서 보는 동물들의 '열'을 연구한 논문은 많았다. 그러나 지금까지도 짝짓기 양상에 관한 그들의 예측은 너무 단순하고 대부분 실패로 판명되었다.

그런데도 여전히 20세기 중반 과학자들에게는 인간에게도 발정기 같은 상태가 존재한다는 것이 합리적으로 보였다. 그 무렵 과학자들은 이미 다른 동물의 주기를 관찰함으로써 여성 생리 주기의 작용에 대한 이해를 얻어 낼 수 있음을 알아냈다.[34] 알고 보니 쥐들은 인간과 놀라울 정도로 유사한 호르몬 패턴을 갖고 있었다.[35] 그러나 인간과 달리 쥐들은 실험의 기회를 제공했다.

과학자들은 쥐의 호르몬을 제거하거나 대체해 그 영향을 관찰할 수 있었다. 예를 들어 에스트로겐류의 호르몬 가운데 하나인 에스트라디올(estradiol)은 배란 바로 직전에 치솟는다. 쥐를 대상으로 한 실험에서 에스트라디올은 암컷의 성적 반응에 주요 역할을 담당했다. 이 호르몬을 제거하면 교미와 번식에 필수적인 아주 중요한 척추 전만 반응이 사라지며, 다시 주입하면 신체 반응과 그에 수반되는 성적인 행동도 되돌아온다. 인간과 쥐의 생리학적 유사성을 감안할 때, 행동 패턴 역시 동일할 것이라고 생각하는 것이 합리적이었다.

그러한 논리를 바탕으로 외견상 간단해 보이는 예측은 이러하다. 여성들은 임신 가능성이 최고조일 때 더 자주 성관계를 할 것이고, 에스트라디올 수치가 높으면 임신 가능성은 최상이다. 주기상 가임 단계는 배란일과 정자가 생식 기관에서 배란이 일어나기를 기다리며 생존할 수 있는 그 이전 며칠을 포함한다.[36] 약 28일간의 전형적인 주기를 지닌 여성들은 생리 기간이 시작된 날로부터 약 8일경 가임기가 시작된다. (아주 대략적으로는 가임 단계는 여성의 주기 중간쯤에 발생한다. 호르몬 주기에 관한 좀 더 자세한 내용은 3장 「28일간 달의 주기를 따라」를 참조하면 된다.)

1960년대 말, 연구자들은 주기에 따른 여성의 성관계와 오르가슴 시기를 처음으로 체계적으로 연구하면서 그러한 예측을 실험하기 시작했다.[37] 90일 동안 매일 여성들은 메모를 했고, 그것을 모은 상자를 노스캐롤라이나 대학교 연구실에 전달했다. 여성들은 메모에 섹스를 했는지, 오르가슴을 경험했는지 등등을 적었다. 몇 가지 결과가 확인되었다. 첫째, 가장 놀라울 것 없는 결과로, 여성들은 오르가슴을 느낀 횟수보다 섹스 횟수가 더 많았다. 둘째, 좀 더 주목할 만한 사실은 섹스와 오르가슴의 횟수 모두 평균적으로 두 번의 최고조를 이룬다는 점이었다. 한 번은 주기의 중간 무렵, 대략 발정 기간과 일치했고, 또 한 번은 신비롭게도 생리 직전이었다.

셋째, 주기에 따른 여성들의 성관계와 오르가슴 패턴은 차이의 폭이 커서, 이런 종류로서는 최초의 연구에서 확실한 결론을 도출하기가 어려웠다. 어떤 여성들은 주기 중간에 최고조를 보였다. (이 시기가 바로 전형적인 발정 상태여서 임신 가능성을 위해 섹스를 아껴 두었던 것일까?) 어떤 여성들은 주기 내내 한결같은, 혹은 낮으면서 평이한 비율을 보여 주었다. (이는 그들의 관계, 혹은 파트너의 자질에 대한 뭔가를 나타냈을까?) 약 10년 뒤 두 번째 연구에서 저자들은 주기에 따른 성관계와 오르가슴 비율이 상당히 더 무작위로 변해, 해답을 얻기보다는 의문이 더 생겨났음을 확인했다.

이 연구는 1960년대와 1970년대에 수행되었으며, 아무리 과학의 이름이라고 해도 평범한 여성들에게 섹스와 오르가슴의 빈도수를 솔직히 털어놓도록 요구하는 것은 아직 새롭고 낯선 아이디어였음을 염두에 두기 바란다. 윌리엄 마스터스(William H. Masters)와 버지니아 존슨(Virginia Johnson)의 연구(1957년부터 인간의 성적 반응과 진단, 성 기능 장애 연구를 선구적으로 수행했다. ― 옮긴이)는 이제 막 빛을 보기 시작했고, 헬렌 걸리 브라운 (Helen Gurley Brown)이《코스모폴리탄》에 게재한 섹스 관련 설문 '코스모 퀴즈'는 아직 필독 기사가 되기 전이었다. (브라운은 1965년에 잡지사를 맡았고 10월호에 다음과 같은 기사 제목을 표지에 실었다. "당신 아기를 위한 완벽한 아버지와 아기 성별을 선택하세요." 훗날『섹스와 싱글 여성(*Sex and the Single Girl*)』을 쓴 이 저자는 과학자들이 모르는 여성의 전략적 선택에 관해서 뭔가 알고 있었을까?)

추후 연구에서도 또다시 여성들이 가임기 동안 더 자주 섹스를 한다는 것이 드러났다.[38] 어떤 경우에는 회수 증가가 여성이 먼저 시작한 섹스에만 해당되었다.[39] 한 연구에서는 가임기 동안 여성이 먼저 시작하는 성적 활동이 줄어들었으나, 여성의 '자기 성애 행동(달리 말하면 자위)'은 증가했다.[40] 참가자들은 실험 결과만큼이나 다양해, 적은 수(13명에 불과)의 여성들을 대상으로 한[41] 연구도 다수 포함되었고, 전체적인 여성 인류를 대표한다고는 말하기 어려운 기혼 및 미혼 여성 대학생들 또한 뒤섞여 있었다. 따라서 주기에 따른 여성의 성적 활동에서 일반적인 변화의 패턴을 찾아보기는 어려웠다.

그러나 연구 범위의 광대함을 고려할 때 거의 완벽해 보이는 놀라운 연구가 한 건 있었다. 12개국에 걸쳐 2만 명 이상의 여성들이 그 연구에 포함되었다. 결과: 생리 주기 중 가임기에 여성의 성관계 비율이 증가했다는 징후조차 없다.[42] 결론: 여성의 성적 행동은 엄격한 호르몬의 통제를 조금도 받지 않는 것이 확실하다. 이는 동물/인간의 평행선이 갈라지는 지점이다. 다른 종의 암컷과 달리 여성은 호르몬의 통제로부터 완벽하게 해방되었다.

그러나 과학이 한 가지 결론을 가만히 오래 묵혀두는 일은 드물다. 그렇다면 후속 질문은 이것이다. 여성의 성적 활동이 직접적으로 통제되지 않는다면, 섹스에 대한 욕망은 어떨까?

어쩌면 중요한 것은 생각이다

성적 행동은 적극적인 파트너 여부나 그 행동을 할 만한 시간을 포함해 수많은 요인에 제약을 받는다. 좋은 예: 성적 행동의 가장 강력한 패턴 중 하나는 '주말 효과'이며, 섹스 커플 중 약 40퍼센트는 주말에 섹스를 한다.[43] 실험실 우리 안에 축 늘어져 있는 쥐와 달리 사람들은 학교나 일터에 가고, 스스로를 돌보고, 아이들을 보살피고, 그서 일상 생활에서 볼일을 보느라 바쁘다.

심지어 호르몬의 분출을 느끼거나 달력에 '야간 데이트'라고 적어놓았더라도 섹스하기가 언제나 편리하진 않다. 따라서 발정 현상 같은 변화를 살펴볼 최적의 대상은 어쩌면 인간의 성적 활동이 아니라, 일상 생활 속에서 제약을 훨씬 덜 받는다고 할 수 있는 섹스에 대한 생각과 느낌일 것이다. 하지만 여기서도 연구 결과는 서로 엇갈린다. 일부 연구에서는 섹스를 하려는 여성의 욕망이 생리 주기 중 가임기에 더 크다고 주장하지만, 다른 연구는 생리 시작일 직전이 최고조라거나 혹은 명확한 패턴이 없다는 결과를 제시한다.[44]

UCLA에 있는 나의 실험실에서 우리는 여성들을 시간별로 추적하고 호르몬 테스트를 활용해 주기의 단계를 구분하는 민감한 방식을 적용하고 연구했음에도 불구하고 생리 주기 중 가임기에 일반적으로 여성들의 성욕이 증가한다는 증거는 찾지 못했다.[45] 그러나 우리 캠퍼스에서 해안을 따라 160킬로미터 떨어진 자매 학교 캘리포니아 주립 대학교 샌타바버라(UCSB)에서 나의 동료 심리학자 제임스 로니(James Roney) 역시 철저한 방법을 적용해 전혀 다른 결과(생리 주기의 가임 기간 동안 여성의 성적 욕망이 전반적으로 증가함)를 얻어 냈다. (여성들의 욕망에 대한 보고서를 작성하며 여성들의 생각에 관해 혹시 두 군데 남학생들(UCLA 대 UCSB)에게 뭔가 차이가 있는 것은 아닌지 의아해하기도 한다. …… 발정 상태에서는 버튼다운 셔츠를 입은 학구적인 남성들이 서핑 보드를 타는 남성들보다 덜 매력적으로 보이는 걸까?)[46]

우리가 동물 행동에서 관찰했던 결과에도 불구하고, 여성들이 주기의 가임 단계 동안, 생각과 행동 면에서 성적으로 좀 더 동기 부여가 될 것이라는 단순한 예측은 연구 결과로 온전하게 뒷받침되지 못했다. 그러나 이것이 인간에게는 발정 현상 같은 상태가 존재하지 않는다는 의미일까? 내 생각에 이것은 우리가 다른 질문을 던져야 한다는 뜻이다. 주기 전반에 걸쳐 여성들의 행동 패턴이 그토록 다양한 데는 이유가 있을까?

나의 의견으로 그 대답은 예스다. 그리고 그 이유는 어쩌면 여성의 호르몬 관련 행동에는 감추어진 전략이 존재하기 때문이다. 그저 아무 남자로는 흡족하지 않다.

열 추적자들, 여전히 추적 중

단순히 호르몬에 좌우되는 인간과 동물의 행동 사이에 밀접한 연관성을 찾으려는 것이 연구의 목적이었다면, 표면적으로 이 모든 연구의 결과는 의심할 여지없이 인간에게는 발정 상태가 없다는 결론으로 이어질 수도 있을 것이다. 그러나 만약 우리가 잘못된 패턴을 살펴보고 있었다면? 그렇다면 연구자들의 포기 선언은 너무 시기상조였다.

1970년대 초, 과학자들은 여성들도 가임기에 쳇바퀴 안을 달리는 쥐에 해당되는 행동을 한다는 것을 보여 주었다.[47] 1장에서 논의했듯이 50년 전 과학자들은 암컷 쥐들이 발정 기간 동안 쳇바퀴를 가장 많이 이용했다고 확언했다. 연구에 참여한 여성들은 만보기를 매일 착용하고 3회 또는 그 이상의 배란 주기 전체를 지나는 동안 일상 생활을 했다. 그들의 '운동' 활동에는 실제로 3번의 최고조기가 있었다. 평균적으로 여성들은 실험용 쥐 연구와 유사하게 주기 중간에 더 많이 걸었지만, 주기의 맨 처음과 끝에도 활동량이 많아 인간의 행동 패턴은 쥐의 패턴과 정확히 일치하지 않는다는 사실을 보여 주었다.

이것은 주기에 따른 행동 변화가 실제로 있을지도 모르는 도발적인 증거였다. 그리고 여기서 중점을 둘 가치가 있는 것은, 어떻게 필연적으로 행동이 변화하는지 그리고 그것이 쥐의 행동과 유사한지가 아니라, 그렇게 된 데에는 원인이 있을 터이므로 결국 정말로 변화를 했다는 사실 자체다. 그렇다면 변화의 원인은 뭘까?

1970년대에 실행된 또 하나의 선구적인 연구에서 여성들은 15회의 배란 주기 동안 질의 냄새를 수집하기 위해 표준형 면 탐폰을 밤새도록 삽입했다.[48] 표본은 '냄새 맡기 시간'이 준비될 때까지 냉동되었다.

냄새 맡기 시간에 남녀 참가자들은 모두 유리병에 든 표본의 냄새를 맡고 연구실에 보고서를 제출했다. 배란에 가까운 시기에 수집된 표본들이 주기의 다른 시점에 수집된 표본들보다 더 매력적이라는 점수를 받았다.[49] 많은 동물들은 체취를 풍겨 짝을 유혹한다. 이러한 향은 번식 주기에서 가임 시점을 알리는 신호 역할을 한다. 이는 동물계에서 가장 흔하게 볼 수 있는 신호다. (그리고 물론 냄새 나는 티셔츠의 영향도 잊지 말아야겠지만 그 점에 대해선 약간 나중에 더 이야기하겠다.)

이 두 연구는 모두 인간 발정 현상을 계속해서 탐구하고 싶어 했던 과학자들에게 충분히 전도유망한 정보를 제공했다. 그러나 인간 발정 현상에 관한 가장 주목할 만한 증거는 1990년대 말에 들어서야 비로소 나타났고, 그사이에 떠오른 진화 심리학 분야의 연구가 기틀을 마련하는 데 도움을 주었다.

돌파구

인간의 사회적 행동에 대한 연구(우리가 타인과 함께하는 행동들을 왜 하는지에 대한 연구)는 오랜 세월 몇 가지 주류 가설에 압도되었다. 인간은 다른 동물들과 엄청나게 다르고, 인간에게는 동물 같은 본능이 전혀 없으며 (혹은 아주 적게 갖고 있거나), 인간의 행동은 모두 학습된 것이어서 결과적으로 문화적 특수성을 지닌다는 것이었다.[50] 1980년대 진화 심리학자들은 이러한 생각에 도전하기 시작했다. 진화 심리학자들은 다윈의 진화론이 인간의 생리학뿐만 아니라 심리학에도 적용되어야 한다고 믿었다. 우리 몸이 여기에 해당한다는 것은 분명한 사실이었다. 하지만 우리 뇌와 더불어 생각과 행동도 마찬가지였다.

우리 뇌는 영양가 높은 먹거리를 찾고, 거주지를 찾고, 당연히 짝을 찾아 아기를 만드는 것과 같은, 우리 조상들이 직면했던 도전 과제들을 궁리하고 풀어 가는 문제 해결 기관으로 진화했다. 진화 심리학에 박차를 가한 매혹적인 관찰 가운데 하나는 우리 인간의 뇌가 굳이 꼭 현재가 아니라 과거 석기 시대에 적합하도록 맞춰져 있는 것 같다는 점이었다. 적합한 예: 인간의 두려움과 혐오 반응은 현대 세상에서 우리가 겪는 진정한 공포의 근원이 아니라 뱀, 거미, 기타 소름끼치게 꿈틀거리는 벌레들에 집중된다. 고장 난 콘센트나 높아진 혈당 수치, 속도 제한보다 시속 15킬로미터씩 빨리 달리는 자동차에 대해서 반복적으로 악몽을 꾸는 사람은 없다. 하지만 이런 것들이 우리를 해칠 가능성이 훨씬 더 크다. 따라서 조상들의 과거 유산은 현대 인류의 정신에도 고착된 듯하므로, 우리 정신과 행동을 제대로 이해하기 위해서는 우리가 물려받은 진화론적 유산을 이해할 필요가 있다는 주장이 이어진다.

진화 심리학의 일부 초기 연구는 사회적 진화에 대한 현대적 이해의 아버지들 중 한 사람이자 천재로 널리 알려진 진화 생물학자 로버트 트리버스(Robert Trivers)가 개발한 이론에서 영감을 받았다. '양육 투자 이론(parental investment theory)'으로 알려진 트리버스의 이론은 번식에 관한 한 성별 간에는 생물학에 바탕을 둔 차이가 존재한다고 주장한다.[51]

이 생각은 단순한 생물 경제학적 원칙을 바탕으로 한다. 후손 생산에 더 많은 시간과 노력을 기울여야 하고, 생산 가능한 후손의 수도 생리학적으로 제약이 많은 성별은 짝을 고를 때 가장 까다로운 선택을 할 것이다. 투자를 덜 하고도 잠재적으로 더 많은 후손을 생산할 수 있는 성별은 '생물 경제학적으로' 평가할 때 투자를 많이 한 성별에 접근하는 것으로 결정이 끝날 것이다. 달리 표현하면 이런 식이다. 암컷들, 주목! 잡았다. 당신으로 할게.

포유동물은 전형적으로 암컷이 더 많은 투자(정자에 비하면 아주 큰 난자를 생산하고 임신을 유지하고 젖을 생산하는 데 에너지가 요구된다.)를 한다는 것을 쉽게 이해할 수 있다. 반면에 수컷은 생식 세포(정자) 제공에만 기여한다. (더 많은 일에 기여하는 수컷이 없는 건 아니다.) 정말로 포유동물의 모든 종에서 암컷은 선택에 더 까다로운 성별이다.[52] 대조적으로 수컷은 이성에게 접근하는 데 더 경쟁적인 모습을 보이는 경향이 있으며, 파트너 선택에는 덜 까다롭다.[53]

이 이론을 인간에게 적용하는 것[54](까다롭게 선택하는 여성, 분별력이 덜한 남성)은 논란의 여지가 아주 많은데, 부분적으로는 인간 행동 연구를 주도해 온 기준 가설에 위배되기 때문이다. (우리는 다른 동물들과 다르다. 기억나시죠?) 그러나 실제로 이러한 생각을 뒷받침하는 데이터는 그 양이 어마어마하다. 약간 덜 유명하기는 하지만 수십 년 전 일련의 연구가 플로리다 주립 대학교에서 이루어졌다. 이 연구에서, 남녀 '공모자들(즉 실험에 가담한 공범자들)'은 이성인 동료 대학생들에게 접근해 이렇게 말했다. "캠퍼스를 다니면서 당신이 눈에 띄었어요. 제 눈에는 당신이 아주 매력적이에요." 그런 다음 그들은 세 가지 요구 사항(무작위 결정) 중 한 가지를 물어보았다. (1) 오늘 밤에 저랑 데이트할래요? (2) 오늘밤 우리 집에 갈래요? (3) 오늘밤 저랑 잘래요?

결과는 충격적이었다. 남성들은 4분의 3이 동침에 동의한 반면 여성들은 단 한 명도 동의하지 않았다. 여성들이 공모자의 집으로 가는 데 동의할 가능성은 다소 늘어난 반면(한 연구에서는 6퍼센트였고, 다른 연구에서는 0퍼센트였다.) 대부분의 남성은 역시 집에 가자는 요구를 받아들였다. 데이트에 동의한 사람들의 성비는 50 대 50이었다. 그러므로 여성들이 공모자들에게 관심이 없는 것은 아니었다. 그들은 단지 이전에 만난 적 없는 남자와 섹스를 할 용의가 없을 뿐이었다. 남자들의 경우는 그렇지 않았다.[55] 이 연구는 최근 덴마크와 프랑스를 비롯해 지구상에서 성적으로 가장 자유롭다고 생각되는 문화권에서도 여러 번 수행되었는데 유사한 결과가 반복되었다.

성별 차이에 관한 최대 규모의 연구 중 하나는 전 세계에서 1,600명 이상이 참여했다. 이 연구에서도 다른 연구와 유사하게 남성들은 '성적 다양성'에 더 관심을 보였다. 추후 30년간 몇 명의 파트너를 만나고 싶으냐는 질문에 전 문화권에 분포한 남성들은 여성들의 경우보다 더 많은 수의 파트너를 원한다고 대답했고, 대체로 2배의 차이를 보였다.[56] 이런 부류의 연구들은 수없이 많다. 여성들은 남성들보다 섹스에 동의하기 전에 가능성 있는 짝에 대해서 더 많은 정보를 요구하는 듯하다.[57] 남성들은 여성들보다 단기간의 성적 기회에 좀 더 의욕적이다.[58] 남성들은 여성들보다 짝짓기 기회를 위해 더 경쟁하는[59] 등 다른 모습을 보인다.

그러한 행동 패턴이 어떻게 인간 발정 상태의 존재와 맞아떨어질 수 있는지 살펴보자. 양육 투자 이론은 (높은 투자자인) 여성이 섹스 파트너를 선택할 때 아주 까다로울 것이라고 예측했다. 따라서 발정 상태의 여성은 때가 되었기 때문에 대체로 섹스에 대한 관심이 더 많아질 것이라는 생각은 문제가 있다. 여성이 가임기이고 임신 가능성이 최고조일 때 그저 아무 남자나 쫓아다니거나 받아들인다는 것은 좀처럼 앞뒤가 맞지 않는다. 사실 여성은 이제부터 많은 수고를 앞두고 있으며 파트너를 신중하게 고를 필요가 있다. 그러므로 우리가 예측하건대 자손을 얻는다는 힘든 일에 기여할 수 있는 남성들이야말로 여성이 추구하는 상대일 것이다.

이처럼 여성들이 짝을 찾고 발견하는 임무 중일 때 기대하는 것은 무엇일까? 한 가지 가능성(4장에서 심도 있게 탐구할 것이다.)은 양질의 유전자, 예를 들어 건강 상태가 양호하거나 후손을 매력적으로 만들 수 있는 능력이 있어서 남성들 스스로 양질의 짝으로서 경쟁력을 갖추도록 하는 유전자를 소유하고 있다는 특징을 드러내는 남성들을 찾도록 여성들이 진화해 왔다는 점이다.[60]

그러한 자질 가운데 하나는 좌우 대칭(신체의 양쪽이 똑같은 정도)이다. 이는 인체를 발달시키는 유전적 청사진이 거의 결함 없이 실행되었음을 나타내며, 그 자체로 유전적 돌연변이가 없다는 점과 평범한 인체 발달에서 탈선해 (전염병이나 질병, 상처 같은) 몸 이곳저곳이 고장 나는 자연의 불확실성을 견뎌 내는 능력을 가리킨다. 그러므로 우리가 냄새 나는 티셔츠 연구의 근거에 도달했던 것이다.

좌우 대칭이고 냄새 나고 섹시한

뉴멕시코 대학교에서 심리학자 스티브 갱스테드(Steve Gangestad)와 생물학자 랜디 손힐(Randy Thornhill)은 10년 가까이 남성의 좌우 대칭 외모와 성적 행동 사이의 관계를 연구해 왔다. 예를 들어 그들은 좌우가 좀 더 대칭적인 외모를 가진 남자들이 더 매력적인 얼굴로 평가되며, 섹스 파트너도 더 많고, 흥미진진하게도 여성의 불륜 파트너(즉 혼외 정사의 파트너로 선택된 경우)였던 경험도 더 많다는 결과를 확인했다.[61]

여성들은 확실히 남성을 그저 훑어보기만 해도 시각적으로 좌우 대칭 균형을 감지하는 것이 가능했다. 그러나 완벽한 좌우 대칭에서 벗어난 대부분의 편차는 아마도 너무 미묘해서 그런 식으로 알아차리기는 불가능할 것이다. 갱스테드와 손힐은 남성의 체취 역시 좌우 대칭 외모와 그것을 가능하게 하는 잠재적인 자질(좋은 신체 조건, 좋은 유전자)을 나타내는 좋은 징후일 수 있다고 생각했다.[62] 왜 체취일까? 연구 결과는 남성이 여성에게 어떤 냄새를 풍기는가 하는 것이 잠재적인 파트너 평가에서 아주 중요한 역할을 한다는 것을 보여 주었다. 냄새가 좋으면 성적으로 매력 있는 남성으로 여겨지고, 냄새가 좋지 못하면 만남에 장애 요인이 된다. (그렇다, 수십억 달러 규모의 남성 향수 산업이 괜히 존재하는 게 아니다.)

뿐만 아니라 여성들은 임신 가능성이 높을 때, 자식에게 좌우 대칭 외모를 수반하는 유전자를 전달할 수 있게 해 줄 좌우 대칭 외모 남성들의 체취를 특별히 선호할 가능성이 있다고 그들은 판단했다.[63] 그들의 연구 과정은 다음과 같다.

두 사람은 남성 42명을 대상으로 양쪽 손목 두께, 양쪽 귓불의 길이, 양손의 손가락 길이 등 신체의 좌우 대칭 여부를 계산할 수 있는 치수를 측정했다. 남성들은 집으로 가 연구실에서 제공한 무향 세제로 침대 시트를 세탁했다. 그들은 인공 향(데오도란트 포함)을 사용하지 않았고 마늘이나 양고기 같은 냄새와 맛이 강한 음식도 먹지 않았다. 그들은 연구자들이 제공한 깨끗한 흰색 티셔츠를 이틀간 밤마다 입고 잤다. 그들은 흡연과 음주를 삼갔으며, 티셔츠를 입고 있는 동안에는 다른 사람과의 섹스나 농침도 금했다. 이틀째 밤 이후 그들은 티셔츠를 특별히 마련된 비닐 백에 담아 연구실에 반납했다.

남성들이 티셔츠를 반납한 지 1시간 뒤, 52명의 여성들이 연구실로 와서 비닐 백에 담겨 있는 셔츠가 놓인 테이블을 차례로 돌았다. 여성들마다 각각의 티셔츠를 충분히 냄새 맡은 뒤 옷에 밴 냄새가 얼마나 섹시한지 평가했다. 연구실을 나갈 때 여성들은 각자의 생리 주기에 대한 정보를 알려 갱스테드와 손힐이 주기상의 위치를 계산할 수 있도록 했다.

결과: 생리 주기상 임신 가능성이 높은 단계에 있는 여성들은 좌우 대칭의 정도가 덜한 남성들의 체취보다 좌우 대칭 외모 남성들의 체취를 더 섹시하고 매력적이라고 평가했다.[64]

이것은 놀라운 결과였다. 갱스테드와 손힐의 예측은 너무 미묘했다. 그것이 사실이라면 그들이 논문에 기록된 현상은 그 누구도 예상 못한, 의식적 자각의 레이더를 훨씬 벗어난 결과였다. 그 결과에 신빙성이 있다면, 다른 포유동물들처럼 여성들도 양질의 유전자를 후손에게 물려줄 기능을 하게 될 파트너의 외모를, 최고조 가임기에 자극되어 선호한다는 의미였다. 설치류와 개, 원숭이에게서 볼 수 있었던 암컷의 전략적 선택이 인간의 행동에도 적용됨을 나타내는 증거였다. 또한 여성의 섹슈얼리티에서 생물학(과 특히 호르몬)의 역할을 이해할 필요가 있다는 의미였다.

냄새 나는 티셔츠 연구는 다음 해에도 이어져 유사하게 놀라운 결과를 얻어 냈다. 그 연구에서는 생리 주기 중 가임기에 해당하는 여성들이 여성적인 외모보다 남성적인 외모, 즉 하관이 더 넓고 각진 턱선과 전체적으로 윤곽이 뚜렷한 외모의 남성을 더 선호하는 것으로 나타났고, 특히 장기적인 파트너보다는 섹스 파트너로서 그런 남성들을 좋게 평가했다.[65] 뺨이 축 늘어진 수컷을 더 선호했던 암컷 오랑우탄을 기억하는가? 가임기 때 뺨에 플랜지가 달린 수컷을 선호했던 오랑우탄 암컷들처럼 어쩌면 인간 여성들도 가임기에는 각진 턱을 선호하는 것 같았다. (남성적인 얼굴에 대한 여성들의 선호 문제는 좌우 대칭 외모의 체취를 선호하는 것보다 더 복잡해서 같은 결과가 나오는지 검증하려는 최근 연구로 도전을 받고 있다. 하지만 전반적으로는, 그러니까 여성들이 남성다운 행동과 더 남성다운 몸으로 구현된 남성다움을 선호한다는 것은 나름의 진실을 담고 있는 듯하다.)[66]

이 두 획기적인 연구의 결과는 과학 공동체에 엄청난 관심을 불러일으켰고 수많은 추적 연구가 뒤따랐다.[67] 여성들은 배란 주기 중 가임기 때 특정 외모의 남성을 선호하는 듯했다. 이제 호르몬 주기가 여성의 몸과 뇌, 감정, 선호도, 관계에 영향을 미친다는 것을 보여 주는 수백 가지 연구가 존재한다. 연구 결과는 하나같이 모든 암컷 포유동물과 여성의 독특한 성 심리학 사이에 호르몬과 관련된 깊은 유사성이 있음을 확인시켜 주고 있다.

인간의 발정 현상, 또는 수천 년 동안 동물에게서 관찰되어 온 열에 들뜬 듯한 상태는 사실이다.

3

28일간 달의 주기를 따라

우리가 논하려는 것이 인간이든 동물이든, 발정 주기는 세심하게 정해진 시퀀스에 따라 오르내리는 주요 호르몬을 기반으로 이루어진다.

대부분의 포유동물과 달리 여성은 그 주기의 일부로서 생리(월경)를 한다. 영장류와 박쥐, 코끼리땃쥐만 생리 기간이 있다. 그러나 사춘기에 시작되어 완경까지 지속되는 평균 28일간의 가임 주기를 지닌 현생 인류 여성은 다른 그 어느 종보다 단연코 더 많은 횟수의 배란(과 생리)를 하는데, 평균적으로 평생 약 400번의 주기를 갖는다. 조상 여성들은 출산 가능한 기간의 상당 부분을 임신이나 수유를 하는 데 썼을 가능성이 크므로 배란 횟수가 더 적었을 것이다. 그러나 여전히 엄청난 양의 호르몬 변화가 되풀이되었을 것이다.

그러한 호르몬 변화의 패턴이 여성의 몸과 뇌에 영향을 미친다는 것은 잘 알려져 있다. 생리 전 증후군, 생리통, 생리혈은 새로울 것도 없다.

그러나 다른 종과 달리 여성들은 '은밀한 배란자들(undercover ovulators)'이다. 정확한 배란 시기를 비밀에 부치는 여러 종들에게는 저마다 장점이 있을 수 있겠지만, 인간 여성들은 그 부분에서 특별히 신중해지도록 진화했을 가능성이 크다. 왜 그런지 6장에서 자세히 파헤쳐 보겠지만, 간략하게 설명하자면 이렇다. 인류의 초기 역사에서 겪었을 힘겹고 잔혹한 생존 조건을 감안할 때, 아마도 조상 여성들은 가임기 동안 원치 않는 남녀 라이벌의 접근을 막는 것이 더 안전했을 것이고, 그럼으로써 위험을 줄이고 자식의 아버지가 누가 될지 스스로 선택할 기회를 높였을 것이다. 그러니까 은폐된 배란은 호르몬 지능의 한 형태이다.

주기 전반에 걸쳐 매일 겉으로 드러나는 여성의 외모는 극적으로 변하지 않지만, 내면에서 여성의 몸은 생리학적으로 경이로운 변화를 겪는다. 우리가 알고 있듯이 이러한 극적인 호르몬 변화는 심리적인 영향 또한 일으킬 수 있으며 (인간 발정 현상에 대한 연구에서 드러났듯이 여성의 전략적 행동을 포함해) 특정 행동의 변화를 낳는다. 그러나 계속해서 그러한 행동 변화 목록을 만들고 그 뒤에 감추어진 원인을 찾아보기 전에 먼저 몸 안에서 어떤 일이 벌어지고 있는지 제대로 이해하는 것이 중요하다. 발정 관련 행동을 이해하기 위해서는 전체적인 발정 주기를 이해하는 것이 유용하다. 그러므로 생물 교과서에서 손을 뗀 지 오래됐을 터이니 잠시 공부에 몰두해 보자.

뒤집어 보기: 주기의 확장

"마지막으로 생리한 날이 언제죠?"

　　이 질문은 건강을 담당하는 의료진들이 하도 자주 묻는 말이라 의학계에서 사용하는 LMP(last menstrual period, 최종 생리일 — 옮긴이) 같은 줄임말도 있을 정도다. 많은 소녀와 여인 들은 달력을 보거나 손가락을 꼽지 않고서는 이 질문에 대답하지 못한다. 그러나 이제는 누구는 스마트폰에 생리 주기 확인 앱을 깔기만 하면 확인 가능하다. 짜잔, 5월 3일이네!

주기 언급에 관한 메모: 생리? 수태? 발정?

사람들마다 각기 28일간의 가임 주기를 가리키는 다양한 용어를 들어보았을 것이다. 가령, 대부분의 의사와 과학자 들은 인간의 호르몬 주기, 난자의 성숙과 배출, 궁극적인 생리혈의 시작을 통틀어 '생리 주기'라고 표현한다. 이 용어는 매 주기마다 새롭게 시작되는 생리에 초점을 맞추며, 인간 이외의 거의 모든 동물 사촌들과 인간이 차이를 보이는 지점이다. 일부 생물학자들에게 '발정 주기'는 조류(혹은 최소한 인간 이외의 포유동물), 그리고 호르몬에 영향을 받는 번식 주기를 지닌 인간 이외의 다른 모든 종을 위한 용어다.[1] 용어를 둘로 나누는 것의 문제점은 우리가 동물과 인간의 행동을 연결하는 공통적인 실마리를 찾지 못하게 된다는 점이다. 아마도 그것은 인간의 발정 현상이 사실이며 우리 자신과 섹슈얼리티를 이해하는 열쇠라는 사실을 알아차리는 데 그토록 오래 걸린 한 가지 이유일 것이다. 이 장에서는 중립을 지키기 위해, 그냥 '배란 주기'라고 부르기로 하겠다.

뉴에이지 사고에 동화된 당신의 자매가 무슨 말을 했든, 달(moon)
과 당신의 생리 주기는 날짜의 길이(29.5일에 해당하는 달의 주기와 그보다 약
간 짧은 평균 배란 주기) 이외에는 서로 거의 아무런 관련이 없다. 달이 썰물
과 밀물의 만조와 간조를 조절할지는 몰라도 생리혈을 이끌어내지는 않
으며, 낭만적 영감을 주는 상상임에는 틀림없지만 보름달이 뜨는 밤에 여
성들이 필연적으로 더 성욕을 느끼는 것도 아니다. 혹시라도 울부짖고 싶
은 기분이 들면서 늑대 인간으로 변신하게 된다면 호르몬을 교묘하게 이
용한 달 탓을 할 수는 있을 테고, 순식간에 얼굴에 돋아나는 미치광이 같
은 털은 테스토스테론의 과다 분출을 가리킬 것이다. 그러나 그 경우가
아니라면, 주도권을 쥔 것은 달이 아니라 당신의 호르몬과 두뇌다.

주기에 영향을 미치는 다수의 호르몬이 있지만 우리는 5대 호르몬
에 초점을 맞출 것이다. 아주 특정한 지시 사항을 지닌 분자 메신저로서,
혈액과 함께 고속 도로를 따라 몸 전체를 돌아다니며 저마다의 출격 명령
을 전달할 특정 수용체 세포를 찾아다니는 모습으로 이 호르몬들을 생각
해 보자.

◆ 에스트로겐(estrogen): 1인자(The Big One). 에스트로겐은 주기 전체
에 걸쳐 주요 사건을 촉발하며 다른 호르몬들도 조율한다. 에
스트로겐은 내체로 여성을 여성답게 하는 호르몬이다. 유방과
전신의 지방 발달(달리 말해 여성스러운 몸매)뿐만 아니라 질과 자
궁의 세포 변화를 불러온다. '에스트로겐'은 사실 세 종류의 다
른 '발정 호르몬' '정보'를 포함한 상위 범주다. 에스트라디올
(estradiol)은 발정 상태를 만들어 내는 주요 호르몬이다. 다른 에

스트로겐들은 임신과 완경을 이해하는 데 중요하므로, 우리 이야기의 뒷부분에 주인공으로 등장한다. 하지만 사람들이 에스트로겐이라고 언급할 때 대부분은 에스트라디올을 의미한다.

◆ 프로게스테론(progesterone): 이중 거래자(The Double Dealer). 프로게스테론은 에스트로겐과 밀접하게 작용하지만 고유한 최고점과 최저점 리듬을 갖고 있다. 임신을 위해 자궁을 준비하는 역할을 하지만 또 다른 임무도 수행한다. 비가임기 동안 정자가 자궁 경관으로 통과하기 어렵게 만들어 아마도 정자의 역할이 해를 끼치는 것(즉 질병 전달)뿐일 때는 여성의 몸속 깊은 곳까지 들어오지 못하도록 막는다.

◆ 난포 자극 호르몬(follicle-stimulating hormone, FSH): '자극'이 내 중간 이름. 난포 자극 호르몬은 다른 여러 역할 중에서도 난자를 품고 있는 난포 성숙을 책임진다.

◆ 황체 형성 호르몬(luteinizing hormone, LH): 번지 점프 호르몬(The Bungee Jumper). 황체 형성 호르몬은 배란을 위해 필요하며, 그러기 위해서는 주기 중간에 정말로 대단히 높은 수치로 급등하기를 좋아한다. 임신하려고 애쓰는 사람이어서 일반 의약품인 배란 테스트기(아마도 그 유명한 테스트 기구에 소변을 보아야 하는 형태)를 구매하게 된다면, 황체 호르몬 분출 시기를 찾게 될 것이다. 그 시기를 찾으면 평균적으로 하루나 이틀 뒤 배란이 이루어진다.

◆ 성선 자극 방출 호르몬(gonadotropin-releasing hormone, GnRH): 무
대 감독(The Stage Manager). 성선 자극 방출 호르몬은 뇌와 난소 사이
에서 지시 사항을 내리고 참견하며 뛰어다니는 모습으로 상상하
자. (막 올리기 5분 전! 이건 리허설이 아닙니다, 여러분! 이건 제작에 28일 걸린 작품
이고 우린 다시 또 시도할 겁니다!)

배란 주기는 보통 뚜렷한 두 단계로 나뉜다고 설명된다. 1일째(생리
기간 첫날)에 시작되는 난포기(follicular phase)와 배란일(28일 주기라고 가정할 때
약 14, 15일째 되는 날)부터 28일째까지 두 번째 절반인 황체기(luteal phase)다.
에스트로겐과 프로게스테론이 마지막 주기(생리로 가는)의 끝 무렵부터
줄어들기 때문에 호르몬 파티를 다시 시작하기 위해 난포 자극 호르몬이

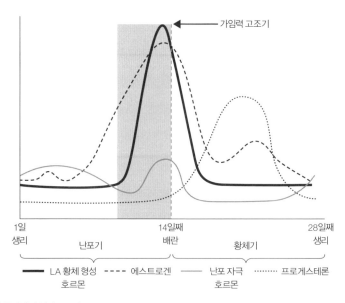

배란 주기와 가임력 고조기.

나서서 활동을 시작하며, 성선 자극 호르몬이 곧이어 합류하게 된다. 호르몬 샘에 신호가 가고, 춤이 시작된다.

난포기: 1일부터 14일

뇌의 시상하부는 근처에 있는 뇌하수체(뇌하수체 전엽과 후엽으로 구성되어 있다.)를 통제한다. 이 두 기관은 호르몬 차원에서 볼 때 모든 일이 잘 돌아가도록 함께 일한다.

아몬드 크기의 시상하부가 성선 자극 방출 호르몬(GnRH)을 내보낸다. 이제 성선 자극 방출 호르몬은 뇌하수체 전엽에 난포 자극 호르몬(과 나중에 더 많은 양이 나오게 될 황체 형성 호르몬 약간)을 은닉하도록 명령하며 활동에 들어간다. 놀랍게도 성선 자극 방출 호르몬은 완벽하게 정해진 시차 리듬에 따라 방출된다. 초기 난포기에는 90분에 한 번씩, 주기가 진행되면 약간 더 자주 나오는데 이 같은 규칙성이 열쇠다. 임신이 목표라면, 난포 자극 호르몬과 황체 형성 호르몬이 저마다의 일을 제대로 할 수 있도록 틀을 잡는 것이 바로 이 완벽한 타이밍이다. 영양 불균형이라든지 질병, 인위적인 호르몬에 노출되거나 스트레스가 너무 많은 경우[2] 등의 요인이 이 시간 간격을 무너뜨리면 시스템이 망가질 가능성이 있다.

난포 자극 호르몬(FSH)은 혈류로 들어와 중간 이름을 얻게 된 장소인 난소를 향해 남쪽으로 이동하며 난소 안에서 자라나는 각각의 난자를 품고 있는 난포들을 자극한다. (왼쪽 난소가 될 수도 있고 오른쪽 난소가 될 수도 있으며, 아마도 이것은 인체 내부의 작업 부하를 관장하는 몸의 방식인 듯하다. 어느 난소가 선택될지는 오직 대자연만 아는 일이다.) 존재하는 난자의 수는 난포 자극 호르몬의 영향을 받아 정해지고 성장하기 시작하지만, 행운의 난자 하나만 유일하게 온전히 성숙해 다음 단계로 이동한다. 나머지는 위축되어 죽을 운명이다. 그러나 우리는 우리 자신을 지나쳐 나아간다……

난소에서 성장해 성숙해 가는 난포는 에스트로겐 호르몬을 은닉하기 시작한다. 실세가 된 에스트로겐이 작용해 자궁의 벽(자궁 내막) 세포를 두껍게 만들어 성숙한 수정란을 받아들일 수 있게 준비를 한다. 또 배란이 가까워지면 예비용 에스트로겐을 뇌로 보내 뇌하수체를 자극함으로써 성선 자극 방출 호르몬을 더 보내도록 신호한다.

성선 자극 방출 호르몬은 이제까지 난포 자극 호르몬이 난포를 돌보느라 바쁜 동안 가만히 억제되어 있던 황체 형성 호르몬을 추가로 다량 내보내도록 뇌하수체 전엽에 지시를 내린다. 황체 형성 호르몬은 주기의 중간쯤인 14일경에 벌어지는 다음 주요 사건인 배란에서 맡은 역할이 크기 때문에 이제부터 주역을 맡게 된다.

난포 시기의 후반부, 난자가 배출되기 직전은 배란 주기에서 가장 임신 가능성이 높은 시점의 시작을 알리며 이 시기는 불과 2, 3일간만 지속된다.

황체기: 15일(경)부터 28일까지

배란이 가까워지면 황체 형성 호르몬 수치가 단기간에 가파르게 상승해 더 많은 에스트로겐이 생성되는 결과를 낳으며, 늘어난 에스트로겐은 더 많은 황체 형성 호르몬의 원인이 된다. 일정한 양을 유지하고 있는 난포 자극 호르몬과 함께 이 호르몬들은 다음 큰 변화를 촉발해, 난포 파열과 함께 이제 성숙해진 난자를 방출한다. (이란성 쌍둥이가 생성되는 드문 경우를 제외하면 단 하나의 난자만 난소에서 배출되며 나머지는 쪼그라들어 죽는다는 사실을 기억하기 바란다.) 배출된 난자는 숙명을 맞이하게 되고(혹은 아닐 수도 있으며, 순간에 그 이상이 결정된다.) 이제는 텅 빈 난포는 황체(黃體), 말 그대로 노란 몸이 된다.[3]

황체는 프로게스테론을 배출하기 위해 일을 시작하고, 그렇다, 에스트로겐도 약간씩 양을 늘리기 시작한다. 왜일까? 이 호르몬들이 자궁벽을 부풀리고, 영양분 풍부한 혈액으로 가득 차도록 자궁 내막 세포를 자극해 수정란을 위한 준비를 한다.

오직 하나뿐인 난자로 돌아가 보자면, 난소를 빠져나온 난자는 난관(卵管, 나팔관, 자궁관)을 통해 자궁까지 진출하는 중이다. 임신을 향한 행로에서 갈림길에 도달한 난자에게는 두 가지 일 중 하나가 일어나게 될 것이다.

우리의 난자가 '제 짝', 즉 홀로 생존한 정자를 만난다면, 빙고! 난관의 가장 넓은 부분에서 수정이 이루어진다. 정자는 인체에 들어와 5일간 살아갈 수 있기 때문에 배란 직전에 섹스가 이루어져도 여전히 임신 가능하다. 그러나 난자는 24시간 안에 수정이 이루어져야 한다. 난자가 수정되면 일단 난관에서 완전히 벗어나 배아가 자리를 잡고 자라날 수 있도록 자궁벽으로 파고든다. 9개월(실제로는 10개월에 약간 더 가깝다. 의사들은 있는 그대로의 진실을 우리에게 말해 주지 않았다!)(한국에서는 임신 기간을 마지막 월경의 첫째 날부터 따져 280일(40주)로 보아 10개월로 계산하는 반면 미국에서는 수정

일로부터 평균 266일(38주)을 9개월로 계산한다. — 옮긴이) 뒤, 모든 경품 추첨의 마지막 상품을 받는다. 임신 기간 동안 에스트로겐과 프로게스테론의 생산은 계속되지만 난포 자극 호르몬과 황체 형성 호르몬은 억제되어 임신 중 배란을 예방한다. (임신에 관한 더 많은 이야기는 7장에서 이어진다.)

난자가 획기적인 만남을 이루지 못한 채로 자궁에 도달하면, 난자는 조명 스위치를 켜고 모두 나가라고 명령을 내린다. 호르몬들의 댄스 파티는 끝이 났다. 두꺼워진 자궁 내막은 쓸모가 없어졌으므로 생리혈로 흘러나간다. 생리 첫날은 새로운 호르몬 주기의 첫날로 간주된다. 호르몬은 이제까지 해 왔던 힘든 수고를 마쳤고, 에스트로겐과 프로게스테론, 난포 자극 호르몬, 황체 형성 호르몬 수치는 낮아지기 시작해 수평을 이룬다. 그러고는 주기가 다시 시작된다.

생리일 동시성의 신화

'생리일 동시성'은 대학 기숙사 친구들 사이에서 생리 주기가 같아지는 현상에 관해 널리 알려진 연구[4]에 뿌리를 둔 대중적인 생각이다. 이 이야기는 모든 여성 잡지와 기숙사, 소녀들의 파자마 파티까지 침투하기에 이르렀다. 맙소사, 나도 생리 시작했어! 남자들은 십대 딸과 아내의 생리 주기가 같아졌다고 확신하게 된 나머지 그것을 핑계 삼아 길게 낚시 여행을 떠나기도 했다. 나이 고하를 막론하고 여성들은 탐폰이나 생리대 없이 생리를 하게 되어도 분명 룸메이트에게 여분이 있을 것이라고 생각하며 위안을 삼았다.

이 완벽한 호르몬의 조화는 진실이 아니다. 최근 더 훌륭하고 많은 연구에서는 함께 사는 여성들의 주기 단계가 동일하지 않음이 확인[5]되었고, 그런 오해의 일부분은 주기 길이의 다양성 때문일 수도 있을 것이다. 우선 왜 이 현상이 애당초 믿기 어려워 보이는지 이유를 살펴보도록 하자. 첫째로 이것은 여성들이 동시에 생리를 한다는 단순한 의미가 아니다. 생리일 동시성이란 성적 행동과 짝짓기 행위의 모든 영향을 포함해 여성의 인체 주기 단계가 전부 일치한다는 것을 의미한다.

함께 사는 여성들의 주기가 같아졌다면 그들의 가임력 고조기도 같았을 것이다. 여성들의 조상에게 이것이 어떤 의미를 함축하는지 생각해 보라. 고정적인 혹은 만족스러운 파트너가 없었던 고대의 여성들의 가임기가 모두 같았다면 동시에 같은 남성들을 놓고 경쟁하도록 강요받았을 것이다. 그러나 더 중요한 것은 애당초 배란 주기가 같아져서 얻는 이득이 무엇일까? 그 근간이 되는 생리 현상은 복잡하고 신진 대사 측면에서도 (그리고 번식 측면에서도) 비용이 높다. 우선 한 여성이 가까운 친구와 가족의 주기 단계를 감지해야 하고, 그런 다음에 아마도 난포기를 줄이거나 (난자가 성숙하기에 불충분한 시간을 주어서) 황체기를 앞당겨 (아마도 자궁이 수정란을 받아들이는 시간을 줄이거나 자궁까지 내려와 뿌리를 내린 난자를 거부함으로써) 자신의 호르몬 주기를 조절해야 할 것이다. 모든 여성들의 주기가 함께 진행된다면, 외부인들이 가임기를 감지하기는 더 쉬워질 것이다. 반면에 여성들이 가임기의 징후를 '어두운 비밀'에 부치는 쪽은 더 설득력이 있다. 요컨대 인간 여성들이 안 그래도 고비용인 근본적인 생리 현상으로 왜 그토록 복잡한 전략을 쓴다는 것인지 합당한 진화적 근거가 도저히 없다. (배란을 더 명확하게 겉으로 드러내는 다른 일부 종들의 경우라면 아마도 근거가 존재할 것이다. 가장 강압적인 수컷들이 가임기의 모든 암컷들을 동시에 점유할 수는 없기 때문에, 주기의 동시성은 암컷들이 자손의 아버지를 선택하는 데 더 많은 기회를 제공할 수 있다.)[6]

인간에게 생리일 동시성이 존재한다고 너무나 쉽게 생각하게 되는 이유는 여성 집단의 '정상적인' 주기가 겹치기 쉽고, 그래서 집중되는 것처럼 보이기 때문이다. 예를 들어 네 여성이 집을 공유하고 있다고 상상해 보자. 룸메이트 A는 생리 주기가 28일이고, 룸메이트 B는 32일 주기, 룸메이트 C는 25일 주기, 룸메이트 D는 절대 생리 주기를 기록하지도 않고 매달 같은 시기에 내는 집세도 결코 기억하는 법이 없는 사람이다. A는 14일째에 배란을 하고 B는 16일째, C는 12일째나 13일째가 배란일이지만 D는 알 수 없다. 네 사람 모두 규칙적으로 생리를 하겠지만, 누군가는 2, 3일만 생리를 하고 다른 이들은 일주일 가까이 생리를 한다. A의 생리 3일째와 마지막 날은 우연히 B의 첫날과 겹치기도 하고 마침 C가 생리를 시작하기 하루 전날이다. 한편 D는 수일 내로 생리를 할 것 같다고 생각한다.

결론이 어떻게 나올지 보이는가? 생리 주기의 단계는 어느 시점에서든 겹치는 것을 피할 수가 없다. 더욱이 여성의 주기가 처음에 서로 더 멀면 멀수록 날짜가 더 같아지는 것처럼 보이게 된다. 진행되는 방향은 하나뿐이다. 더 가까워지는 것. 가능성 때문만으로도 그러하다. (이 현상을 평균으로의 회귀라고 부르는데, 통계학자들에게 잘 알려진 용어로 경제가 바닥을 치고 나면 겉보기에 새로운 정책이나 지도자가 나타나 상황이 나아지는 것 같을 때처럼 착각에 불과한 다양한 현상을 설명할 수 있다.)

여성들이 거리상 가까이 살더라도 그들의 호르몬 활동이 동일해진다는 확고한 증거는 어디에도 없으며, 우리가 그렇게 진화했을 것이라는 타당한 이유도 없다. 남편이나 아버지나 남자 형제가 집안의 모든 여자들이 동시에 '호르몬에 휘둘린다고'(그래서 화장실을 독차지한다고) 불평하는 말을 혹시라도 듣게 되면, 여자들의 주기(사이클)가 함께 진행될 때는 단체로 사이클을 탈 때(혹은 우연히)뿐이라고 알려줘도 된다.

28일간 여성의 전략적 행동

가장 건강한 여성들의 경우, 평균 주기 동안 이루어지는 호르몬 활동의 변동은 상당 부분 다달이 예측 가능하다. 물론 임신이 일어나는 경우에는 극적으로 변화한다. 궁극적으로 주기는 나이에 따라 달라지며, 완경 이행기와 완경이 다가오면 정상적으로 배출되던 호르몬의 양과 다양성에 영향을 미친다.

이러한 인체 내부의 변화를 넘어서, 여성의 외면적인 행동 역시 주기에 따라 변화한다는 증거가 많다. 인간의 배란은 은폐되어 있지만(대부분 그렇다. 6장 참조) 특정 행동은 배란 직전과 도중, 이후에 드러날 수도 있다. 아마도 가장 잘 알려진 호르몬 관련 행동은 생리 전 증후군일 것이다. 그러나 생리 전 증후군은 1980년대까지는 '실제 존재하는 것'으로 널리 논의되지 못했고, 1980년대 들어 비로소 의학계(와 수많은 여성 잡지)에서 효과적인 치료가 필요한 진짜 질환으로 차츰 인정되었다. 우리 생각이 틀렸어요, 아가씨. 단지 머리로만 괴롭다고 생각한 게 아니라, 난소에도 문제가 있다고요. (실제로 과학자들은 수십 년간 생리 전 증후군을 연구해 왔지만, 실제로 '증후군'이라는 병명을 붙여 준 것은 1950년대였다.)[7]

여성의 배란 주기에는 수많은 호르몬이 관련되지만, 다른 어느 호르몬보다도 궁극적으로 외적인 행동에 궁극적인 영향을 미치는 두 가지 호르몬, 에스트로겐과 프로게스테론에 초점을 맞추자.

이 두 호르몬은 주기의 대부분을 통제하지만 여성이 생리할 때가 다가오면 결국 활동을 서서히 멈춘다. 에스트로겐과 프로게스테론의 영향을 탐구한 뒤에는 전체 주기 중 생리 이전 단계와 생리 단계 동안 이들의 수치가 줄어들기 시작할 때 무슨 일이 벌어지는지 살펴볼 것이다.

에스트로겐: 몸매와 경쟁력

에스트로겐은 호르몬계의 철의 여인이자, 여성스러움을 만드는 엔진의 연료다. 주기의 처음 절반 기간인 난포기 동안, 배란 직전에 수치가 최고점에 도달한다. 그러나 수치가 어느 정도이든 단순히 존재하기만 해도 신체적 매력과 성적인 동기, 경쟁력에 영향을 미친다는 증거가 있다.

에스트로겐 수치가 높은 여성들은 특히 에스트로겐이 최고조일 때, 통상적으로 더 매력적인 얼굴 생김새를 지녔다는 평가를 타인들로부터 받는다.[8] 한 연구에서 과학자들은 4주에서 6주에 걸쳐 매주 사진을 찍은 여성 59명의 이미지를 활용해 두 종류의 합성 사진을 찍고, 그들의 호르몬 수치도 동시에 관찰했다. 디지털 사진 합성과 수학 공식을 적용해 연구자들은 에스트로겐 수치가 높은 사진과 낮은 사진을 만들어 냈다. 가장 마음에 끌리는 얼굴을 선택하라는 요청에 (구체적으로 '여성스러움, 매력, 건강'을 기준으로) 별도의 그룹(남녀 모두로 구성)이 에스트로겐 수치가 높은 사진을 선택했다.

에스트로겐 수치가 높은 여성들 또한 수치가 낮은 여성들보다 스스로를 더 매력적이라고 인식한다.[9] (실질적으로 거울이 최우수 조연 배우인 영화 「퀸카로 살아남는 법(Mean Girls)」을 보았다면, 십대들의 에스트로겐이 제멋대로 날뛰는 모습을 목격했을 것이다.)(우등생이었던 주인공이 외모와 인기, 연애에 집중하며 거울을 보는 시간이 늘어난다. ― 옮긴이) 에스트로겐은 여성들의 가슴이 커

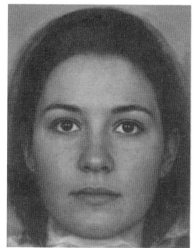

에스트로겐 수치가 높은 경우(왼쪽)와 낮은 경우(오른쪽)를 보여 주는 합성 사진.

지고 엉덩이의 옆과 뒤쪽에 신체의 지방이 남성들보다 더 많이 축적되는 이유다. 큰 유방과 잘록한 허리를 특징으로 하는 고전적인 모래 시계 몸매는 높은 에스트로겐 수치가 원인이며, 과학자들은 그런 특정 유형의 몸매를 지닌 여성들이 전문 용어로 '번식 측면에서 더 높은 잠재성'을 지녔음을 보여 주었다.[10] 남성들이 모래 시계 몸매의 여성들에게 이끌린다는 가정 아래, 그리고 그런 여성들의 에스트로겐 수치가 더 높다는 사실을 고려하면 생각은 결국 그런 여성들이 임신 가능성이 더 높아지리라는 것으로 이어진다. (물론 많은 남성들은 한 종류의 몸매에만 매력을 느끼지 않으며, 큰 유방과 잘록한 허리를 지닌 모든 여성들이 임신을 원한다거나 임신에 성공하는 것도 아니다. 그러나 풍만한 몸매가 여성의 진정한 생식력을 가리키는 불완전한 지표라 할지라도, 에스트로겐이 인체 곡선의 원인이라는 점은 타당한 사실이다.)

　에스트로겐을 매력과 연결하는 여러 연구 결과는 이해가 된다. 소녀들의 사춘기 동안 벌어지는 수많은 변화는 에스트로겐의 급등에 책임이 있다는 것은 우리도 아는 사실이다. 그들의 얼굴은 성숙하고 여성스러워지며 그들의 몸도 마찬가지다. 그들을 지켜보는 사람들은 에스트로겐이 초래한 변화를 매력적으로 인식하는데, 그러한 변화가 성적 성숙과 수태 가능성을 가리키기 때문일 가능성이 크다. 따라서 그러한 외모에 무관심했던 고대 남성들은 아마도 그 여성들에게 관심을 기울였던 남성들만큼 자손을 많이 남기지는 못했을 것이다. 마찬가지로 전신 거울이 아직 발명되기 이전이었더라도 고대 여성들에게는 외모 경쟁력 판단이 중요했을 것이다.

전반적인 에스트로겐 수치는 또한 짝짓기를 하려는 동기, 그리고 그 상대와도 연관된다. 한 연구는 에스트로겐 수치가 더 높은 여성이 테스토스테론 수치가 더 높은 남성들의 얼굴을 선호한다는 것을 보여 주었다.[11] 이 결과가 중요한 이유는 가임기 여성이 좋은 유전 재료를 갖춘(또는 최소한 조상 대대로 좋은 유전자를 타고났을지도 모르는) 남성들을 찾으려는 잠재적 성향을 지녔음을 의미하기 때문이다. (2장에서 설명한 냄새 나는 티셔츠 연구는 이런 연구 결과의 사촌 격이다.) 또한 에스트로겐이 많은 여성들은 성적 일탈에 더 개방적이며 파트너에 대한 의리를 다소 덜 느끼는 것으로 보고된다.[12] 이는 아마도 자신의 짝짓기 조건이 다른 여성들보다 낫다는 것을 제대로 인지한 여성들이 결과적으로 자신들의 조건을 가능한 한 많이 활용하려는 추동력이 더 강해졌기 때문이라고 볼 수 있다.

더 많은 에스트로겐은 더 큰 경쟁력과도 연결되며[13] 두려움 감소에도 영향을 미칠 가능성이 있다.[14] 이러한 연구 결과는 최고의 짝짓기 조건을 위해 여성을 더 경쟁적으로 만들어 주는, 또한 공교롭게도 전반적으로 에스트로겐 수치가 높은 경우 여성들을 더 경쟁적으로 만들어 주는 배란 주기와 관련된 변화를 설명할 수 있을 것이다.

배란 주기에서 에스트로겐이 가장 높은 시점에, 그리고 임신 가능성이 가장 높을 때에 여성들은 더 많이 움직인다. 주기의 중간 시점에 여성들이 더 많이 걷는다는 사실을 보여 준 2장의 만보기 연구를 떠올려 보라.[15] 폐소 공포증에 걸린 적 있는 사람처럼 여성들은 다량의 에스트로겐이 분비되면 집안에서 벗어나 주변을 돌아다녀야만 할 것처럼 느낀다. 흥미롭게도 이런 신체 활동 증가는 다른 행동 변화와 나란히 이루어진다. 즉 가임력 고조기에 여성의 성적 욕망은 증가하지만 열량 섭취량은 줄어든다.[16] 점심을 먹으러 외출하는 대신 가임력 정점의 여성들은 아마도 짝짓기 영역을 확인하려는 듯 긴 산책에 나선다. (이 부분은 5장에서 탐구하겠다.)

우리는 왜 한 가지 행동(먹기)을 다른 행동(배회하기)으로 전환할까? 자연이 마침내 우리에게 노력 없이 체중을 빼는 방법을 제시하는 걸까? (5일간의 에스트로겐 요법! 배란 기간 동안 체중을 줄인다!) 여기서 특별히 작용하는 전략적 행동이 있을까?

여성들은 그날에 정해진 제한 시간이 있다. 가임력이 정점일 때 우리는 활동적이기를 선택하고 짝짓기를 할 의향을 느낀다. 그렇지 않을 때는 뻗은 다리를 올려놓고 넷플릭스 몰아보기를 하며 간식을 먹는다. 가임력 정점일 때 짝짓기를 하려는 동기가 몸에 먹거리를 공급하려는 동기를 능가하는 듯하다. 아마도 낮은 프로게스테론 수치와 연합해 많아진 에스트로겐 양이 보이는 호의일 것이다. 다음 장에서 설명하겠지만, 우리 노력을 어떻게 할당할지 결정하는 그러한 변화는 전략적 선택이다.

그러므로 에스트로겐 수치가 높은 여성은 좀 더 매력적이며, 짝짓기 조건을 심사숙고해 더 경쟁적이 되고 두려움을 덜 느끼면서 자신의 욕구 중 다른 것에 비해 특정 부분을 우선시한다.

에스트로겐 수치가 격변하면 어떤 일이 벌어질지 상상해 보라.

프로게스테론: 보호와 방어, 그리고 양쪽에서 활약

프로게스테론은 에스트로겐의 충실한 동반자이며, 배란 주기의 두 번째 단계, 혹은 황체기 동안 점점 늘어나기 시작하다가 최고 정점에 도달한다. 자세한 내용은 아직 밝혀지는 중이지만, 탁월한 한 가지 이론은 바로 일정 수준에서 프로게스테론은 여성의 면역력을 억제하지만 역설적이게도 질병에 걸릴 위험 또한 줄일 수 있다는 것이다. 프로게스테론이 주도하는 이러한 과정은 인체 내부에서 이루어지지만, 앞으로 살펴보듯 여성의 외적인 행동에도 여전히 영향을 미친다.

감기 바이러스의 형태든, 녹슨 못에서 전해진 고약한 미생물이든 우리 몸이 침입자와 싸우도록 설계되어 있다는 것은 모두 알고 있다. 건강하다고 가정할 때 우리 면역 체계는 잠재적인 감염증을 공격하고 무찌를 항체 군단을 소환해 전쟁을 일으키도록 프로그램되어 있다. 자궁벽에 파고들려 하는 이물질은 다른 상황이었다면 면역 체계가 중성화해야 할 적으로 인식한다. (인체가 이식된 장기를 거부하는 잠재 가능성을 생각해 보라.)

그러나 황체기 동안 프로게스테론은 그런 반응을 뒤엎을 능력이 있다. 자궁 침입자가 궁극적으로 태아로 발달하게 될 배반포(이미 세포 분열을 시작한 수정란)일 때, 프로게스테론은 면역 체계가 배반포를 공격하는 것을 막아 안전하게 자궁에 뿌리를 내리고 자리를 잡도록 돕는다.[17] 프로게스테론은 항체 군단이 물러나도록 명령을 내리고, 그 결과 인간의 번식이 가능해진다.

태아의 내성 강화와 함께 감염 위험이 늘어나고 만성적인 감염 가능성도 악화된다.[18] 그러나 프로게스테론이 이중 거래자로서 정말로 긍정적인 면을 보여 주는 경우는 바로 이제부터다. 프로게스테론은 과도한 염증처럼 비정상적으로 높은 면역 반응을 특징으로 하는 질병을 다행스럽게도 줄여 준다.[19] (벤 상처 주변에 붉게 부풀어 오른 피부나 접질린 발목이 붓는 것처럼 정상적인 염증은 주요 면역 반응 중 하나이다.)

류머티스성 관절염은 과도한 염증 반응이 고통스러운 관절 부종을 유발해 결과적으로 뼈와 연골이 손상을 입는 질병의 본보기다. 류머티스성 관절염이 있는 임신 여성은 확연하게 통증과 증상이 줄어든다고 한다. 임신 기간 내내 높은 수준을 유지하는 프로게스테론 수치 덕분에 염증 반응이 고도로 억제되는 듯하다. 이 경우 엄마의 면역 체계가 임신에 대해 거부 반응을 일으키지 않도록 위축되어 있기 때문에 산모를 보호해 주는 건강한 효과를 지닌다. 면역 억제와 질병 위험 사이의 이 같은 거래에 주목해 UCLA 인류학과 동료인 댄 페슬러(Dan Fessler)는 '보상적 행동 예방(compensatory behavioral prophylaxis)' 가설을 제시하기에 이른다.[20]

그 가설에 따르면 프로게스테론의 면역 억제 효과가 성공적인 임신에 꼭 필요하다는 점을 고려할 때, 늘어난 프로게스테론은 (임신을 했든 안 했든) 여성이 세균 투성이인 사람들 같은 질병의 원인을 각별히 조심하도록 유도한다. 한 연구에서는 배란 주기 중 프로게스테론 수치가 높은 단계의 여성들이 건강하지 못한 사람들보다 건강한 사람들의 얼굴 합성 사진을 선호하는 정도가 프로게스테론 수치가 낮은 여성들에 비해 훨씬 높았다.[21] (물론 여성들은 전성기의 올림픽 선수와 엉망진창 상태의 좀비 사진 중에서 선택하라고 요청받은 것이 아니다.) 왼쪽 사진에서 보이는 건강한 얼굴들은 오른쪽 사진보다 덜 심술 맞아 보이고, 피부도 더 깨끗한 것 같다.

페슬러의 연구[22]는 타액 중 프로게스테론 수치가 더 높은 여성들이 질병 전파를 암시하는 혐오스러운 이미지(피부병, 더러운 수건, 기생충, 심지어 만원 지하철을 타고 있는 사람들까지도)를 더 질색한다는 점을 보여 주었다. 더욱이 그들은 세균에 노출되었다고 느낄 때, 손 씻기 같은 오염과 관련된 강박적 행동을 보일 가능성이 더 컸다. 마찬가지로 이들은 피부(상처 딱지)나 눈을 긁는 비율이 더 높았다. 질병을 옮기는 행동처럼 생각되지만 실제로는 체외 기생충 제거로 불리는 행동으로, 인체 표면에 달라붙은 기생충들이 내부로 들어가기 전에 제거하기 위해 고안된 일종의 개인 몸단장(grooming)의 일종으로, 개코원숭이들이 몇 시간 동안 계속 서로 벌레를 잡아 주는 행동과 다르지 않다.

증거가 이제 막 드러나기 시작했고 다소 논란의 여지도 있지만, 프로게스테론은 인간 관계와 관련된 영향력도 갖고 있는 것으로 보인다. 특히 임신 기간 중에 프로게스테론 수치가 계속해서 올라가면서 (수치가 극단적으로 떨어지는 비임신 상태의 주기와 반대로) 여성들은 특히 우수한 사회적 유대 관계에 동화되는 것을 기대할 수 있는데, 그런 주변의 도움은 인류의 진화 역사상 과거(와 현재에도)에 꼭 필요했을 것이다. 프로게스테론은 컴퓨터를 이용한 감정 인지 과제에서 얼굴에 나타난 감정을 더 빨리 분류하고 얼굴 표정에도 더 관심을 보이는 경향과도 관련이 있는 듯하다.[23] 프

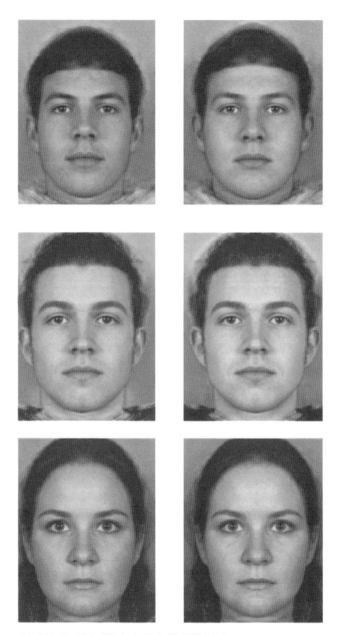

페슬러의 '보상적 행동 예방' 가설 논문에 사용된 합성 사진.

로게스테론 수치가 높은 여성은 잠재적으로 분위기를 읽고, 친구인 척하지만 정작은 적인 사람들을 걸러내며, 기대도 좋을 사람과 피해야 할 사람을 잘 선택할 수 있다.

관련 연구에 따르면 여성들은 사회적 배제를 경험할 때(실험 환경에서) 그 반응으로 프로게스테론 수치가 올라가는 것으로 나타났다.[24] 프로게스테론이 늘어나는 것은 사회적 관계 회복을 돕기 위한 것일 수 있다. 프로게스테론은 여성들 사이에서 '소속감 동기'[25] 또는 좀 더 단순히 말해 다른 사람들과 더 잘 어울리고 더 우호적이 되려는 욕망과 관련이 있다.

또한 프로게스테론은 분위기를 부드럽게 만드는 윤활제 역할을 할 수도 있다. 설치류와 인간의 경우, 프로게스테론이 전환해 생겨나는 신경 활성 분자인 알로프레그나놀론(allopregnanolone)을 투여하면 차분해진다.[26] 심지어는 프로게스테론이 자살 편향(suicidal ideation) 같은 심각한 일부 정신 질환을 진정시키고[27] 극심한 생리 전 증후군으로 고통 받는 사람들의 분위기와 증상을 호전시킨다는 예비 증거[28]가 있다.

프로게스테론 수치가 높을 때 우리는 다른 사람들 때문에 역겨움을 좀 더 강하게 느끼지만 (그리고 더러운 공중 화장실 같은 세균이 득시글거리는 상황에 대한 참을성이 약해지지만) 다른 사람들과 유대감을 추구한다. 면역 체계는 억제되어 있지만, 질병의 위험을 피하기 위한 조치를 취한다. 약간 더 차분함을 느끼기도 한다. (냄새 나는 화장실을 이용하는 수밖에 선택의 여지가 없다면 도움이 된다.) 이 모든 것이 프로게스테론에 관한 진실일까? 확실한 것을 알기 위해 더 많은 연구를 들여다봐야겠지만, 분명 매혹적인 아이디어다.

생리 전 증후군:
증후군이 아니라 전략이다!

에스트로겐은 배란 직전, 난포기 마지막에 줄어들기 시작하고 에스트로겐 양이 줄어들자마자 프로게스테론 분비량은 왕성하게 높아지기 시작한다. 프로게스테론은 황체기를 거치며 중간쯤 정점에 이르렀다가 생리를 시작하기 전까지 급강하한다.

이 마지막 단계에서, 즉 생리를 막 시작하기 직전, 주기의 마지막 며칠간 생리 전 증후군이 찾아올 수 있다. 프로게스테론이 느긋한 감정과 사회성에 연관이 있다면, 생리 전 증후군의 증상은 실제로 이 호르몬 수치가 낮아지는 '후퇴'의 결과다.

1950년대 중반 '생리 전 증후군'이라는 용어를 만들어 낸 영국 의사이자 과학자인 캐서리나 달튼(Katharina Dalton) 박사(와 그녀의 동료인 레이먼드 그린(Raymond Greene) 박사)는 낮은 프로게스테론 수치와 생리 전 증후군 시작 사이에 관계가 있다는 중요한 발견을 해 냈다.[29] 여성의 건강에 엄청난 반향을 일으킨 호르몬과 행동에 관한 그녀의 아이디어는 본인의 생리 주기에 대한 개인적 관찰에서 비롯되었다. 달튼은 생리 직전에 자신을 괴롭히던 편두통이 임신을 하자 완벽하게 사라졌음을 알아차렸다. 임신 기간 중 프로게스테론은 태아의 발달과 임신부의 건강을 위한 다양한 측면을 지원하느라 다량으로 쏟아져 나온다. 그리고 평균 주기의 마지막을 향해 가면서 프로게스테론이 바닥나면 우리에게 익숙한 생리 전 증후군과 관련된 양상이 나타나 여성의 행동에 깊은 영향을 미칠 수 있다. 달튼은 생리 전 증후군을 단지 심리적인 상태가 아니라 정당한 의학적 증상으로 승격시켰다는 점에서 널리 공을 인정받는다. 그녀의 이론에 동의하지 않는 이들도 일부 있지만, 세계 최초로 그녀가 세운 생리 전 증후군 클리닉에서 프로게스테론으로 다수의 환자들을 성공적으로 치료했고, 산후 우울증과 프로게스테론 수치 사이의 연결 고리에도 상당한 관심을 가졌다.

그러나 생리 전 증후군으로 돌아가, 애당초 그것이 존재하게 된 이유를 알면 당신은 놀랄 것이다.

사춘기가 되면 소녀들은 (소년들도 마찬가지로) 이전까지 한 번도 제대로 경험해 보지 못했던 호르몬의 파도를 타게 되고, 처음 서핑에 나선 초보자들처럼 주기적으로 그 파도에 휩쓸린다. 그 '정상적인' 감정 변화의 꼭대기에 생리 전 증후군이 자리를 잡는다. 내 경우 생리 전 증후군은 지구상에서 못된 여자애들을 모조리 쫓아내 버리고 싶은 욕망에 사로잡혀 착한 여동생과 싸우고 인내심 많은 어머니를 괴롭히는 것으로 이어졌다. (연구실에서 호르몬을 연구하고 있다고 어머니께 말씀드리자 어머니는 미소를 지으며 "엄마는 놀랍지 않구나."라며 다 안다는 듯 대꾸하셨다. 어머니는 나의 연구가 종종 '나-연구'임을 알고 계신다.) 나는 차분함을 잃었고 확실히 누구와도 어울리고 싶지 않았다. 그러나 여인으로 성장하는 대부분의 소녀들처럼, 매번 주기마다 앞으로 무슨 일이 벌어질지 점점 더 많이 알게 되면서 상황이 나아졌고 성숙해지면서 자신에 대한 이해도 너 깊어졌다.

한때는 막연한 '부인병'으로 ('히스테리'와 같은 범주로) 치부되었지만 생리 전 증후군은 아주 실질적인 질병이다. 과거 '호르몬에 휘둘리는' 또 다른 본보기로 무시당하던 시절로부터 우리는 먼 길을 지나왔다. 부인과 전문의와 다른 여성 건강 전문가들은 치료법과 지원, 의학적 근거로 여성들을 도울 수 있다.

추정에 따르면 여성의 약 85퍼센트가 어떤 형태로든 생리 전 증후 군을 경험할 것이라고 한다. 한두 가지 증상만으로도 괴로운 나날이 될 수 있다. 짜증나는 기분, 간헐적 분노, 피부 트러블, 두통, 골반 및 유방의 통증, 복부 팽만, 구역질, 극한 갈증, ……. 생리 전 증후군과 연관된 것으로 보고된 심리적, 생리적 증상 목록은 길기만 하고, 상당수가 반사회적 행동이라 불릴 수 있는 행동 변화도 함께 수반된다.

에스트로겐 수치가 높아졌을 때 주기에서 가장 가임력이 높은 시기와 관련된 여성의 행동은 진화론적 관점에서 이해 가능하다. 우리는 그 것을 짝 찾기 행동이라고 알고 있다. 그러나 생리 전 증후군 행동은 정확히 그 반대로 보인다. 프로게스테론 하락과 관련된 증상들, 신체상의 불편함, 반사회적 감정, 짜증, 심지어 성적 욕망의 부재는 뭔가 불발에 그친 듯이 여성을 고립시킨다. 그러나 아마도 이 행동은 사실 일종의 전략일지 모른다. 생리 전 증후군은 여성들과 특정 남성들 간에 쐐기를 박는 자연의 방식일 것이다. 특히 번식이라는 몸의 목표가 또 다른 생리 기간의 시작으로 인해 무산될 형편이기 때문이다.

생리 전 증후군을 앓는 여성들은 종종 생리 기간이 시작되기 직전 배우자나 한결 같은 남자친구에게 특히 짜증을 느끼는 자신을 발견한다. 그냥 나 좀 혼자 놔두라고! 다른 때 같으면 훌륭하고 충실한 남자친구나 남편이 갑자기 엄청 거슬린다. 휘파람 좀 그만 불어 줄래? 심지어 그가 집안일의 절반과 육아를 모두, 혹은 어느 한쪽이라도 도맡아 하고 있다고 하더라도 아직 멀었다. 식기 세척기에 그릇을 넣는 방법이 틀렸잖아. 우리 조상 여성들은 변기 시트를 내려놓으라고 짝에게 잔소리할 일이 결코 없었겠지만, 그들도 번식의 측면에서 특정 남성들을 못마땅하게 여길 현실적인 이유는 있었을 것이다.

여기에는 진화의 논리가 존재한다. 우리의 조상 여성이 주기가 여러 번 지나도록 같은 남성과 규칙적인 성관계를 했음에도 임신이 되지 않았다면, 십중팔구 남성이 불임이거나 두 사람이 유전적으로 서로 맞지 않았을 것이다. (불임의 경우를 추적해 보면 여성 쪽 탓일 수도 있고 남성 파트너 쪽 탓일 수도 있다. 때로는 그 이유가 미스터리로 남기도 하는데, 이것은 일부 커플들이 단지 서로에게 맞지 않는다는 사실을 가리킨다.) 생리 기간이 다가오다가 생리가 시작되고 몇 달간 그런 상황이 반복된 이후, 결국 조상 여성이 문제의 남성을 거부하고 다른 선택지를 찾는 것은 충분히 이해되는 일이다. 현대를 살아가는 한 여성의 짝이 성관계를 하면서도 매번 (운 좋게도) 임신시키지 못한다면, 생리 기간이 다가옴에 따라 다른 때 같으면 괜찮았을 상대가 용납되지 않아 보일지도 모른다. 생리 전 증후군과 관련된 반사회적 행동은 자손 번식이 용이하지 않은 남성, 사냥감이나 생식 세포가 없는 남성들을 쫓아 버리기 위해 진화했을 수도 있다.[30] (생리 전 증후군이 여성과의 관계에도 영향을 미치는 이유는 무엇일까? 여파 때문일 것이다. 완벽하게 흡족한 해답은 아니지만 나로서는 현재 그것이 최선의 짐작이다. 더 연구해 볼 만한 주제다.)

그 시기를 최대한 누릴 수는 없을지 몰라도 생리 전 증후군은 확실히 목적이 있을 것이다. 매달 힘겹게 그 시기를 보내는 사람들의 경우 그 기간이 며칠에 불과하다는 것과 가장 심한 증상은 대체로 일단 생리가 시작되면 사라진다는 것을 알면 어느 정도 위안이 된다. 물론 복부 경련과 생리혈이 보편적인 '위안'의 정의는 못 되겠지만 그래도 어떤가? 배란 주기의 그 단계에도 나름의 목적이 있다.

생리, 기간

생리 기간은 실제로 여러 호르몬의 수치가 다시 서서히 증가하기 시작하는 주기의 출발을 가리킴에도 우리는 그것을 끝(단순히 생리 기간을 'period('기간'이라는 뜻 외에도 '마침표'의 뜻이 들어 있다. — 옮긴이)'라고 부르는 것 때문은 아닐 것이다.)이라고 생각하는 경향이 있다. 어쩌면 이것은 임신이 목표든 아니든 우리가 번식력을 떠올리는 방식 때문일 것이다.

성관계를 하며 임신하려고 노력하는 사람의 경우, 생리 기간을 앞두고 있을 때 생리를 할 것인지 안 할 것인지 여부를 두고 일종의 긴장감이 생겨난다. 생리가 시작되어 실망감을 느끼면 곧 다시 노력해 볼 수 있는데도 어쩐지 끝이라는 느낌을 받는다. 한편 임신을 피하고 싶은데 피임 수단이 말을 듣지 않았을 경우, 생리가 시작되면 안도하면서 일종의 해방감마저 느껴진다. 휴……, 무사히 넘어가서 다행이야. 그러므로 의학계에서는 생리 기간의 첫날을 새로운 주기의 시작으로 간주하지만 실제로는 끝인 것처럼 보인다. (더불어서 참신한 시작을 멋지고 새로운 …… 생리대 한 박스와 함께 하려는 사람이 누가 있을까?)

주요 호르몬이 솟구치거나 급락하는 배란 주기의 다른 단계와 달리, 생리 기간은 호르몬이 낮은 수준에서 상당히 꾸준하게 유지된다. 생리 기간은 3일에서 5일간 지속되고 짧게는 이틀, 길게는 일주일까지도 이어진다. 모든 여성들이 '평균적인' 28일 주기를 갖고 있지 않다는 사실과 마찬가지다. 생리 기간의 길이는 나이를 포함해 여러 가지 요인에 따라 달라질 수 있다. 생리 기간의 길이는 여성이 성숙하면서 점점 짧아지고 더 규칙적으로 변하므로(그러다가 완경이 다가오면 다시 불규칙해진다.) 14세 소녀는

20대나 30대 여성들보다 훨씬 더 길고 변덕스러운 주기를 가질 수 있다.

이러한 생리 기간 길이의 다양함은 적절한 관심을 제대로 받지 못하고 있는 듯한데, 이는 일부 여성들이 불임 문제를 맞닥뜨리는 원인을 설명해 줄 수도 있을 것이다. 여성들이 28일이든 35일이든, 혹은 그보다 더 길더라도 건강한 주기를 갖고 있다면, 너무도 대량 소비 시장용으로 정해진 임신 관련 조언의 근간인 28일 사례가 맞지 않을 것이다. 가임력 정점의 여성이 14일째에 배란을 하지 않을 수도 있다. 10일째나 18일째에 배란을 할지도 모를 일이다. 그런 경우에는 아기를 만들기 위한 모든 추측이 어긋난다. (배란기를 피하는 주기 피임법 같은 '자연' 피임법이 어긋나는 것과 마찬가지다.) 자신의 주기 길이를 알고 일부 변수를 예상하는 것이 너무도 중요한 이유다. 가임력과 피임에 대해서는, 이 둘을 모두 무력화할 수 있는 호르몬에 대한 오해에 대해서도 7장에서 더 논의할 터인데, 특히 '진정 노력하지 않고 아기 만들기에 성공하는 법' 글상자를 참고하기 바란다.

생리대를 무상으로!

발정 현상에는 비용과 효용이 관련되고, 인간의 경우에도 이 방정식은 대부분의 진화 현상과 마찬가지로 균형을 이룬다. 그러나 여성이라는 점 때문에 비용 면에서 한쪽으로 확실히 기우는 항목이 하나 있으니, 그것은 바로 생리에 대한 비용이다. 현대 여성이 평균적으로 400회의 생리를 한다고 할 때, 생리대와 탐폰에만 드는 비용이 수천 달러에 달한다. 일부 가정에서는 생리대에 대한 경제적 부담이 실제로 막대하고, 뉴욕 같은 대도시에서는 중학교와 공립 학교 화장실에 학교 측에서 무상 생리대를 비치하기 시작했다. 비누나 화장지처럼 모든 공중 화장실에 생리대가 무상으로 공급되어야 한다고 믿는 무상 생리대 지원 재단(freethetampons.org)이 활약한 보급 운동 덕분이다.

　오로지 여성들만 감당해야 하는 비용에 대해 공감하며, 미국의 일부 주에서는 '생리대 세금'을 낮추려는 움직임도 진행되고 있다. 그러나 솔직히 말하자면 분노의 물결을 목격하는 분야가 단지 '여성 위생 용품'만은 아니다. 더 많은 여성들(과 남성들)이 이른바 핑크 택스(pink tax)라고 하는 현상을 따지고 드는 데 점점 의욕을 보이고 있다. 핑크 택스는 장난감, 의류, 비누, 샴푸 등 소녀와 여성을 위한 수많은 소비 제품이 남성을 위한 똑같은 용도의 상품보다 더 비싸다는 사실을 가리키는 용어다. (한 소비자 단체는 유명 대형 할인점에서 소녀용 스쿠터 값을 소년용보다 더 비싸게 책정한 것을 확인했는데, 유일한 차이점은 소녀용 모델이 분홍색이라는 것뿐이었다!)[31] 미국인들의 건강 관련 법률 토론 도중, 입법 책임이 있는 (남성) 의원 한 사람은 출산 이전 건강 관리가 왜 법으로 정해진 건강 보험에 포함되었는지, 남자들이 왜 비용을 지불해야 하는지 물었다. (파트너와 자식이 건강해야 인류가 진화상 막다른 골목에 갇히지 않는다는 걸 모르는 건 아닐까?)

　여성들은 수백만 년 동안 생리를 해 왔고, 20세기까지만 해도 헝겊 조각을 사용해야 하는 등 줄곧 멀고 험한 길을 걸어왔다. 탐폰과 생리대는 훨씬 더 편리하지만 여성들이(86퍼센트의 여성들이 외출 중 생리대를 지니고 있지 않은 상황에서 생리를 시작한 적이 있다고 한다.)[32] 생리대에 웃돈을 지불해서는 곤란하다. 최근에는 좀 더 경제적인 재사용 생리컵이 인기를 얻고 있다. (모든 이들이 인정하는 사실은 아니지만, 재사용 가능한 생리컵은 전 세계 바다를 뒤덮고 있는 플라스틱 재질의 어플리케이터가 달린 탐폰보다는 더 환경 친화적이다.) 그러나 생리가 시작되어 75센트짜리 탐폰을 사려고 고장 난 자판기를 두들겨 본 사람이라면, 생리와 관련해서 우리는 언제 더 나은 환경을 누리게 될 것인지 고민해 보아야 한다.

모든 공중 화장실에 무상 생리대가 비치되기까지는 더 기다려야 할지 모르지만, 여성 용품에 붙는 소비세를 없애는 것은 시작되고 있다. 그런 일이 당신이 살고 있는 나라에서는 일어나지 않고 있다면 관계 당국에 편지를 보내거나 본인의 생리 권리 운동을 조직해 봐도 좋을 것이다. 그리고 그러는 동안 장난감 제조업자들에게 왜 분홍색 플라스틱이 파란색 플라스틱보다 비용이 비싼지 물어보자.

(피를 잃고 있기 때문에) 창백한 얼굴로 찜질팩을 껴안고 침대로 후퇴하거나 체육 시간에 빠져 벤치에 앉아 있거나, 고생하는 파트너에게 '바가지'를 긁는다거나, 해변에서 피에 굶주린 상어들이 주변으로 몰려들게 만드는 여성들을 담아낸 캐리커처에도 불구하고, 생리 기간 동안 호르몬과 관련이 있을 법한 외적인 행동 변화는 그리 많지 않다. 이른바 맹렬히 솟구치는 호르몬은 이제 조용해졌고, 혹시 감정의 불꽃놀이가 있다고 해도 생리 전 증후군으로 고생하는 동안 불이 붙었다가 사그라들었음을 기억하자. 복부 경련과 두통, 다른 증상들이 분명 짜증날 수는 있다. (극심한 복부 경련과 과도한 출혈은 정상이 아니며 자궁근종이나 자궁 내막증 같은 병변의 징후일 가능성이 있다.) 그러나 화장실을 좀 더 자주 들락거려야 할 수도 있다는 예외가 있을 뿐, 정상적인 생리 기간은 대체로 대부분의 여성들에게 평범한 일상이다. 그저 삶인 것이다.

그렇다면 생리 기간의 요점이 대체 뭐란 말인가? 자궁벽을 따라 두툼해진 자궁 내막 조직이 배반포를 지탱할 필요가 없어짐에 따라 떨어져 나가기 때문에 출혈이 발생한다는 것은 이제 당신도 알고 있다. 인간, 다른 영장류, 땃쥐류와 일부 박쥐 종은 생리 기간을 지닌 포유동물에 속한다. 그러나 다른 포유동물의 경우 덧자랐다가 생리로 떨어져 나오는 자궁 내막은 없다. 그 대신 자궁 내벽과 조직은 수정이 이루어졌을 때만 혈액과 다른 영양분으로 두꺼워진다.

대체로 잊히기는 했지만 아직도 논의되고 있는 생리에 대한 한 가지 이론은 여성의 출혈이 세균과 바이러스, 다른 병원균을 옮길지도 모를 '나쁜' 정자를 배출하는 효과를 갖는다는 것이다. 이러한 생각은 논란이 많은 진화 생물학자 마지 프로핏(Margie Profet)의 주장으로 유명세를 얻었는데, 그는 생리, 즉 혈액과 조직을 정기적으로 감소시키는 생물학적으로 비효율적인 과정이 여성의 번식 체계에서 질병의 원인이 되는 매개체를 제거하는 자연의 방식이라는 이론을 펼쳤다. "정자는 질병의 매개체다."라고 그녀는 기록했다. (나중에 프로핏은 입덧 역시 임신한 여성에게 잠재적으로 독이 되는 음식에 대한 진화상 반응이라는 이론을 펼쳤다. 특정 음식 냄새에 구토를 하거나 메스꺼움을 느끼는 것은 어머니와 아기를 해칠 수도 있는 유해한 알레르기 유발 항원이나 위험한 세균, 발암 물질에 노출되는 것을 줄이려는 자연의 방식이라는 것이다.)[33]

그러나 클라미디아 같은 성 매개 감염병(sexually transmitted disease, STD)은 여전히 흔하다. 현대 여성이 평생 경험하는 평균 400번의 생리 덕분에 성 매개 감염병이 줄어들었다면 성 매개 감염병의 전염이 더 어려워졌다고 생각할 수도 있을 것이다. (실제로 프로핏은 이런 사실을 생리를 줄이거나 심지어 억제하는 경구 피임약의 사용 덕분이라고 설명했다.)

마지막으로, 세균투성이 미생물을 제거하는 것이 생리의 원인이라면 질병을 일으키는 매개체를 제거하도록 진화한 종이 왜 불과 몇 안 되는 것일까? 나머지는 모두 멸종할 운명인가? (그리하여 원숭이 행성이 언젠가는 땃쥐 행성으로 대체될 것인가?)

생리에 관한 또 다른 이론이 있지만 그것은 출혈 자체와는 별 상관이 없고, 자궁 내막이 두꺼워지는 이유에 더 집중한다. 여성이 임신하지 않았을 때에도, 심지어 가장 가임력이 높은 단계에 성관계를 하지 않았다면 자궁 내막은 여전히 수정란 착상을 준비하기 위해 부풀어 오른다. 그러나 앞서 언급했듯이 비영장류 동물의 경우에는 임신이 발생하지 않는 한 자궁 내막 조직이 두꺼워지지 않는다. 다른 동물들과 달리 우리는 절대 오지 않을 수도 있는 손님을 위해 엄청난 수고를 하는 것이다!

과학자들은 자궁 내벽이 두꺼워지는 과정이 아마도 생명을 지탱해주는 엄마의 자원(혈관 포함)에 온전히 접근하기 위해 자궁벽에 깊이 뿌리를 내리는, 특히 공격적인 인간 배아의 본성과 연결되어 있다고 추측했다.[34] (대조적으로 다른 종들은 그토록 깊이 '침범'하지 않는 얇은 태반을 형성한다.) '산모와 태아의 갈등'이라는 개념이 등장하는 것도 이 지점이다. 이 시나리오에서 인간의 배아는 말 그대로 목숨을 걸고 파고들어 매달린다. 동시에 산모는 자신의 생명을 (자신을 위해서뿐만 아니라 미래의 자손을 위해서도) 보호해야 할 필요가 있다. 그래서 깊이 파고드는 이런 손님에 대한 대비책으로 산모의 몸이 보이는 반응은 호르몬을 분비해 자기 방어와 수용의 균형을 잡는 것이다. 이 작은 침입자가 찾아오는 경우 높은 프로게스테론 수치는 자궁 내막을 두껍게 만든다. 딸이든 아들이든 손님이 나타나지 않으면 프로게스테론 수치는 뚝 떨어져 내막은 결국 떨어져 나온다.

이와 관련된 의견은 특히 부피가 큰 인간 자궁 내막을 유지하는 것이 인체로서는 물질 대사의 측면에서 너무 고비용이라는 것이다. 그래서 아기를 위해 언제나 준비된 상태를 유지하는 대신 매달 배출해 버린다. 실제로 미시간 대학교 인류학자인 베벌리 스트라스먼(Beverly Strassmann)은 몸이 착상의 가능성에 대비하는 배란 이후 단계보다 배란 이전 단계 동안의 대사율이 7퍼센트 더 낮다고 추정한다. 스트라스먼은 여성이 생리를 통해 자궁 내막을 스스로 제거함으로써 6일치에 달하는 열량 소모량을 아낄 수 있다고 예측한다.[35] 이는 먹거리 확보 측면에서 주변부에 가까운 삶을 살았을 조상 여성 인간들에게는 엄청난 차이였을 것이다.

마지막 날(혹은 주기의 끝)에 일어나는 자궁 내막의 비대와 뒤이어 벌어지는 내막의 탈락, 출혈이 인간 배아(와 다른 포유동물 중 선택된 집단의 배아)의 공격적인 특징에 적응하려는 반응이라는 증거가 존재하는 것 같다. 생물학적으로는 오로지 잃어버리기 위해 정기적으로 혈액과 조직을 형성하는 것이 대단히 비효율적으로 보인다. 그래도 우리 몸의 호르몬은 혈액, 땀, 눈물을 정기적으로 선물하는 것 이외에도 아마도 뭔가 아주 효율적인 일을 하고 있을 것이다. 호르몬은 우리 스스로의 생존과 미래 자손의 생존을 보호하고 있다.

4

욕망의 진화

실험실 동물들의 발정기(네발 달린 특정 동물의 암컷들은 쳇바퀴를 달린다.)와 야생 동물의 발정기(우리에 갇히지 않아 자유롭게 돌아다니는 그들의 사촌은 관심을 끌기 위해 귀를 쫑긋거리며 폴짝폴짝 뛰어다닌다.)가 어떤지 우리는 알고 있다. 또한 인간이 발정 상태에서 보이는 행동이 어떤지도 탐구했고, 이제는 냄새 나는 티셔츠가 기분 좋게 느껴지는 것 이상의 많은 의미가 있음을 알게 되었다. 그러나 배란 주기에서 대단히 중요한 가임력 정점 기간에 여성들이 갑자기 성관계를 수없이 갖고 싶어 관심을 보인다든지 하는 간단명료한 결과는 아니었다. 가임력이 높을 때 성관계에 대한 여성의 욕망이 높아진다는 것은 기껏해야 엇갈리는 수준의 증거만 가지고 있었음을 기억하자.

냄새 나는 티셔츠 연구가 암시하듯, 그리고 발정기의 쥐와 개가 전략적으로 특정한 짝을 선택하는 것과 마찬가지로, 아마도 여성들은 그저 아무 남자로 흡족한 것은 아닐 것이다. 정말로 그렇다면 여성들은 특정한 유형의 남성들을 선택할 것이다. 그들은 어떤 잠재력을 지닌 파트너에게 이끌림과 동시에 다른 유형은 거부할 것이다. 주기상 가임력이 가장 높을 때 그들은 파트너의 특정한 자질을 추구할 것이며, 수태 기간 이외에는 아마도 선호도가 달라질 것이다. 이제부터 내가 당신과 공유하려는 연구 결과는 확실히 이런 예측을 뒷받침한다.

이처럼 주기 전반에 걸쳐 호르몬이 유발한 성적 행동의 변화는 매혹적이고도 복잡 미묘하며 내 연구 대부분의 핵심이다. 여성의 성적 행동은 (행동뿐만 아니라 욕망까지도) 잠재적인 후손의 운명뿐만 아니라 자신의 운명까지 규정할 수 있는 뚜렷한 목적에 도움이 된다고 나는 믿는다.

그런데 우리는 애당초 왜 발정 징후를 행동으로 보이도록 진화했을까? 앞서 언급했듯이, 일부 인간들(남녀 모두)은 특히 섹스와 짝짓기에 관한 한 우리가 동물과 얼마나 공통점이 많은지를 인정하는 것을 불편해한다. 그렇지만 여성들은 특히 번식 이외의 이유로 가임 단계가 아닐 때에도 성관계를 하려는 욕망과 능력을 뚜렷하게 소유함으로써, 독특한 인간 행동 양식을 보인다. (그리고 물론 남성들도 이런 욕망과 능력을 공유한다.) 그런 점에서 인간은 훨씬 덜 절제된 섹슈얼리티를 통해 동물계 구성원 대부분과는 동떨어진 변형된 우회로를 선택했다.

이것은 호르몬이 일으킨 성적 행동이다. 그리고 앞으로 알아보게 되겠지만 점점 커진 인간의 두뇌 때문에, 그리고 그 결과 손이 많이 가는 자식을 낳을 수밖에 없었기 때문에 엄마와 아빠가 함께 보살피는 게 의존적일 수밖에 없는 아이를 가장 잘 키우는 방법이었기에 그렇게 진화했을 가능성이 크다.

열에 들뜬 도마뱀

다양함은 좋은 것이지만 진화가 우리에게 알려주듯, 항상 그런 식은 아니었다.

거의 5억 년 전, 암컷과 수컷 척추동물들은 생식기를 중심으로 서로 갈라져 각각 고유한 유형의 에스트로겐과 그에 상응하는 호르몬 수용체를 개발했다. (중3 생물 시간 이후 '호르몬 수용체'에 대해서 생각해 본 적이 없다면, 생물 교사들이 수대에 걸쳐 설명해 온 방식대로 생각해 보라. 호르몬은 인체에서 특정 세포까지 여행하는 초소형 전달자이다. 호르몬 수용체는 그 메시지를 받을 수신자다. 메시지가 수신자에게 당도하면 세포는 그에 맞춰 반응한다. 성 호르몬의 경우, 몸과 뇌의 변화를 이끌어 낼 수 있는, 예를 들면 번식 관련 조직을 자라게 하고 우리의 욕망을 지휘할 세포 내 유전자를 작동시킨다.)

결국 호르몬과 수용체는 남성과 여성의 뇌와 몸에서 다르게 기능하도록 진화했다. 여성의 경우 에스트로겐은 난자의 성숙을 촉발하고, 번식이 용이하도록 성적 동기를 불러일으킨다. 결과적으로 남성은 여성의 체취 변화 같은 에스트로겐의 외적인 징후를 감지하고, (6장에서 살펴보게 되겠지만) 그것을 특히 성적 매력으로 여기도록 진화했다.

아메리카독도마뱀부터 생쥐, 침팬지, 인간에 이르기까지 모든 척추동물은 행동 변화를 보이는 발정 현상과 에스트로겐 수치 변화를 동반하는 성생활 변화를 공통점으로 갖는다. 서로 다른 종 사이의 유전적 관계와 장구한 연대에 걸쳐 어떻게 새로운 종으로 분화되었는지를 나타내는 진화 계통수의 가지들은 발정 현상을 포함해 종 사이에 서로 공통되는 특징의 원점이 어딘지(다음의 진화 계통수 참조) 주요 단서를 제공한다. 계통수를 보면 아주 오래된 이 호르몬 춤이 도마뱀과 포유동물이 갈라지기

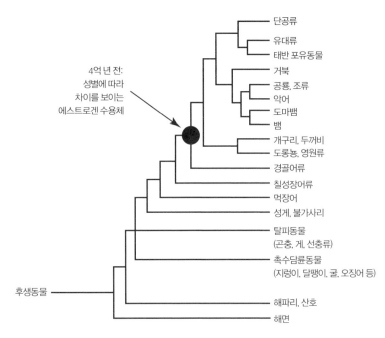

4억 년 전:
성별에 따라
차이를 보이는
에스트로겐 수용체

단공류
유대류
태반 포유동물
거북
공룡, 조류
악어
도마뱀
뱀
개구리, 두꺼비
도롱뇽, 영원류
경골어류
칠성장어류
먹장어
성게, 불가사리
탈피동물
(곤충, 게, 선충류)
촉수담륜동물
(지렁이, 달팽이, 굴, 오징어 등)
해파리, 산호
해면

후생동물

종 간의 계통적 관계를 보여 주는 진화 계통수.

전부터 존재해 왔음을 알 수 있다.

　약 4억 년 전 에스트로겐 수용체는 성별 이형성(수컷과 암컷 사이에 차이가 생기는 것)을 띠게 되었고, 이것이 발정 현상의 기원일 가능성이 높다. 가장 원시적인 난생 포유동물인 단공류동물부터 경골어류에 이르기까지 최상위 종들은 발정 현상이 있었던 것으로 추정되며, 여기에는 공룡도 포함된다! 물론 각 가지의 끝에서는 더 많은 종 분화가 이루어졌다. 인류가 속한 호모(Homo) 속은 태반을 지닌 모든 동물들과 함께 폭넓은 군집을 이룬다. 그러나 인간의 발정 현상은 진화 계통수의 한 가지에 함께 소속된 다른 동물들과 유사성이 있기는 하지만 인간만의 고유한 특징을 지닌다.

우리는 깜짝 놀랄 만큼 달라 보이는 생물로부터 진화했다. 에스트로겐의 통제를 받는 암컷 어류들의 에스트로겐 수용체가 수컷과는 다르게 작용하며 독특한 암컷만의 번식 유형을 발생시켰다는 점에서 놀랍게도 우리는 최초로 '여성형(feminine)' 존재였던 어류 조상들에게 많은 빚을 지고 있다. 수백만 년이 걸리기는 했지만 결국 초기 인류 조상들의 몸속에서도 그와 똑같은 발정 주기가 자리를 잡았고, 여성 인류 사이에서는 전략적인 성적 행동의 기초가 마련되었을 것이다.

그렇다면 진화 심리학자(이자 나의 박사 학위 지도 교수) 데이비드 버스 (David Buss)가 같은 제목의 고전에서 너무도 적절하게 설명했듯이[1] '욕망의 진화'에 대해서 좀 더 면밀히 살펴보자. 인간의 번식 주기 전반에 걸친 변화 지점과 그것들이 특히 여성에게 어떤 변화를 일으켰는지 정교한 이해가 가능해진다면, 아마도 우리는 인간의 성적 행동에 관한 수많은 질문에 답을 할 수 있게 될 것이다. 발정 현상의 기원에 대한 연구를 통해서 우리는 어떤 관계는 평생도록 지속되는 반면 어떤 관계는 일주일 만에 사그라드는지 이해하는 데도 도움을 받을 수 있을 것이다.[2]

앞서 논의했듯이 인간의 발정 현상에 대한 가장 뚜렷한 설명은 조상 여성들에게 미래를 누리고 살 후손들을 남기는 것과 아무 흔적 없이 지상에서 사라지는 것 사이의 차이를 의미하는 뭔가를 추적하도록 길을 열어 주었다는 점이다. 그 뭔가는 정자였다.

그러나 발정 현상 동안의 유일한 추동력이 난자를 수정시키기 위한 건강한 정자를 '아무' 남성에게서나 얻으려는 보편적인 성격의 사냥이었다면, 번식을 위한 짝짓기 측면에서 여성들이 발휘하는 재량권이 철저하게 '없었다면', 유전학적으로나 그 이외의 시각에서 모두 어떤 결과가 나올지 잠시 생각해 보자. 진화 생물학자 트리버스가 제시한 양육 투자 이론(2장에서 논의했다.)을 고려할 때 특히 거칠게 달려드는 여성 시나리오는 앞뒤가 맞지 않는다. 이 이론에 따르면 성별 중에서 번식에 가장 많은 투자를 해야 하는 쪽은 더 까다롭게 짝을 선택한다. 여성들은 생산할 수 있는 자식의 수가 제한되어 있으며, 일단 아이가 태어나면 엄마들은 아이를 돌보는 데 엄청난 투자를 한다. 그러므로 단순히 정자를 얻기 위해서 그들이 성급하게 짝을 선택했을 가능성은 없다. (우리가 알고 있는 '아기 열망'은 아마도 조상 여성들에게서 비롯되지는 않았을 것이다.)

더욱이 짝짓기 측면에서도 여성들이 모든 일을 도맡아야 하는 진화론적 이유가 없다. (일단 임신을 해서 자식을 낳으면 여성들은 엄청난 에너지를 쏟아야 한다.) 야생 동물들의 수많은 종은 수컷이 가임기 암컷을 찾아내는 능력이 아주 뛰어난데, 부분적으로는 발정 상태의 암컷들이 외부의 눈을 피해 숨어 있는 상황이 아니기 때문이다. 개코원숭이 암컷들의 부풀어 오른 성기를 떠올려보자. 심지어는 어류 암컷도 페로몬을 방출해서 짝짓기 가능성을 알린다.

정자를 얻기 위해 여성이 이판사판 달려든다는 가설이 틀린 이유는 또 있다. 과학자들이 인간의 발정 현상 관련 증거를 찾으려는 초기 연구에서 실패했던 이유는 엉뚱한 곳에서 사랑을 찾았기 때문이다. 동물 관찰 실험 결과를 바탕으로 초기의 열 추적자들은 가임력이 높은 여성들의 성적 행동이 전반적으로 증가할 것이라고 예측했다. 광분한 여성들을 기억하는가? 그러나 당시 과학자들은 시대에 뒤떨어진 '열(발정)' 개념을 적용했고, 달리 설명할 연구가 존재하지 않았기 때문에 알고 보니 가임기 여성들이 잠재적인 짝을 선택하는 데 아주 까다롭다는 사실을 설명할 수가 없었다.

티셔츠 실험과 다른 초기 연구 이후 수십 년간, 우리는 여성들의 가임력이 정점일 때 가장 매력적이라고 여기는 남성들의 유형을 포함해 여성들의 성적 행동이 주기 전반에 걸쳐 변화한다는 사실을 시사하는 연구가 많아졌음을 목격했다. 더욱이 여성의 선호도는 단순하게 특정한 신체적 외모(예를 들어 2장에 설명했듯이 거의 흠결 없는 유전자를 가리킬 가능성이 있는 좀 더 좌우 대칭되는 외모라든지)에만 국한되지 않으며, 특정한 행동 자질까지 포함한다. 다수의 연구에서도 수태 단계에 여성들이 좀 더 자신만만하고 우세한(심지어 거만한) 남성을 선호하며, 좀 더 '사내다운' 남성이라는 개념에 이끌리는 행동 특성을 나타낸다는 점도 확인했다.[3] 이와 유사하게 짝짓기를 위해 지위가 높은 수컷을 선택하는 영장류를 포함해 다른 종의 암컷들 사이에서도 똑같은 선호도가 관찰되었다. 아메리카독도마뱀들마저도 수컷은 각본에 짜인 대로 우월함을 드러내는 의식에 참여하며 우세한 수컷이 우승 상품인 발정기 암컷을 차지한다.

오로지 근육남들만 선택되었다면, 비록 가장 두꺼운 팔뚝을 자랑하지는 못했을지 모르지만 앞으로 살펴볼 다른 분야에서 그러한 신체적 결점을 보완한 후보자들을 포함해 수많은 다른 남성들이 길가에 버림을 받았다는 것을 의미한다. 섹시한 나쁜 남자가 적어도 특정한 시기(발정기)에 여성들이 원하는 것을 제공하는 반면, 좋은 아빠 후보자들은 여성들(과 자식들)이 언제나 필요로 하는 다른 자질을 제공할 수 있다. 그러나 착한 남자들이 왜 (그리고 만약에) 꼴찌인 것처럼 보이는지 확인하기 전에, 어째서 가임기 여성들이 애당초 섹시한 남자를 목표로 삼는지 알아보자.

나쁜 남자와 좋은 유전자

자식의 아버지가 되어 줄 짝을 찾고 있는 배란기 여성을 상상해 보자. 적극적이고 능력도 있는 수많은 남성들이 대기 중이지만 오로지 한 사람, 우월한 남성만이 눈에 들어올 것이다. 그는 공격적이고 자신만만하며 시끄럽고 약간 자기 중심적인데다, 다른 경쟁자들보다 신체적으로도 크다. 그러나 그가 '바로 그 사람'이다. 늑대나 새, 인류를 제외한 영장류를 거론하든 인류를 염두에 두었든, 종을 막론하고 되풀이해 반복되는 수컷 선택 행동 양식은 바로 이것, 가임기 정점의 암컷은 우월한 수컷에 대한 선호를 보인다는 것이다. 그러나 그것은 표면적인 판단일 뿐, 공작의 꽁지깃이나 가장 큰 소리를 내는 포효 및 하울링, 혹은 바위처럼 단단한 복근을 뽐내는 것 이상의 조건이 존재한다. 그리고 제아무리 뺨에 펄럭이는 플랜지가 크다고 해도 수컷 한 마리가 필연적으로 모든 후손들의 아버지가 될 수는 없다.

심리학자 갱스테드와 생물학자 손힐의 획기적인 연구였던 냄새 나는 티셔츠 프로젝트에서 우리는 가임력 절정기의 여성들이 잠재적인 배우자를 찾을 때 좌우 대칭적인 외모를 선호한다는 것을 알아냈다. 우수한 표본을 선택함으로써 여성들 또한 자식에게 전달될 수 있는 좋은 유전적 자질을 갖춘 후보자를 선택하게 된다. 조상 여성들에게는 자식의 생존력과 생존을 포함해 짝 선택에 많은 것이 달려 있었다. 간단히 말하면 그것이 바로 배우자 선택의 우월한 유전자 이론이다. 임신이 가능할 때 암컷은 자손에게 전달될 수 있으면서 우세 행동과 특정한 신체적 특징으로 드러나는 건강한 유전자와 관련된 자질을 갖춘 수컷을 선호하는 경향을 보인다. 궁극적으로 암컷과 자손 둘 다에게 이롭기 때문이다.

우월한 유전자 이론은 암컷이 왜 그토록 누구를 선택할지 까다롭게 굴도록 진화했는지를 설명하면서, 전략적인 암컷의 섹슈얼리티라는 개념을 강화한다. 그러나 인간의 발정 현상은 호르몬 주기 중 배란일 이전부터 배란일을 포함해 약 닷새에 불과한 짧은 기간만을 설명해 줄 뿐이다. 더욱이 가임기 정점기의 여성은 우월한 유전자를 지닌 남자를 선호할 수도 있겠으나, 반드시 그녀가 욕망에 따라 행동할 것이라는 의미는 아니다. 쏜살같이 지나가 버리는 가임기 안에 행동할 기회를 얻지 못할 수도 있고, 아니면 자신의 매력을 드러내지 않기로 선택할 수도 있다. 특히 장기적인 안목에서 누구든 다른 사람이 곁에 없는 게 더 낫다는 사실(이 부분에 대해서는 곧 다루게 될 것이다.)을 깨닫게 되었다면 더욱 그렇다.

자손 번식에 기여할 능력이 있는 (다시 말해 정자를 제공할 수 있는) 모든 수컷들 가운데, 교과서적으로 우월한 유전자 보유자로서 자격을 갖춘 이는 극소수뿐일 것이다. 논리적으로 어느 집단에서 모든 수컷이 우월할 수는 없으며, 그렇지 않은 경우라면 영역 자체가 존재하지 않을 것이다. 이를테면 바다에는 다른 (우두머리가 아닌 수컷) 물고기들이 많으며, 무엇보다도 번식 주기에는 발정기 말고도 보내야 하는 다른 날들도 많기 때문에 발정기에 가장 선호 대상인 수컷들도 유전자 이외의 다른 장점을 제시할 수 있을 것이다.

우월한 유전자의 단서는 조상 대대로 엄청난 중요성을 지녔으며, 인간 이외의 영장류를 포함해 많은 동물들은 여전히 가임력 고조기 동안 가장 체격이 크고 뛰어난 상대를 기본으로 해 짝 선택의 우선 순위를 매긴다. 그러나 호르몬 주기 내내 변화하는 욕망에 따라 행동하는 인간 여성들은 결국 여러 동물 조상들로부터 물려받은 발정기 행동뿐만 아니라 새로운 성적인 전략을 추가했다. 그것은 바로 장기적인 관계다. 짝 결속(pair-bonding, 단일한 파트너를 선택. 사회 생물학과 진화 심리학의 용어로 평생 같은 영역을 공유하고 양육 의무를 함께하는 밀접한 관계를 의미한다. — 옮긴이)과 연장된 성생활(인간들이 많이 그러하듯 가임기 이외에도 성관계를 맺는 것)을 통해 우리는 인간으로 방향을 틀었다.

짝 결속:
마을이 필요하다(파트너도)

임신 기간 도중과 이후에 조상 여성들에게 요구되는 것은 특히 엄청났다. 임신, 출산, 수유, 양육, 그리고 돌봄이 필요한 다른 어린 자식들의 가능성까지. 뿐만 아니라 인간 이외의 영장류와 비교할 때, 뇌가 큰 인간 아이는 궁극적으로 가족 집단에서 독립해 생존하는 데 필요한 걷기와 스스로 먹기 같은 발달상의 주요 단계에 도달하는 데 훨씬 더 오래 걸린다. 침팬지는 4년 정도 지나면 전적으로 자급자족이 가능하다. 그에 반해 인간 아이는 오랜 세월 부모에게 크게 의존하며 대부분의 전통 사회에서 12세가 될 때까지는 스스로 먹을 만큼 충분한 식량을 구해오지 못한다. 감자칩이나 할로윈 사탕은 논외이며, 간식이 아니라 생존을 위한 음식을 이야기하는 중이다. (인간 아이들이 얼마나 오래 부모에게 의존한다고 생각하느냐고 학생들에게 물으면 그들은 하나같이 찔리는 데가 있는 눈빛으로 좌불안석이 되는데, 아마도 자신의 학자금 융자로 생긴 빚이나 졸업 후 살 곳과 건강 보험이 필요하다는 생각을

하기 때문일 것이다. 우리는 보통 적어도 30세까지라는 결론을 내린다.)[4]

인간은 '고비용'의 뇌를 갖도록 진화했다. 복잡하고 크기가 크며 더 느리게 자라는 우리 뇌는 다른 포유동물에 비해 양질의 열량과 영양분을 필요로 한다.[5] 달리 말하면, 우리가 다른 동물들보다 더 똑똑하지만 발달된 인지 기능을 유지하기 위해 양질의 특수한 연료를 필요로 한다. 따라서 상당한 비용이 따른다. 고대 인류에게는 충분한 열량을 소비하고 흡수하거나, 몸안에 그 에너지를 비축하는 데 들어가는 비용을 감당하는 것이 정말로 삶과 죽음의 문제였다.

인간 이외의 영장류들은 '회색 천장(gray ceiling)'에 부딪치지만(뇌의 회백질이라는 표현에서 보듯, 그들의 뇌가 어느 지점까지만 발달하다가 멈춘다는 의미다.) 인류는 발달을 계속했고, 영양학적으로 밀도 높은 열량에 접근 가능했던 것도 그 원인의 일부였다. 인류는 궁극적으로 식량 공급에서 더 많은 열량과 영양을 추출하는 방법을 알아내면서 현저하게 우월한 위치를 선점했으며, 그와 같은 '두뇌 식량'은 우리가 회색 천장을 부수도록 도왔다. 그러한 식량 공급은 주로 식물에서 채집된 음식과 대형 동물 사냥 등으로 얻은 음식으로 구성되었다.

최초로 도구를 이용해 고기와 다른 식재료를 자르고 불을 이용해 영양가 밀도를 높였을 요리법을 최초로 배운 사람이 남성이었는지 여성이었는지, 결코 확실하게 알지 못할 것이다. 질긴 동물 고기를 물어뜯는 대신에 우리는 두들기고 익혀서 고기를 연하게 만드는 법을 배웠다. 딱딱한 껍데기나 두꺼운 껍질을 지닌 채소와 과일을 무시하고 그냥 먹는 대신에 잘라서 속살을 먹을 수 있었다. 이제 우리는 더 많은 동물성 단백질을 씹고 소화하며, 뇌의 성장과 인지 발달에 도움이 되는 기타 다양한 영양

소에 접근할 수 있게 되었다.[6]

그러나 그것은 더 많은 (그리고 양질의) 열량을 소모하는 문제만이 아니었으며, 세계 최초의 가정 요리사 덕분에 에너지 소비를 전용함으로써 더 적은 열량을 소모하는 문제이기도 했다. 예를 들어 영장류는 나무를 오르내리고 먹거리와 쉴 곳을 찾아 먼 거리를 이동하는 데 엄청난 양의 에너지를 사용했다. 두 발로 움직임이 원활한 인간은 부담이 덜한 습관을 개발했다. 물론 그렇더라도 삶이 쉬운 것과는 거리가 멀었고, 특히 임신한 여성들에게는 녹록지 않았을 것이다.

수년간 지속적으로 물리적 에너지와 영양분, 시간을 들여서 뇌가 큰 아이를 낳고 양육하느라 중대한 자원을 투자해야 했을 조상 여성의 경우, 혼자 양육해야 했다면 특히 어려웠을 것은 자명하다. 침팬지와 달리 인간 아이들은 3~4세를 훌쩍 넘길 때까지도 엄마에게 매여 있으며, 생존을 위해선 엄마의 지원에 전적으로 의존한다. 요즘은 수많은 12세 아이들이 처음 스마트폰을 장만하면서 '독립'을 표방하지만, 과거에는 사냥이나 채집 도구 사용에 대한 앱이 없었다.

누군가 나서서 신변을 보호해 주고 물자를 제공해 주는 수밖에 없었다. 여성의 모계 확대 가족이 의존적인 아이들을 기르는 데 도움을 주었을 가능성은 있지만, 가장 밀접한 잠재적 육아 도우미는 아버지였을 것이다. 이 아이들의 가장 가까운 친족이자 혈연으로서 아버지들은 아이들 유전자의 운명을 공유했다는 미덕으로 인해 모계 가족 집단의 그 누구보다도 자식들 육아를 돕고 거기에 시간과 노력을 투자해야 한다는 진화론적인 압력에 더 많이 노출되었다. 따라서 남성들은 자식들에게 투자하는 강한 경향을 발달시켰다. (비록 일부 남성들은 사랑한다면 그냥 내버려 두라는 대안적인 전략을 적용하기도 하지만 말이다.) '공동 양육(co-parenting)'은 대단히 현대적인 느낌을 주지만, 인류 역사의 가장 초기 시절부터 그 뿌리를 갖고 있다.

그리고 인간이 좀 더 …… 인간다워지기 시작한 것도 이 지점이다. 발정기에 조상 여성들은 좋은 유전자를 제공할 수 있는 우월하고 뛰어난 남성들에게 이끌리기도 하고 그들을 유혹하기도 했지만, 그 짧은 가임기를 벗어나면 장기적으로 자신과 자식들에게 가치 있는 자원을 투자해 줄 남성들을 유혹하고 유대 관계를 유지하려는 전략을 개발했다. 시간을 할애하고 보호를 제공하며 음식과 보금자리를 확보하고 그 이상의 것들을 줄 수 있는 남성 말이다. 과학자들은 이처럼 지속적인 관계 형태를 묘사하기 위해 짝 결속이라는 표현을 사용한다.

또는 이런 식으로 생각해 보자. 섹시남이 좋은 아빠와 진지한 경쟁을 시작하게 되었다고 말이다.

튼튼함에서 똘똘함으로

인간 이외의 영장류와 비교할 때 우리는 뇌가 크다. 예를 들어 완전히 자란 침팬지의 뇌는 무게가 약 400그램인데 성인 인간의 뇌는 그보다 3배 더 무겁다. 그러나 출생 당시에는 순위가 역전된다.

우리의 영장류 친척들은 임신 중 빠르게 자라나는 비교적 큰 뇌를 갖고 태어난다. 반면에 인간의 뇌는 자궁 밖에서 극단적인 성장을 경험한다. 인간의 산도는 출산 과정에서 엄청나게 팽창될 수 있지만, 유달리 큰 두개골이 안전하게 지나가기에는 여전히 너무 좁다. (인간 산도의 제한된 용적에 대한 한 가지 이론은 계속해서

네 발로 돌아다니는 대신에 두 발로 걷도록 진화하면서 골반이 좁아졌다는 것이다.) 따라서 만삭 아기들은 필연적으로 미성숙한 뇌를 갖고 태어나지만 이후 수년간에 걸쳐 빠르게 뇌가 성장한다.

2세가 될 때쯤 인간의 뇌는 외형적으로 성인 뇌의 약 80퍼센트에 달하지만, 인지력의 변화와 발달 면에서는 20대 중반에 가서야 비로소 성숙에 도달한다.[7] 최종 완제품은 평균적으로 무게가 신체의 2퍼센트에 불과하지만 산소와 혈액 공급뿐만 아니라, 적절한 기능을 하는 데 필요한 중요한 에너지(음식에서 섭취하는 열량)의 20퍼센트를 먹어치운다.[8]

어쩌면 조상 여성들이야말로 태초의 슈퍼맘이었겠지만, 확대 가족과 궁극적으로 아버지의 도움이 없었다면 세대를 이어 성공적인 번식을 유지하는 것이 불가능했을 것이다. 인간 두뇌의 복잡하고 미묘한 기능은 짝 결속의 발달에 적잖이 빚을 지고 있다. 아버지, 즉 보금자리에 존재하는 도우미의 투자 없이는 조상 여성들은 자식을 키우는 데 드는 충분한 열량과 다른 자원 제공에 큰 어려움을 겪었을 것이고, 폭발적으로 자라나는 두뇌에 필요한 충분한 영양이 없었다면 인류는 다른 영장류들과 마찬가지로 '회색 천장'에 부딪쳤을 것이다.

연장된 성생활:
짝 결속이 계속 유지되는 방법

짝 결속의 발달로 조상 여성들이 섹시하지만 '항상 믿음직하지는' 않은 최고의 남성을 전적으로 외면하고 덜 우월한 (그러나 좀 더 의존할 수 있는) 차선의 남성을 선택했다는 의미는 아니다. 하지만 여성들이 자식들에게 기꺼이 투자할 남성을 유혹하기 위해 발정 현상 행동 이외의 전략을 개발했다는 점은 시사해 준다. 현실적으로 말하자면, 수요가 공급을 초과하는 양육을 도와줄 으뜸수컷(alpha male)들은 일단 수가 너무 적었다. 더욱이 그들은 좀처럼 도움을 제시할 필요조차 없었다. 그들은 주변에서 얼씬거리며 기꺼이 돌봄이라는 짐을 함께 떠맡겠는 태도 때문이 아니라 '우월한 유전자' 때문에 짝으로 선택되었다. 하지만 좌우 대칭쯤 알 바 아니라고 무시하면, 시간, 보호, 식량, 기타 자원의 측면에서 많은 것을 줄 수 있는 다른 남성들이 넘쳐났다.

덜 섹시하지만 안정적인 남성이 장기적으로 계속 곁에 남아 있도록 보장하기 위한 한 가지 방법은 여성들이 짧은 가임기 이외에도 배란 주기의 어느 시점이든 구애와 성관계를 수용하는 것이었다. 단순히 수용할 뿐만 아니라 주도자로서 먼저 그런 행동을 이끌었다. 번식 이외의 이유로 섹스를 하는 것, 연장된 성생활은 보금자리에서 필요한 도움에 그 뿌리를 둔 현대적인 인간의 행동이다.

개나 고양이 같은 포유동물은 발정기가 아닐 때에는 교미를 하지 않는다. (그리고 「아리스토캣(The Aristocats)」(1970년에 제작된 디즈니 애니메이션 영화.—옮긴이)이나 「레이디와 트램프(Lady and the Tramp)」(1955에 제작된 디즈니 최초 장편 애니메이션 영화로 개 두 마리의 스파게티 키스 장면으로 유명하다.—옮긴이)가 아닌 한, 개와 고양이 수컷들은 자기 새끼의 어미에게 영원히 정절을 지키며 부성애로 조력하는 일은 없는 것으로 알려져 있다.) 하지만 오랑우탄과 침팬지 같은 일부 영장류는 배란 주기 중 수태와 상관없는 단계에도 교미를 하며 보노보는 새끼 보노보를 만드는 일뿐만 아니라 화해를 위해 잦은 성관계를 이용하는 것으로 유명하다.

이런 영장류가 번식과 상관없는 성관계를 하는 이유에 대한 한 가지 이론은 '친자 혼동'을 일으킴으로써 자식에 대한 수컷들의 공격을 줄일 수 있다는 것이다. 암컷이 가임기 이외에도 다수의 수컷들과 교미를 허락하면, 수컷들은 저마다 자기가 아버지라고 생각해 암컷의 새끼를 해치거나 죽이지 않을 수도 있을 것이다.

그러나 인간의 경우 연장된 성생활의 이유는 짝 결속과 얽혀 있는 듯하다. 짝을 찾는 여성들은 두 가지의 선호도를 갖는 것으로 드러났다.

❶ 미스터 섹시(aka 섹시남): 성적으로 매력을 느끼며 단기적인 면에서 여성의 취향을 만족시킨다. 기간이 짧은 가임기 정점기에, 즉 좋은 유전자를 찾는 레이더가 고도로 활약할 때 가장 유혹을 느낀다.

❷ 미스터 안정(aka 좋은 아빠): 가임기 정점기에는 성적으로 매력을 느끼지 못하지만 그 이외의 경우에는 장기간에 걸쳐 함께하고 싶은 친절하고 다정한 짝으로서 매혹을 느낀다. 부분적으로는 그가 계속 곁에 머물면서 자식 돌봄에 도움을 줄 가능성이 더 많기 때문이다.

일부 여성들은 이 두 가지 조건이 최상으로 결합된 드문 남성에게 이끌릴 수도 있을 것이다. (『오만과 편견』의 주인공 리지 베넷의 다아시 씨부터 「섹스 앤 더 시티」 캐리 브래드쇼의 미스터빅에 이르기까지, 심지어는 『트와일라잇』의 뱀파이어 에드워드와 『그레이의 50가지 그림자』의 크리스천 그레이까지 살펴보아도, 지독히 잘생겼으면서도 뛰어난 보호자이자 부양자이기도 한 이런 패러다임은 수많은 로맨스의 핵심이다. 비록 이런 남자들을 진정 좋은 아빠가 되도록 길들이는 것은 엄청난 비약으로 여겨지긴 하지만 말이다.) 이렇듯 두 가지 조건을 다 갖춘 한 사람의 짝에게 만족하는 여성들은 발정 현상이 일어나는 동안이나 배란 주기를 통틀어 그 어떤 시기에도 다른 조건을 찾아 눈을 돌릴 가능성이 없다.[9]

그러나 이렇게 이상적인 결합 조건을 갖춘 남성을 만나지 못하는 다수의 여성들(현실 세계에는 수요 공급의 불일치 문제가 존재하기 때문에 그런 여성들이 대부분이다.)에게는 최고 우두머리가 아닌 남성들이 점점 더 괜찮아 보이기 시작할 것이다. 배란 주기에 걸쳐 이렇게 선호도가 변화하는 증거에 대한 더 많은 연구는 나중에 다루도록 하겠다.

연장된 성생활 이론은 여성들이 비가임기를 포함해 배란 주기 내내, 몇 날 몇 주 몇 년을 따지지 않고 청년기부터 노년기까지 평생 동안 성생활에 참여한다는 사실을 가리키기 때문에, 일부 과학자들은 인간 여성들에게는 발정 현상이 없다고, 특히 '고전적인' 의미의 발정 현상(가임기에만 제한적으로 번식 관련 성적 행동을 보이는 것)은 없다는 뜻으로 해석하기도 한다. 다시 말해 우리가 임신 가능성이 없는데도 섹스하기를 좋아한다면 발정 현상을 경험할 가능성은 있을 수 없지 않느냐고 비약해 버리는 것이다.

알다시피 나는 동의하지 않는다. 연장된 성생활로 발정 현상에서 배제되는 것이 아니라, 닉 그레브(Nick Grebe)와 다른 학자들이 주장했듯이[10] 발정 현상이 보완되는 것이라고 여기는 편이 더 낫다는 생각이다. 여성의 입장에서 보면 이 전략은 짝 결속으로 짝을 이룬 남성이 둘의 관계와 자식들에게 투자하도록 이끄는 또 다른 방법이다. 섹스에 대한 여성의 수용 역시 남성의 입장에서 납득이 된다. 배란이 감추어져 알 수 없다면, 중요한 번식의 기회를 놓치는 것보다는 번식을 '성공'시키지 못하더라도 계속 노력하는 것이 더 낫다. (진화론적 관점에서 볼 때에도 나중에 후회하는 것보다는 안전한 게 낫다.)[11]

또한 짝 결속 파트너와 누리는 연장된 성생활은 여성에게 또 다른 이득을 제공한다. 남성을 고를 때 좋은 유전자로만 선택하는 것이 아니라 좋은 행동까지 감안해 좀 더 세심하게 짝을 고름으로써 여성이 둘의 관계를 점진적으로 형성할 수 있게 한다. 이제 곧 살펴보겠지만, 배란 주기 내내 여성의 호불호는 여성이 무엇을 추구하는가에 따라 변화한다. 즉 장기적인 짝인지 단기적인 파트너인지에 따라 다르다. 이러한 주기 변화는 여성이 섹시남과 안정남의 최고 자질을 통합한 대상에게 좀 더 가까이 다가가도록 돕는다.

시간이 꽤 오래(5억 년) 걸리기는 했지만, '내게 딱 맞는 그 사람'은 마침내 나타났다.

딱정벌레 마니아

연장된 성생활은 포유동물에게만 해당되는 것이 아니다. 송장벌레 같은 곤충도 연장된 성생활을 보이며, 가임기 이외의 기간에도 짝 결속 파트너(다른 수컷들과도 마찬가지다.)와 교미를 한다.[12]

과학자들의 관찰 결과 암컷 송장벌레는 수컷을 곁에 계속 두기 위해서라면 한 걸음 더 나간다. 새끼가 연약한 애벌레 단계일 때, 암컷은 자신의 난자 생산을 막을 뿐만 아니라 파트너 수컷에게 '성욕 억제제' 역할을 해 수컷이 짝짓기에서 벗어나 새끼를 돌보는 데만 집중하도록 만드는 호르몬을 생산할 수 있다. 그렇지 않으면 수컷은 충분한 교미를 할 수 없는데, 그것은 아마도 꼭 아비가 되고 싶기 때문일 것이다. 함께 알을 낳는 과정에서도 수컷은 암컷을 올라타는 모습이 관찰되었다. 이기적으로 성적인 흥분 상태이기 때문은 아니다. 그들이 둥지를 튼 곳에 딱정벌레 사체 냄새와 가임기 암컷의 체취에 이끌린 다른 수컷들이 침입해 파트너를 차지할까 걱정되어 그럴 가능성이 크다. 그래서 다른 수컷이 곧 태어날 새끼들의 아비가 되지 못하도록 계속 부모의 의무를 지속하는 것이다. 잘 알다시 피 수컷들은 그들만의 전략적인 행동을 갖고 있다.

송장벌레들은 교미를 끝내면 부모 양쪽 모두 애벌레에게 먹이를 먹이는 일에 착수하면서 새끼 돌보기가 시작된다. 우선 순위가 바뀌는 것이다! 일단 새 끼 송장벌레가 6개의 제 발로 기어 둥지(이 경우 썩어 가는 딱정벌레 사체)를 빠져나 갈 수 있게 되면 부모 송장벌레들은 새끼를 돌볼 필요 때문에 방해를 받는 일 없 이 자유롭게 관계를 회복한다. 생물학자이자 딱정벌레 연구가인 샌드라 스타이 거(Sandra Steiger)가 지적하듯이 이런 점에서 "그들은 아주 현대적인 가족"이다.

발정기 욕망의 진화 이유

짝을 선택하는 방법의 중심에는 도무지 불가능해 보이는 이런 질문이 존 재한다. 당신은 무얼 찾고 있는가? 그 대답은 복잡할 수도 있고 간단명료 할 수도 있다. 당신이 언제, 누구에게 묻는지에 따라 다르다. 하지만 그 대 답들은 놀랍도록 많은 것을 드러내며, 배란 주기 내내 여성이 경험하는 행동 변화를 이해하는 데 도움을 줄 수도 있을 것이다.

달리 말해 당신은 호르몬에 휘둘리는 게 아니다. 당신은 중요한 결 정을 내리고 있다.

하룻밤의 일탈 대 금혼식

장기적인 관계의 짝으로서 가장 바라는 자질이 무엇인지 남성과 여성에게 물어보면, 사람들은 같은 특징을 우선으로 꼽는다. 다정함, 지성미, 그리고 좋은 성격. 전 세계 6개의 대륙과 5개의 섬에 존재하는 37개의 문화권에서 데이비드 버스가 설문 조사를 거쳐 1989년에 발표한 획기적인 연구에서 발견한 것이 바로 이 사실이다.[13] 1만 명 이상의 남녀 모두가 한 대답은 놀라우리만치 한결 같으며, 오늘 당장 당신이 친구와 단순하게 수다를 떨면서 얻어 낼 반응을 그대로 반영하고 있는 듯하다. 착하고 똑똑하며 함께 있으면 근사한 누군가를 좋아하지 않을 이유가 무엇인가? 그런 사람이라면 당신의 신부가, 혹은 신랑이 되어도 좋을 것이다.

그러나 그것은 해피엔딩으로 끝나는 경우일 뿐이며, 안 그런 경우는 최소한 좀 더 복잡해진다. 버스의 연구에서 남녀가 결혼할 배우자(장기적인 관계의 짝)를 고를 때 높은 가치를 두는 상위권 자질 목록은 다음과 같다.

남성	여성
1. 다정함과 이해심	1. 다정함과 이해심
2. 지성미	2. 지성미
3. 육체적인 매력	3. 건강
4. 흥미로운 성격	4. 흥미로운 성격
5. 건강	5. 적응력
6. 적응력	6. 육체적인 매력

| 7. 창의력 | 7. 창의력 |
| 8. 아이에 대한 욕망 | 8. 경제력 |

유사성이 두드러지지만 차이점도 보인다. 남성들은 여성들보다 장기적인 파트너에게 육체적인 매력을 중시한다. 여성들은 생계를 꾸릴 능력이 있는 건강한 남성을 원한다. 여성들은 매력을 높이 평가해 6위에 올려두었다. 그러므로 여성들은 좋은 보호자이자 가장이 될 수 있는 섹시남과 안정남 콤보를 찾을 가능성이 아주 크다. 물론 이 목록은 결혼 관계의 전반적인 이야기를 담아내지 못한다. 하지만 '여성들이 원하는 것'뿐만 아니라 남성들이 원하는 것도 살펴보면 퍽 흥미롭다.

질문을 재구성해 단기적인 파트너를 찾고 있는 남녀에게 물어보면 그림이 달라지는데, 더글러스 켄릭(Douglas Kenrick)과 동료들이 시도한 연구가 바로 그러한 내용이다.[14] 그들은 데이트 정도의 관계인 사람과 일회성 성관계를 맺을 사람, 결혼할 사람 등의 조건으로 받아들일 수 있는 최소한의 자격 수준이 무엇인지 남녀에게 물었다. 남성들의 경우, 일회성 성관계의 대상일 때에는 육체적인 매력이 꾸준한 데이트 상대나 결혼 상대일 때만큼 중요하지 않았다. 여성들의 경우에는 양상이 달라졌다. 꾸준한 데이트 상대나 결혼 상대일 때에는 육체적인 매력이 일회성 성관계의 대상일 때만큼 중요하지 않았다. 실제로, 한 번 성관계를 가질 상대에게 여성들이 요구하는 최소한의 매력 수준은 남성들이 요구하는 수준보다 훨씬 높았다.

그러므로 여성들의 경우 하룻밤의 일탈을 위해서는 남성의 육체적인 매력이 아주 중요했다. 이러한 선호는 좋은 유전자 이론과 일맥상통하는 것 같다. 있는 그대로 설명하자면, 저녁 식사와 영화 감상을 함께할 남자는 그렇게 잘생길 필요는 없다. 하지만 한 번의 만남에 섹스까지 이어진다면, 상대 남자는 유전자만 제공할 뿐이기 때문에 엄청나게 잘생긴(그리고 외모가 완전히 좌우 대칭인) 편이 낫다. (물론 전 세계에서 금요일 밤마다 반드시 이런 일이 벌어진다는 것은 아니다. 다만 우리가 무엇을 왜 좋아하는지 이해하려는 시도라고 해 두자.)

　단기적인 선호도는 제쳐두고, 남성들은 아이를 낳아 줄 육체적 매력이 있는 여성과 결혼을 원하고, 여성들은 일자리가 확실하고 건강한 남자와 결혼하기를 원한다면, 인류가 어떻게 이토록 오래 지구에서 살아남을 수 있었는지 의아함이 들지도 모르겠다. 우리는 어떻게 만나 서로 다른 선호도를 극복하고, 특히나 육체적인 매력에 관해 대조적인 우선 순위의 장벽을 넘어섰을까? 어떤 이들은 남녀 모두 궁극적으로 공통적으로 선호하는 자질, 즉 장기적인 관계의 짝에게 가장 먼저, 그리고 가장 중요하게 꼽는 가치인 다정함과 이해심, 지성미에 답이 있다고 생각할 것이다. 물론 일리 있는 생각이지만……, '동이 트는 새벽, 손에 손을 잡고 바닷가를 오래 산책'하는 수준에 이르기 전에 인류는 먼저 늪에서 기어나가야 했고, 여성들은 발정기의 욕망을 수요 공급의 현실에 맞춰야 했다.

절충 거래의 진화

'큰 키와 검은 머리칼, 잘생긴 외모'라는 표현을 누가 제일 처음 한데 엮어 놓았는지는 불명확하지만 여성들은 남자한테 바라는 자질의 항목을 계속 덧붙여 왔다. 똑똑하고, 재미있고, 호기심 넘치고, 요리와 청소를 잘하고, 인정

많고, 솜씨가 좋고, 새 관찰을 좋아하고, 십자말 풀이를 좋아하고, 영화광이고, 애서가이고, 운동을 좋아하고, 만 점짜리 식스팩 복근이 있고(하지만 너무 울퉁불퉁하면 안 됨), 자기 어머니한테 잘하고······. 대충 감이 잡힐 것이다. 위시리스트는 사람마다 다르고, 목록은 길어지는 경향이 있다.

이상적인 세계에서 우리는 이상적인 짝을 찾는다. 하지만 현실 세계에 살고 있으므로 현실적인 조건을 들여다본다. 여성들이 장기적인 짝을 찾을 때, 오랜 세월 가장 잘 화합할 수 있을 남성을 상대로 선택함으로써 절충 거래를 배웠던 것도 그때문이다.

알다시피, 모든 여성들이 섹시남과 안정남이 완벽하게 결합된 상대를 찾는 데 성공할 수는 없다. (주변에서 품행이 단정하면서도 외모가 좌우 대칭인 남성의 수가 충분했던 적은 결코 없으며 앞으로도 절대 그럴 리가 없다.) 그러나 이러한 역학 관계를 조사해 온 나의 연구와 다른 이들의 이론에 따르면, '그런 남자'를 조상 여성들이 정말로 낚아챘을 때 어떤 일이 벌어졌을지 다음과 같이 짐작할 수 있을 것이다.

그녀는 남성의 훌륭한 유전자에 대한 발정기의 욕망과 발정기가 아닐 때 좋은 파트너의 자질에 이끌리는 애착, 이 두 가지 성적인 전략을 결합해 소중한 그 관계를 유지했다. 배란기에는 자식을 위해 상대가 지닌 섹시남의 측면에서 원하는 유전적 요소를 확보했고, 가임기가 아닌 기간에는 짝 결속과 연장된 성생활을 통해 안정남의 측면을 바라보며 발정기와 상관없는 애정을 구축했다. 여성은 발정기가 아닌 기간이 대부분이므로, 후자인 이런 애정은 참으로 전략적이다.

그녀에게는 다행이지만, 여성 인구의 대부분인 나머지 여성들은 어떨까? 장기적인 남성 파트너를 찾을 때, 다정하면서 배려심도 갖춘 최고의 남성은 극단적으로 공급이 부족한 반면 수요는 많다는 사실을 감안해 여성들은 절충 거래를 배운 듯하다. 그들은 섹시함과 안정감을 맞바꾸어, 보금자리에서 도움을 줄 믿을 만한 남성을 선택(짝 결속)하고, 성적인 접근성으로 그 중요한 관계를 유지(연장된 성생활)했다.

여전히 둘의 관계에 걸림돌은 존재했다. 조상 여성이 육아를 돕고 물적 자원을 제공하는 능력 때문에 좋은 아빠를 파트너로 삼기는 했지만, 가임기의 정점기에는 발정 현상이 본능적으로 일으키는 선호도가 여전히 솟아오를 테고, 그것은 곧 그녀가 섹시남에게 이끌린다는 의미다. 이 시점에서 그녀에게는 두 가지 선택이 있다. 배란기에 욕망에 따라 행동함으로써 조심스럽게 섹시남의 뛰어난 유전자를 확보하거나, 그렇지 않거나. 특히 이미 아이들이 있는 여성들에게 그런 행동은 지극히 위험한 전략이었다. (좋은 아빠라고 하더라도 질투에 사로잡힌 남성들은 파트너에게 폭력적으로 구는 것뿐만 아니라, 자기 핏줄이 아니라는 사실을 알게 된 자식을 해치거나 죽일 수 있다.)[15]

그래서 조상 여성들은 자식들과 자신의 생존을 보장하기 위해 대단히 실용적인 절충 거래(trade-off)를 했다. 에스트로겐 수치가 높을 때에는 어쩔 수 없이 섹시남에게 시선을 줄 수밖에는 없다 하더라도, 여성들은 장기적인 관계를 이어 갈 가능성이 크고 협동심, 신뢰성, 관대함, 육아에 힘쓰는 좋은 아빠의 자질을 갖춘 안성남에게 충실했다.

수백만 년 뒤에도 참으로 전략적인 여성의 행동인 이 절충 거래는 지속된다. 현대를 살아가는 우리도 여전히 태곳적부터 내려온 발정기 충동의 파도를 느끼며, 가임기 정점기에 여성들은 파트너보다는 신체적으로 훌륭한 유전자로 구성된 특징을 보이는 상대, 즉 냄새 나는 티셔츠를 입은 나쁜 남자들에게 더 이끌린다고 토로한다.

현대 세계를 살아가는 당신은 그러한 욕망이 실제로 여성의 부정한 행동으로 해석되는지 궁금할지도 모르겠다. 서양 인구 중에서 바람을 피우는 여성의 비율은 20~50퍼센트로 추정된다.[16] 연구실에서 남성들의 좌우 대칭 여부를 측정하고 그들의 과거 성생활에 대한 질문을 했을 때, 좌우 대칭이 좀 더 뚜렷한 남성들의 경우 과거에 만났던 파트너가 더 많았다고 대답했으며, 그들의 상대 파트너 역시 연애가 시작되었을 때 다른 남자들을 만나고 있었다는 점을 떠올려보자. 정사를 즐긴 여성들은 빼어난 유전자를 지닌 남성들을 좋아하는 경향이 있음을 시사한다. (여성들이 바람을 피우는 이유는 확실히 다양하며, 다른 장기적인 파트너는 없을지 확인하는 것도 그 이유에 포함된다.[17] 그러나 가임기 정점에는 훌륭한 유전자 시나리오가 지배적이다.)

바람을 피워 태어난 아이들의 경우는 어떨까? 2006년 어느 연구에서는 의학 연구의 일환으로 검사된 자료와 친자 확인 검사 기업에서 제공한 자료를 바탕으로, 아버지와 아이 사이의 유전자 검사 결과 '친자 관계가 아닌' 67건의 추정치를 수집했다.[18] 친자 관계가 아닌 비율은 0.04퍼센트(유태교 사제 집단)부터 11.8퍼센트(멕시코 누에보 레온)에 달했지만, 이 비율은 유전자 검사에 참여한 사람들에게만 해당되며 이들은 유전자 검사를 위해 거리낌 없이 생체 표본을 제출한 사람들이기 때문에 '친자 확신'에 대한 믿음이 상당히 높았을 것으로 짐작된다. 친자 검사를 의뢰한 남성들 가운데서도 친자에 대한 확신이 낮은 것으로 추정되는 경우는 비율이 훨씬 더 높아져, 14.3퍼센트(러시아)부터 55.6퍼센트(미국)에 이른다. 이 모든 데이터를 합산하니 비율은 좀 더 납득할 만한 수준인 3.3퍼센트였다. 그러나 전체적인 비율이 아주 높지는 않아 보이더라도, 피임 기구가 넉넉히 보급 됐다는 (그리고 거의 모든 종류의 피임 도구를 언제든 구할 수 있다는) 사실에도 불구하고 이런 비율이 발생했다는 점을 기억해야 한다. 조상 인류 남성들 로 거슬러 올라간다면 친자가 아닌 비율은 훨씬 더 높았을 수도 있음을 의미한다. 또한 이런 상황에서 30명 중의 1명 꼴이 된 장본인이라고 (혹은 미국에서 친자 검사를 의뢰한 2명 중 한 사람이거나) 생각해 보자. 어이쿠! 그런 생각만으로도 너무 고통스러운 데는 이유가 있다. 번식에 드는 비용은 남 성들을 진화적으로 막다른 길에 몰아넣을 수 있다. 아주 자주 일어나는 일이 아니라고 해도 비용이 높은 것은 사실이다.

친자가 아닌 관계(nonpaternity)로 이어지는 불륜은 좀 더 동떨어진 인구 내에서도 발생한다. 나의 UCLA 동료인 브룩 셀자(Brooke Scelza)는 아 프리카의 힘바(Himba) 족을 연구했는데, 그들의 사회적 규범은 혼외 관계 에 대해 상당히 관대하다. 남녀 주민 가운데 15퍼센트는 자기 집에 살고 있는 이이들 중 한 아이가 아버지의 핏줄이 아님을 알고 있다고 대답했 다. 흥미롭게도, 그리고 현저하게도 친자가 아닌 아이들은 모두(혹은 거의 모두) 중매 결혼에서 발생한다. '연애 결혼'으로 배우자를 만났을 경우에 는, 그들이 자유 의지로 서로를 선택했다는 의미이므로, 친자가 아닌 아 이 비율이 0으로 떨어진다.[19] 심지어는 '일부일처제'를 유지하는 명금류 암컷처럼, 일부일처제의 본보기로 잘 알려진 존재들도 바람을 피우는 것 으로 보인다.[20] 생물학자들은 새들의 둥지를 들여다보며 유전자 검사를 실시한 결과, 애벌레와 곤충을 잡아다 새끼들을 먹여 키우는 수컷들의 약 11퍼센트가 새끼들의 진짜 아버지가 아니라는 사실을 알아냈다.

자식들을 키우기 위해 남성과 협력하도록 진화한 조상 여성들에게 부정한 행동은 아마도 극단적인 거래였을 것이다. 더 좋은 유전자를 확보하는 결과를 낳을 수도 있지만 양육 투자에 힘쓰는 파트너와의 중요한 관계를 심각하게 위협할 수도 있기 때문이다. 인간의 진화 역사를 고려할 때, 남성들이 파트너의 불륜 가능성에 대해서 경계를 늦추지 않는다는 것은 확실하다.[21]

아침 식사로 초콜릿 케이크를

발정 현상이 여성에게, 특히 만나는 사람이 있는 여성에게 한 사람이 곁에 있는데도 다른 사람을 욕망하는 그토록 심한 갈등을 유발할 수 있다면, 그렇다면 아직도 유효한 그것의 목적은 무엇일까? 이는 여성들이 변덕스러워 보이도록 만드는 성 심리학이며, 호르몬의 주기에 따라 한 종류의 남자에서 다른 남자에게로 매력을 달리 느끼기도 한다.

분명 동물의 경우 발정 현상은 수많은 종의 암컷들이 새끼를 위해 좋은 유전자를 확보하기 위한 하나의 방편으로 오늘날까지도 여전히 성과를 거두고 있다. 그러나 인간들의 경우는 어떨까? 특히 믿을 만한 피임법과 현대 의학 덕분에 우리가 갖게 될 자식들에게 훨씬 덜 위험한 인생을 마련해 줄 수 있는 현대 세계의 인간들은? 장기적인 짝이 자식을 위해 좋은 유전적 전망을 제공하지 못한다고 하더라도 대부분의 여성들은 단순히 아이들을 위한 유전적 전망 때문에 좌우 대칭 외모의 최고남을 찾아 불륜을 저지르는 위험을 무릅쓰지 않을 것이다. (음, 일부는 그럴지도……)

주기에 따른 여성의 욕망 변화는 아마도 우리의 꼬리뼈처럼 우리 마음에 남은 진화적인 흔적에 불과하다. 자신이 낳은 자식의 무사 생존을 위해 더는 그런 행동을 할 필요가 없음에도 우리는 태고의 선호도를 그대로 안고 살아간다. 그러나 인류 이전의 과거 유산인 이러한 발정기의 특징은 확실히 현대인들의 행동을 크게 좌우하며, 이는 단순히 우리의 성욕에만 해당되는 것이 아니다. 이후 장에서 살펴보겠지만, 발정 현상은 여러 다른 방식으로 여성들에게 영향을 미친다. 예를 들면 위험을 감수해야 하는 행동을 둔화시킨다. (그래서 우리를 안전하게 지켜 준다.)

아침에 심한 허기를 느끼며 잠에서 깨어났을 때 가장 먼저 초콜릿 케이크를 먹는 것은 나에게는 좋은 생각으로 여겨지지만, 좋은 아침 식사는 아니다. 급격한 혈당 변화로 무력감과 피로를 느끼게 될 것을 알고 있으며, 주기적으로 케이크를 먹는다면 결과가 좋지 못하리라는 것도 확실하다. 마찬가지로 우리는 발정기의 욕망을 맹목적으로 따르고 싶어 하지 않는다. 나쁜 남자는 겉보기에는 멋져 보일지 모르지만 당신에게 정말로 좋은 상대라는 의미는 아니다. 두 경우 모두, 몸은 '난 이걸 갈망해!'라고 말한다. 하지만 그런 갈망이 어디에서 비롯되는지, 그리고 그것이 일시적인 충동임을 이해한다면, 그 욕망을 충족할 것인지 아니면 무시하는 것이 최선이라는 태고의 지혜에 따라 피해갈 것인지 하는 선택의 기로에서 더 나은 선택을 할 가능성이 더 커질 것이다.

5

짝 쇼핑

이 세상에서 살아남고 싶다면, 집을 떠나지 말아야 한다. 절대로. 삶을 안락하게 해 주는 환경과 지속적인 음식 공급, 물, 와이파이에 둘러싸여 지내면서, 위험 요인과 위협이 도사리고 있는 외출을 피하라. 뒷마당 정도는 나가도 되지만, 생존을 원한다면 합리적으로 건강한 상태이고 당신 머리 위로 책장이 쓰러질 염려 없이 장기간 살아갈 수 있는 집에서 혼자 지내는 것이 더 낫다. 당신의 인생을 위험에 빠뜨릴 수 있는 것들에게는 작별 인사를 하거나, 관계를 끊어라. 병균을 옮기는 사람들, 회색곰, 추락하는 드론, 권총을 든 나쁜 사람들, 독거미, 모터사이클. 밀접한 접촉을 피한다면 이런 것들은 당신을 죽일 수 없다. (음, 어쩌면 드론은 가능할 수도 있겠다.)

그리고 섹스도. 섹스 및 질병을 퍼뜨리는 섹스의 능력과는 반드시 작별 인사를 해야 한다. 동물의 왕국에서 유일하게 안전한 섹스는 섹스를 하지 않는 것이며, 함부로 놀아나다간 분명 대가를 치르게 된다. 겨울이 혹독하고 먹을 것도 드문 스코틀랜드의 외딴 섬을 고향으로 삼아 살아가는 야생 양의 일종인 소이(Soay)를 생각해 보자. 그들은 두 종류로 나뉜다. 성적으로 대단히 왕성하지만 다소 병약하거나, 번식에 덜 열중하면서 건강하거나. 이들 중에서도 가장 자유분방한 양들은 많은 자손을 낳은 뒤 거친 환경에 희생되거나, 빠른 번식을 위해 면역 저항성을 희생시켜 특히 소이 양들에게 치명적인 기생충에 굴복하고 만다. 개체 중에서 이성을 유혹하는 수완은 없지만 튼튼한 양들은 더 오래 살지만 훨씬 더 적은 수의 새끼를 낳는다.[1]

과학자들은 오래 살아남은 소이 양들의 경우에는 인근 산비탈의 동료들을 몰살시킨 면역 억제 기생충으로부터 자신을 보호하는 항체가 많았고, 건강한 양들은 그러한 튼튼한 체질을 다음 세대에 물려주었음을 알아냈다. 비록 주기적으로 개체수의 절반이 고약한 기생충이나 겨울 날씨 탓에 죽음을 맞이하지만, 건강한 암양과 그들의 좋은 유전자를 물려받은 새끼들은 세속 삶을 이어 갈 수 있었고 그렇게 해서 종이 유지된다. 소이 양들은 면역 체계를 강화하고 먹이를 아껴 가며 조심스레 번식을 이어 가거나, 세상의 종말이 온 것처럼(실제로 개체의 절반에게는 그것이 현실이다.) 짝짓기를 하고 새끼를 만들거나 둘 중 하나의 태도로 살아간다.

모든 새끼 양의 운명은 부분적으로 부모의 짝 선택에 따라 결정된다. 다시 말해 새끼 양들은 건강한 부모에게 항체를 물려받거나, 병에 걸릴 높은 위험에 처하거나 둘 중 하나다. 그러나 소이 양의 운명은, 특히 암컷의 경우에는 일생을 어떻게 보내는가에 따라서도 운명이 결정된다. 짝짓기와 새끼 키우기에 자신의 자원을 투자함으로써 결과적으로 점점 약해져 기생충에게 희생될 위험을 감수할 것인가? 아니면 어릴 때 번식 임무에 쏟는 시간을 줄인 결과로 에너지를 비축하고 면역력을 키워 몸을 키우고 더 튼튼해진 이후에 장성해서 새끼를 가질 것인가?

소이 양처럼 당신은 방탕하게 살다가 젊어서 죽을 수도 있고, 토요일 밤에 찾아온 이에게 방문을 열어 줄 것인지 쪼그려 앉아 신중하게 생각할 수도 있을 것이다. 외출해서 사람들과 어울리거나 …… 안전하게 집에 있다가 일찍 홀로 잠들거나. 특히 생식력이 왕성한 시기에 은둔자처럼 스스로 숨어 지낼 젊고 건강한 남녀는 거의 없을 것이다. 조상 인류가 모든 위험을 회피했다면 우리는 진화상 심각한 난관에 부딪혔을 것이다.

짝을 찾고 새끼를 낳는 과정에서 얼마간의 위험을 감수하는 것은, 특히 암컷의 경우(수컷이 교미하는 동안 정신을 못 차리고 있을 때 암컷이 교미 직후 수컷의 머리를 물어뜯어 죽이는 것으로 악명 높은 사마귀의 경우를 제외하면) 수많은 종에서 확립된 현상이다. 현대 인류에게 짝 쇼핑은 다른 종의 경우처럼 생명을 위협할 만큼 위험하지는 않을지 몰라도 우리가 스스로를 '바깥으로' 내보내는 순간 그냥 집에 있는 것보다는 확실히 덜 안전하다. 하지만 집에 머물며 생존하는 전략의 문제점(진화의 막다른 길) 탓에 우리는 앞으로 나아가, 몸을 일으키고 옷을 입고 외출을 해서 잠재적인 짝을 만난다. 그렇게 함으로써 우리는 최초의 인류가 그랬던 것처럼, 그리고 수많은 다른 종들이 수십억 년간 해 왔던 것과 똑같은 진화상의 절충 거래(생존과 번식 간의 거래)를 하고 있다.

절충 거래는 발정 욕망의 진화에서 거듭 핵심으로 떠오른다. 우리는 방금 섹시남을 선택하는 것과 안정남을 선택하는 것 사이의 절충 거래에서 전형적인 예를 살펴보았다. 하지만 특히 이 거래는 실질적인 짝 선택과 관련이 깊다. 어떤 유형의 수컷이 새끼의 아버지가 될 수 있을 것인가? 암컷은 선택이 가능하기 전에 (그리고 그런 욕망에 따라 행동할지 말지 선택하기 전에) 잠재적인 후보자를 모으려는 노력을 기울여야 한다. 게다가 짝 쇼핑은 중요한 선택과 위험(기생충을 포함해 그보다 더 나쁜 위험까지도)으로 점철되며, 결과적으로 대단히 많은 시간을 소모하는 일이다.

　　다행히도 우리 호르몬은 가임 주기 내내 성적으로 좋은 결정을 내리는 임무에 계속 집중할 수 있도록, 그리고 우리가 계속 안전할 수 있도록 (최소한 강압적인 성향의 바람직하지 못한 짝을 포함해 특정한 위험을 막아 줌으로써) 도우며 우리를 인도해 준다.

최적의 시간: 그것을 활용할 것인가

다수의 연구 결과 배란기 여성들은 더 많이 걷고 덜 먹으며 사교 활동을 하느라 더 많이 외출하고, 더 많은 남자를 만나고, 더 많이 춤을 추며, 더 많이 끼를 부린다는 사실이 드러났다. 그리고 나는 앞으로 그런 연구를 좀 더 면밀하게 설명할 것이다. 이론상 배란기 여성들은 좋은 유전자를 지닌 섹시남을 찾아 나선다. 신체적으로나 사회적으로 늘어난 행동에서 드러나는 이러한 강세는 단순히 늘어난 '성 충동(sex drive)'이 아니다. (연구 결과는 배란기 여성들이 단기간 사귄 짝과는 섹스를 더 많이 할 수도 있겠지만 장기적인 관계의 짝과는 보통 더 자주 섹스를 하지 않는다는 것을 보여 준다.)[2] 더욱이 우리는 '열에 들떠 미쳐 날뛰는 여성'이라는 개념을 바로잡았다. 왜냐하면 여성들은 선택에 대단히 까다로워서 언제나 욕망에 따라 행동하지 않기 때문이다.

그래도 여전히 에스트로겐 수치가 올라가고 배란이 가까워지면 특정한 행동, 여성들이 남성들과 더 자주 접촉하도록 이끄는 듯한 행동에 대한 충동이 존재한다는 것은 부인할 수 없다. 생물학자들은 이것을 두고 '짝 찾기 노력' 단계라고 부른다. 한 달 중 불과 며칠간만 임신이 가능하기 때문에, 그 째깍거리는 소리가 생물학적 시계가 되어 울릴 준비를 하는 것이다. 그래서 알람이 울리면(배란 신호를 보내면) 선택이 이루어진다.

일어나서 발정기의 흐름에 따라 행동하라. 즉 우리는 잠재적인 짝을 만날 수도 있을 상황에 놓이도록 기회를 늘리기 위해 더 활동적이고 사교적으로 변할 수 있다. 이러한 호르몬의 분출은 여성들이 가임력 고조기 동안 실제로 주변을 더 많이 배회한다는 사실을 보여 주는 연구에서 확인된다.

혹은…….

알람을 꺼라. 당장 몸을 움직이라고 명하는 발정 호르몬을 무시하고 우리의 소중한 시간을 짝 찾기 노력 이외의 것에 활용한다. 파트너를 찾으러 시장에 나와 있는 게 아니라면 운동은 특히 비논리적인 행동일 수 있다. 먹기, 잠자기, 일하기, 육아 등 우리가 심취할 수 있는 중요하고도 시간 소모적인 (그리고 섹시하지 않은) 다른 활동은 충분히 많다.

두 경우 모두 에스트로겐 수치가 높아지기 시작해 가임력 고조기에 도달하면 우리는 시간을 어떻게 보낼지 선택을 내리며, 짝짓기를 하지 않기로 선택한다면 그 절충 거래로는 자식이 생기지 않는다. 그러나 우리는 현대 사회에 살고 있으므로 대다수가 인류의 생존에 기여하는 일을 거부할 것이다. (나머지는 어디에선가 다른 이들이 그 일을 하며 인류의 존망 문제를 해결해 줄 것이라 확신한다.)

그러나 호르몬이 우리를 부추겨 짝 찾기 노력에 기여하는 것으로 해석될 여지가 있는 신체 활동과 기타 행동으로 눈을 돌리게 만드는 방식을 알아보는 것은 참 매력적이다. 동시에 호르몬은 짝 찾기의 반대로 여겨질 수 있는 행동들, 특히 토요일 밤 9시에 업무용 이메일을 확인하는 따위의 조용하고 외로운 행위를 추구하려는 마음에서 우리를 떼어내는 듯하다. 놀라울 것도 없이 발정기의 동물과 인간 연구 둘 다에서 가장 흔하게 드러나는 두 가지 상반된 행동은 먹으려는 욕구 대 배회하려는 욕구이며, 결정적인 선택은 가끔 (무심하게) '먹으려는 욕구 대 키우려는 욕구'로 언급된다.

비스킷 혹은 아기

1970년대 초 호르몬 주기상 각기 다른 시점에 여성들의 활동량을 측정한 만보기 연구는 주기의 중간인 가임력 고조기에 신체 활동과 움직임이 눈에 띄게 높아짐을 보여 주었다. (2장 「열 추적자들, 여전히 추적 중」 참조. 생리 직전에도 활동량이 폭증하는데 그것은 알 품기와 더 관련이 있는 것으로 보이며 그것은 나중에 다루겠다.) 발정기 때의 실험 쥐와 농장 가축, 침팬지, 붉은털원숭이가 좀 더 활동적이라는 사실은 여러 연구로 이미 밝혀졌고, 만보기 연구에서는 인간 여성들도 그와 유사하게 배란 주기와 관련된 행동 패턴을 보였다. 에스트로겐 수치가 높아지면 여성들은 일종의 폐소 공포증을 느껴 집 밖으로 나가 주변을 돌아다녀야 한다는 욕구를 품는다. 반려견을 데리고 각별히 멀리까지 산책을 한다거나, 춤을 추러 갈 수 없는 실험 쥐와 달리 여성들은 에스트로겐이 촉발한 배회 욕망을 다스릴 방법이 많다. 또한 여성들은 엄격하게 호르몬의 통제를 받는 것이 아니어서 방황 욕구를 극복할 수도 있다.

UCLA 동료인 페슬러는 발정기가 불러온 운동 욕구가 높아짐에 따라 여성들과 기타 포유동물의 열량 섭취가 낮아지는지 알아보기 위해 '배란기 관련 활동'에 관한 다수의 연구를 분석했다.[3] 상당수의 연구는 질이 떨어졌고, 일관성 없는 연구 방법을 포함해 무작위 잡음에 영향을 받아 패턴을 파악하기가 어려웠다. (대부분의 연구자들이 호르몬 주기를 겪는 여성의 시점을 확인하는 데 호르몬 테스트를 활용하기 이전인 2003년에 논문이 발표되었다.) 그래도 그는 가임력이 정점에 이르는 배란 직전에 여성의 열량 섭취가 급격히 떨어진다는 사실을 발견했다. 훗날, 자매 캠퍼스인 UCSB에서는 로니와 그의 제자인 재커리 시먼스(Zachary Simmons)가 더 나은 수치와 반복되는 호르몬 테스트로 후속 연구 끝에, 붉은털원숭이에게 발견된 것과 놀랍도록 유사한 패턴을 확인했다.[4] (로니가 언급하듯, 붉은털원숭이의 종속 변수, 즉 먹은 비스킷의 양은 행동 과학에서 최고의 종속 변수로 상을 받아야 할 정도다. 그 수치는 너무도 명확해서, 수컷이든 암컷이든 그래프 y축에 '비스킷'을 두지 않을 과학자가 어디 있을까 싶다.) 로니의 연구에서 배란기 여성이 스스로 기록한 식사 습관과 발정기 때 붉은털원숭이가 먹은 비스킷 수를 비교하고 있는 다음 두 그래프는 거의 서로를 거울에 비춘 듯한 모습이다.

페슬러가 논문에서 관찰했듯이, 주기에 따라 음식 섭취량이 줄어든다는 데는 확실한 증거가 있다. 그러나 왜 그런 일이 발생하는지에 대해서는 그럴듯한 설명이 거의 없었다. 수태 기간에 특정하게 열량 욕구가 줄어드는 것에 대한 생물학적 원인은 알려지지 않았다. 여성의 신진대사는

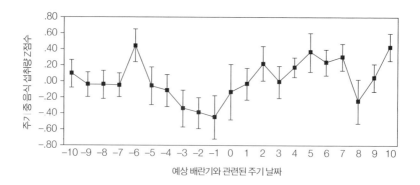

여성의 음식 소비량(0 이상의 점수는 여성이 그달에 먹은 음식의 평균양보다 높다는 의미이며, 0 이하는 평균보다 낮다는 뜻이다.). 대략 −4일과 0일 사이인 가임기는 가임력이 가장 높을 때 여성의 음식 섭취가 낮아짐을 보여 준다.[5]

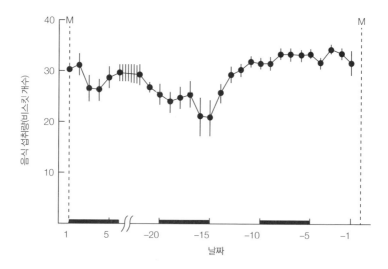

주기 중 원숭이가 먹은 비스킷의 평균 개수. 가로축의 맨 왼쪽 부분은 생리 시작일부터 (1일부터 5일까지) 세어 나간다. 가로축의 나머지 부분은 대략적인 배란일인 15일과 함께 다음 생리 시작 전까지를 나타낸다.

에너지가 많이 필요한 자궁 내막이 배아의 착상 가능성을 준비하는 기간인 배란 이후에 더 높아진다.[6] 그러나 이 사실은 단지 가임기뿐만 아니라 생리 날짜와 시작되는 난포기 전체 내내 음식 섭취량이 저하될 것임을 예측한다.

오히려 몸이 더 많은 에너지를 소비할 때 열량에 대한 욕망과 욕구가 높아질 것이라고 예상할 수도 있을 것이다. 신체 활동량이 폭발하면 대개는 식욕이 증가한다. 그러나 가임기에는 그런 일이 일어나지 않는 듯하다.

페슬러가 자신의 논문 제목으로 선택한 글귀는 그의 발견을 잘 요약하고 있다. "먹을 시간이 없다." 페슬러는 "자연 선택이 여성들에게는 가임기 동안 먹는 것보다 더 훌륭한 일이 있다는 사실을 고려했다."라는 결론을 내리는데 나도 그에 동의한다. 다시 말해 짝 찾기 노력에 집중하는 것이다.

춤을 춥시다: 인간의 짝 찾기 노력

현실에서는 짝 찾기 노력이 어떻게 보일까? 2006년 나는 동료인 갱스테드와 함께 이 질문에 대한 해답을 얻고자 한 연구의 결과를 발표했다.

그것은 나의 지도 교수 데이비드 버스 교수와 아이디어 회의를 한 끝에 내가 대학원에서 시작한 연구였다. 우리는 둘 다 여성의 짝짓기 행동이 주기 내내 일정하게 유지된다는 (또는 오로지 사회적인 상황에 좌우되어 변화한다는) 사실에 타당성이 없어 보인다는 데 공감했는데, 당시로는 그

것이 표준 견해였다. 여성의 행동은 임신 가능 여부에 따라(며칠 안 되는 결정적인 기간 동안 가임력이 최고조에 다다를 때) 변화한다는 것이 훨씬 더 가능성이 높아 보였다. 그래서 우리는 인간 여성들의 노력과 관심이 주기에 따라 어떻게 변화되는지, 그리고 상대적으로 그들의 남성 파트너는 어떻게 반응하는지에 대한 수많은 아이디어를 발전시켰다. 우리는 이런 아이디어에 대한 예비 테스트에 착수했고, 나는 이후 20년간 그 주제를 계속 추적했다. 이 프로젝트의 이유는 부분적으로 성차에 관해서 내가 그간 해왔던 연구가 정말로 지긋지긋했기 때문이었다. 남성과 여성의 행동에서 보이는 단순한 차이에 대한 설명의 가짓수는 기꺼이 자기 의견을 표현하는 사람들의 수만큼이나 많았다. (아, 그건 미디어 때문이야! 아, 그건 페니스가 몸 밖으로 튀어나와 있기 때문이고 그게 클리토리스보다 크니까 그렇지!) 인간의 성적 행동에 관해 발전해 가는 이론들 가운데에서는 내가 설 곳이 거의 없는 것처럼 느껴졌다. 나는 레이더 밑에서 움직이는 호르몬의 미묘한 효과를 보여 줌으로써, 뻔한 핑계로 쉽사리 반박할 수 없는 방식으로 뭔가 진화론적 아이디어를 실험할 수 있을지도 모른다고 생각했다.

데이비드 버스와 나는 여성의 욕망과 남성의 짝짓기 전략에 관한 더 큰 질문을 들여다보고 있었고, 그 가운데는 남성의 '짝 경비(mate guarding)'도 포함되어 있었다. 그것은 남성들이 다른 남성에 대한 질투를 나타내는 방식이나 여성 파트너를 성적으로 소유했다는 신호로 보이는 행동으로, 사람들 앞에서 어깨에 팔을 두르는 행위부터 둘만 있을 때 애정을 표현하는 것에 이르기까지 어떤 것이든 해당되었다.

이 연구의 일부로 우리는 가임력 고조기에 여성들이 어떤 활동에 관여하는지, 특히 좋은 유전자와 그것을 소유한 남성들을 만날 수 있는 상황을 찾아 나서는지 자세히 살펴보았다. 우리 연구 참가자들 중에는 꾸준히 만나는 파트너가 없는 여성들뿐만 아니라 (헌신적인)짝 결속 관계를 맺고 있는 대학생 나이의 이성애자 여성들이 포함되었다. 발정기에 나타나는 여성의 행동, 특히 좀 더 활동적이고 사교적이 되려는 욕망에 관해 우리가 알고 있는 것을 바탕으로 우리는 연애 여부와 상관없이, 아마도 의식적으로 그러지는 않을지 몰라도 모든 여성들이 남성들을 만날 수도 있을 상황을 찾아 나설 것이라고 예측했다.

특별히 고안된 일상적 질문을 활용해 우리는 여성들에게 최소한 한 번의 배란 주기를 완벽하게 포함할 수 있도록 35일간 자신의 행동을 기록하게 했다. (어떤 형태로든 경구 피임약이나 호르몬 피임제를 먹는 여성들은 없었다.) 우리가 던진 수많은 질문 가운데는 이런 문항들이 있었다. 아는 남자에게 추파를 던진다거나 새삼 매력을 느낀 적이 있었는가? 낯선 사람과 서로 시시덕거리는 것은 어떤가? 혹은 남성 친구들이나 지인, 동료들과는? 우리는 여성에게 사교 활동에 대한 질문을 던졌고, 남성들을 만날 가능성이 있는 댄스 클럽이나 대규모 파티에 친구들과 외출할 가능성이 있는지 의향을 물었다.

우리는 각 여성이 배란 주기에서 어느 지점에 있는지 알고 있었다. 생리 전 증후군을 경험하는 때는 언제인지, 생리 중인지, 임신 가능 기간인지 아닌지. 전체 주기 동안 우리는 매일 여성들의 응답을 받았기 때문에 연구 참가자들의 답을 평가하고 호르몬 변화 및 다양한 성적, 사회적 행동 간의 연결 고리를 확인할 수 있었다. 여성들이 집에 있고 싶어 하는지 아니면 외출하기를 바라는지, 누구와 무엇을 하고 싶은지. 연구 결과는 연애 여부에 상관없이 여성들이 가임력 고조기 동안에는 남성들과 만날 가능성이 높은 장소로 외출하는 데 좀 더 관심을 보인다는 사실을 확인해 주었다. (이 장의 뒷부분에서 "착한 여성들조차 나쁜 남자에게 끼를 부리는 이유"라는 제목으로 설명되는 다른 연구에서는 여성들이 실제로 매력적인 남성과 연구실에 있을 때 더 많이 추파를 던진다는 사실을 보여 준다.) 사귀는 사람이 있는 여성들은 특히 본인이 판단할 때 자신의 파트너가 성적으로 크게 매력적이지 않은 경우, 매력적인 남성들을 더 잘 알아차렸으며 파트너가 아닌 남성들과 더 많이 시시덕거림이 확인되었다.

그렇다면 생리 전 증후군이나 생리 때문에 호르몬이 뚝 떨어지고 변화가 심해질 때는 여성들이 소울메이트를 만나지 못한다는 의미일까? 물론 그렇지 않다. 그러나 가임력 고조기에 특정한 행동이 인간에게 필수적인 목적으로 작용하는 때가 한 번은 있었으며, 그것은 발정 현상 퍼즐의 다른 조각과 맞아 떨어진다. 주기의 어느 시점이든 조상 여성들은 자신의 생존뿐만 아니라 자식의 생존을 담보하기 위해 육체적으로 고단한 임무를 수도 없이 수행해야 했다. 예컨대 먹거리와 쉴 곳을 구하고 아이들을 돌보아야 했다. 그러나 임신 확률이 가장 높아질 때면 짝 찾기 노력이 최우선 순위가 되었다. 배란기에는 영양분을 추구하던 것에서 벗어나 훌륭한 유전자를 찾아 나서는 것으로 그들의 관심이 달라지는 것은 이치에 맞는 일이다.

달리 말해 그들은 먹을 시간이 없었다.

여성들의 경쟁: 거울아, 거울아

기억을 환기하자면 트리버스의 양육 투자 이론은 짝짓기에 관한 한 암 컷/여성이 수컷/남성보다 더 까다롭다고 주장한다. 짝을 선택할 때 두 성 별 가운데 선택에 더 심혈을 기울이는 쪽은 암컷인데 그 이유는 번식에 들이는 '투자'가 상당히 더 크기 때문이다. 이로써 수컷은 '소액 투자자'가 되거나 최소한 덜 투자해도 되는 옵션을 지닌 성별이 된다. 여성들은 낳을 수 있는 자식의 수에도 훨씬 더 큰 제약을 갖고 있다. 이론의 주요 골자는 '더 많이 투자하는 성별'에 접근하기 위해 '덜 투자하는 성별'이 경쟁을 벌 일 것이라는 점이다. 이러한 경쟁 욕구는 수많은 종의 수컷들이 싸움을 위 해 무장한 것처럼 보이는 이유다. 수사슴은 크고 치명적인 가지 모양의 뿔 이 있지만 암컷에게는 그런 뿔이 없다. 수컷 코끼리의 가죽 두께는 암컷보 다 거의 3배는 두껍다. 인간 남성의 상반신 근력은 여성보다 거의 50퍼센트 더 강한데,[7] 아마도 이것은 남성들이 가족 중 사냥꾼의 역할을 하는 경향 이 더 많았기 때문일 뿐만 아니라 가능성 있는 짝을 차지하려고 다른 남 성들과 경쟁을 벌여야 했기 때문일 것이다.

남성들이 일반적으로 여성들보다 더 경쟁적임을 시사하는 연구는 많다. 그러나 확실히 여성들도 많은 분야에서 대단히 경쟁적일 수 있으 며, 단지 스포츠와 비즈니스, 정치 같은 명백한 분야에서만 그러는 것은 아니다. 사실 최근의 한 연구는 여성이 자기 자신과 경쟁할 때는 남성만큼이 나 경쟁심이 높아짐을 시사한다. 즉 다른 이들과 경쟁할 때보다는 자신의 과거 성과와 경쟁할 때 말이다.[8] 체육관이나 사무실에서보다 여성은 다 음번에 더 잘하려고 자신을 열심히 몰아부친다는 의미다.

그래도 여전히 더 우월한 키나 근육량처럼 남성 대 남성 간의 외형적인 과시에 우선적으로 초점을 맞추면 남성들은 동성 간의 경쟁에 더 몰두하는 것 같다. (솔직히 인정하자. '오줌 누기 대회' 표현은 십중팔구 여성들이 만들어 낸 용어가 아닐 것이다.) 그렇다면 이것은 남성들과 마찬가지로 인간 여성들이 짝 찾기 노력 면에서 서로 경쟁하지 않는다는 의미일까? 아니면 여성들에게 경쟁적인 욕구를 불러일으키는 주요 맥락과 시기가 있는 것일까? 번식에 대한 위험성이 높을 때에는 어떨까? 가임력은 최고조인데 '최고의' 남성들과 그들의 훌륭한 유전자의 공급이 딸리는 것 같을 때라면?

게임을 시작해 보자.

1라운드: 좋은 인상을 주려고 차려 입기
하지만 누구에게 좋은 인상을 주려는 걸까?

과학자들이 인간의 발정 현상 문제를 좀 더 깊이 파고들기 시작하던 10여 년 전에 이루어진 연구는 여성들이 주기 중 가임력이 높을 때 정말로 다른 여성들과 더 뜨겁게 경쟁을 벌인다고 주장했지만, 그 연구는 적은 수의 표본을 바탕으로 이루어졌으며 여성들에게 다른 여성의 얼굴에 점수를 매기는지 묻는 등 기묘한 방식으로 경쟁심을 측정했다. 이 주제를 다룬 최초의 연구[9]에서는 가임력 고조기의 여성들이 저조기의 여성들보다 다른 여성들의 미모를 덜 매력적이라고 평가하는 것처럼 보였다. 달리 말하면 가임력 고조기의 여성들이 다른 여성들에 대한 평가에 더 엄격해지는 경향을 보여, 근본적으로 경쟁을 무력화했다.

여성들의 경쟁에 관한 후속 연구는 좀 더 철저하고 설득력이 있으며, 그러한 연구 결과의 일부는 UCLA의 바로 우리 연구실에서 얻어 낸 결실로 내가 2007년에 발표한 논문[10]에도 실린 내용을 바탕으로 하고 있다. 우리는 주기에 걸친 여성의 욕망 변화에 주로 관심을 가졌다. 우리는 주기 중 가임력이 높거나 낮은 단계의 여성들을 연구실로 데려와 호르몬 테스트를 실시하고 이성 관계(원래 파트너 및 나른 남성들과의 관계)에 대한 질문을 던졌다. 당시 학부생이었던 연구 조교 미나 모티제이(Mina Mortezaie)는 배란 주기상 호르몬 변화와 성적 행동의 변화와 함께 여성들의 옷 입기 스타일도 달라지는지 관심을 보였다. 자료 수집을 위해 우리는 그날 연구실에 오려고 여성들이 선택해 입고 온 의상 사진을 찍었다.

우리는 연구 목적을 알리지 않은 채로 연구에 참여하지 않은 남녀 집단(역시 학생들이었다.)에게 참가자들의 사진을 (얼굴을 가려서) 보여 주었다. 우리는 그들에게 어떤 여성이 가장 매력적으로 옷을 입었는지 (가임력 정점기의 여성 사진과 저조기의 여성 사진 중에서 고르도록) 요청했다. 나는 회의적이었다. 장기간 대학 교수로 일한 사람으로서(그리고 나 역시 과거에는 학생이었다.) 나는 학부생들의 옷 선택은 시험이 있는지(편한 트레이닝복), 잠 잘 시간이 아예 없었다든지(어젯밤에 입었던 옷), 면접이 있거나 상담 시간에 교수와 만날 중요한 약속이 있었다든지(세탁소 비닐에서 곧장 꺼낸 깔끔한 옷차림) 하는 것에 따라 달라진다는 것을 알고 있었다. 효과가 있다고 하더라도 가임력 여부는 이러한 다른 요인에 묻힐 것이 분명했다.

나로서는 충격적이게도, 여성들의 가임력 상태를 모르는 다른 학부생들은 낭시 60퍼센트의 비율로 가임력 정점기 여성들의 사진을 "좀 더 매력적으로 보이려 노력했다."라는 문항을 선택했으며, 가임력 저조기의 사진을 선택한 비율은 40퍼센트였다. 20퍼센트는 엄청난 차이는 아니지만, 여성들이 적어도 이렇게 소박한 방식으로나마 자신의 가임력을 겉으로 드러낸다는 놀라운 증거로 확실히 주목할 만하다.

연구에 참여한 여성들은 생물학자들이 '꾸밈(ornamentation)'이라고 부를 만한 행위(이 경우에는 좀 더 매력적인 옷차림과 세심한 몸단장)를 통해서 자신을 드러내고 있는 듯했다. 그런데 이들은 여성들 간의 경쟁에 대해서도 메시지를 보내고 있을까? 야생에서 동물 수컷들의 꾸밈은 암컷에게 뽐을 내기 위함일 뿐만 아니라 다른 수컷들에게 자신의 우월함과 높은 지위를 과시하기 위함이다. 거대하고 치명적인 사슴뿔은 암컷의 관심을 끌고 싸움을 하기 위한 두 가지 목적에 맞아 떨어지는 특징의 한 가지 본보기에 지나지 않는다. 우리는 여성들도 뭔가 그와 유사하게, 외모를 이용해 남성에게 매력적으로 어필할 뿐만 아니라 다른 여성들과도 경쟁할지 모른다는 결론을 내렸다.

약 1년 뒤 나는 동료 교수인 크리스티나 듀런트(Kristina Durante), 놈 리(Norm Li)와 함께 텍사스 대학교에서 더 광범위한 연구를 통해 더 많은 증거를 수집했다. 이번 연구의 특정한 목표는 폭넓은 여성 표본을 가지고 호르몬 주기에 걸친 의상 선택을 고찰하는 것이었다.[11] 여성들의 옷차림은 그들의 호르몬 상태와 만남 가능성을 반영할까? 우리는 16~30세의 텍사스 대학교 여학생들에게 연구실로 와서 2회씩 보고를 하도록 요청했다. 한 번은 가임력 저조기일 때, 또 한 번은 배란이 다가오거나 배란 중이어서 가임력이 정점기일 때. 언제나처럼 우리는 테스트를 거쳐 호르몬 수준을 확인했고, 경구 피임약을 먹는 사람은 아무도 없었다. 일부 여성들은 꾸준히 만나는 상대가 있었고, 일부는 만나는 사람이 없었으며, 일부는 성경험이 전혀 없었다.

표본의 다양성은 중요하다. 낭만적인 연애 관계를 맺고 있으면서 일정한 파트너와 주기적인 섹스를 하는 여성이라면, 그녀가 자신을 가꾸는 선택 방법은 의식적이든 아니든 그 사실에 영향을 받을 수 있다. (남자친구가 여행을 갔으니 머리를 안 감을 거야. 그리고 지금 내가 입고 있는 것은 걔가 이틀 내리 입으면 질색을 하는 요가 바지야!) 만남의 가능성이 있고 성적으로 활발한 여성은 매일같이 좀 더 매력적인 옷차림을 할 수도 있을 것이다. 남자친구가 없고 성경험도 없는 여성이라면 아예 도발적인 옷차림을 하지 않을 수도 있다.

역시나 연구 참가자들은 연구실에 입고 온 옷차림을 사진으로 남겼다. 그러나 이번에는 그날 저녁 친구가 파티를 열 계획인데 그곳에 가면 "혼자이면서 매력적인" 사람들이 많이 올 것이라는 상황을 상상하도록 당부했다. 그리고는 여성 인체 모형도와 색연필을 주고, 그 파티에 갈 때 입고 싶은 유형의 옷을 그리되, 상의의 목선은 어디부터 시작되는지, 상의의 길이는 어디에서 끝나는지, 스커트나 하의의 허리선은 어디에서 시작되는지(허리선이 얼마나 높거나 낮은지), 하의 길이는 어디에서 끝나는지 정확하게 표시하도록 지시했다. 우리는 그 그림들을 특수 종이에 옮겨, 팔과 목, 어깨, 다리의 위, 아래 부분 등 노출된 피부의 면적을 계산했다.

가임력이 저조기일 때 여성들이 그림으로 그린 의상뿐만 아니라 실제로 입고 온 옷들은 피부를 더 많이 가렸다. 가임력이 정점기일 때 여성들이 입고 왔거나 밤 외출용으로 그린 그림 속의 의상들은 현저하게 좀 더 섹시하고 몸을 드러냈다. (가임력 정점기의 여성들 중에서도, 임신 가능성이 가장 높다는 의미인 황체 형성 호르몬의 분출을 가장 강하게 경험하는 여성들일수록 이러한 '노출' 효과가 좀 더 두드러졌다.)

다음은 한 실험 참가자가 그린 그림 샘플이다. 왼쪽은 가임력 저조기일 때 시내로 밤 외출을 할 때 입을 옷차림(A)이고, 오른쪽은 정점기일 때의 옷차림(B)이다.

저조기 때의 그림에는 치마 길이가 더 길고, 양쪽 어깨가 아니라 한쪽 어깨만 노출했음을 알 수 있다. 심지어 신발도 피부를 더 많이 가린다. 우리의 연구 결과는 의상 선택이 사귀는 사람과의 존재 여부나 관계에 대한 만족도 같은 요인에도 관련됨을 드러냈다. 예를 들어 '성적으로 제약이 없다고' 인정하는 여성들은 꾸준히 만나는 사람이 있는 여성들보다 더

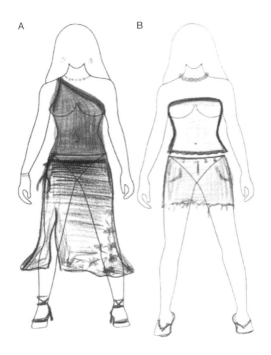

가임력 저조기와 정점기의 '파티' 의상. 실험 참가자의 그림이다.

노출이 많은 의상을 입거나 그렸다.

'꾸밈' 욕구는 가임력 정점기에 여성들이 '짝을 찾아 나선' 상태라는 신호를 전하려는 표시, 즉 발정 현상의 전략적 행위를 명확히 나타낸다. 다른 여성들과의 경쟁 측면에서는 다음과 같은 흥미로운 결과가 발견된다. 가임력이 정점에 있을 때 성적으로 제약이 없는 여성들은 사귀는 사람이 있어서 짝을 '찾고' 있지 않다고 짐작되는 사람들이나 성적으로 경험이 없는 여성들에 비해서 가장 노출이 많고 도발적인 의상을 선택해 입거나 그림으로 그렸다. 번쩍이는 목걸이와 끈 없이 어깨를 드러낸 상의의 조합은 12개의 뾰족 뿔을 지닌 수사슴에게 뿔과 똑같은 손상을 입히지는 못하겠지만, 진주 목걸이에 카디건 세트를 걸치고 온 경쟁자가 있다면, 그리고 주어진 '경기장' 조건이 아주 공정하다면, 싸움의 승리는 어깨를 드러낸 사람에게 돌아갈 것이다.

여러 연구에서 여성들 간의 경쟁을 감지하기 위한 노력의 일환으로 동료들과 나는 다른 여성들에 비해서 자신을 얼마나 매력적으로 느끼는지(스스로 인지하는 호감도) 점수를 매겨 달라고 참가자들에게 요청했다. 우리는 다음과 같은 질문들을 던졌다. "대부분의 여성과 비교할 때, 당신의 몸매는 남자들에게 얼마나 매력이 있습니까?" "다른 여성들과 비교해서 남자들은 당신이 얼마나 섹시하다고 말하던가요?" 또한 우리는 스스럼없는 섹스 파트너부터 결혼 상대자에 이르기까지 다양한 관계 시나리오를 바탕으로 남자들이 그들의 호감도에 몇 점을 줄 것 같은지 물었다.

우리는 가임력 정점기일 때 여성들이 스스로를 다른 여성들보다 더 섹시하고 호감형이라고 생각한다는 점을 확인했다. 달리 말해 가임력 정점기의 여성들은 저조기 여성들보다 짝 찾기 노력에서 자신들의 잠재적인 성공에 관해 더 높은 자신감을 보였다.

다음 장에서 우리는 여성들이 가임력 저조기일 때보다 정점기일 때 실제로 외부 관찰자들에게도 더 매력적으로 보인다는 점을 살펴볼 것이다. 따라서 여성들은 어느 정도는 경기장이 달라졌다는 것을 알고 있는 듯했다.

착한 여성들조차 나쁜 남자에게 끼를 부리는 이유

여성들이 가임력 정점기에 좀 더 노출이 심한 옷을 선택한다면, 남성들과 소통하는 데도 좀 더 도발적인 방식(즉 끼 부리기)을 선택할까? 우리 연구실의 인턴이었던 스테파니 칸투(Stephanie Cantú)는 배란이 그런 행동에 영향을 미치는지 조사하기 위해 비밀스럽고도 기발한 연구를 고안했다.[12]

여성 대학생들은 가임력 정점기와 저조기에 각각 두 남자와 교류를 하고 연구실에 그 내용을 보고했다. 그들은 '일란성 쌍둥이 남성이 잠재적인 파트너와 교류하는 법'을 알아보는 연구에 참여하게 될 것이라는 말을 들었다. 또한 낯선 사람들끼리는 처음 만나면 긴장이 되므로 실제로 사람을 대면하는 대신 동영상 접속으로 실시간 대화를 나누게 될 것이라는 설명을 전했다. 스카이프로 소개팅을 한다고 상상하면 어떤 상황인지 이해가 될 것이다.

하지만 여기에는 속임수가 있었다. 각 만남에서 보게 되는 '쌍둥이'는 전혀 쌍둥이가 아니라 배우 한 사람이 다른 두 사람의 역할을 하는 것이었다. 사교적이고 자신만만하며 우월감에 젖은 섹시남과 좀 더 다정하고 믿음직한 좋은 아빠 유형이었다. (또한 대화는 실시간이 아니었다. 배우는 대본에 따라 섹시남과 좋은 아빠 다정남 역할을 사전에 녹화했지만, 약간의 녹화 기법과 기술력으로 연구자들은 대화를 하는 남성이 근처 방에서 모니터 화면을 통해 여성들의 반응을 면밀히 관찰하고 있다고 여성들을 납득시켰다.)

섹시남과 다정남은 똑같은 종류의 '당신을 알아 가기 위한' 질문을 던졌다. 대화의 물고를 트기 위해 "본인 소개를 해 보라."거나 "좋아하는 일이 무엇인지?" 같은 질문이었다. 그러나 두 사람은 전혀 다른 모습으로 자신을 표현했다. 섹시남은 우월감에 젖어 재미를 즐기며 카리스마 넘치지만 약간 믿음직하지 못하게 보였고, 덜 공격적인 다정남은 배려심 있는 성격을 드러내며 가정 생활과 장기적인 관계에 관심이 있음을 전했다. 각 여성들은 모두 네 번의 만남이 성사되었다. 두 번은 가임력 정점기에 두 번은 가임력 저조기에, 매번 여성들은 한 사람씩 번갈아 두 쌍둥이와 화상 채팅을 한다고 믿었다. 그 이후 각 여성들에게 잠재적인 파트너로서 그 남성들에 대한 관심 여부를 물었고, 나중에는 네 번의 대화 동영상을 평가자 집단에게 보여 주었는데 그들에게는 해당 여성이 가임력 정점기이거나 저조기인지 알려주지 않았다.

가임력 저조기에 여성들은 잠재적인 단기 파트너(즉 섹스를 위한)로서 각 남성에게 거의 동등한 수준의 관심을 보였다. 달리 말해 여성이 다정남과 사귈 가능성은 섹시남과 사귈 가능성과 별 차이가 없었다. 그러나 가임력 고조기일 때 다정남에 대한 성적인 관심은 훨씬 더 낮은 반면 섹시남에 대한 욕망은 상당히 높아졌다. 결국 우월감에 젖은 자신의 행동을 통해 좋은 유전자를 드러낸 섹시남은 자신의 쌍둥이 형제에게 굴욕을 선사한 듯했다. ('쌍둥이들'은 모든 유전자를 공유하는 것으로 짐작되지만 여성들은 그 점을 염두에 두지 않았고, 한 남자는 좀 더 섹시한 자질을 드러낸 반면 다른 남자는 그렇지 않았다는 사실만 받아들였다.)

더욱이 별도의 동영상 평가단은 여성들이 가임력 고조기일 때 섹시남에게 좀 더 끼를 부리는 행동을 보였음을 반복해서 지적했다. (가임력 저조기 동안에는 여성들이 각 남성들에게 얼마나 끼를 많이 부렸는지 유의미한 차이가 드러나지 않았다.)

우리가 거듭 확인해 왔듯이, 발정 현상은 여성들이 지극히 선택적이 되도록 호르몬 전략을 펼치는 듯하다.

2라운드: 못된 여자 혹은 현숙한 여성?

여성들이 자기 주장을 펼칠 때, 너무 흔하게 사용되는 낡고도 비뚤어진 비유는 자기 잇속만 차리면서 팔꿈치로 사람들을 밀고 다니거나, 아예 더 사악하게 구는 여성들의 모습이다. 그러나 다른 선택의 여지가 없을 때 다른 사람들에게 함부로 취급을 받는다고 털어놓으면 또 '너무 착하다는' 이유로 비난을 받을 가능성 또한 크다. 그래도 여전히 여성들은 이성과 경쟁을 망설일 수는 있을망정 앞서 논의했듯 짝을 얻는 것이 목표든 아니든, 특히 짝 찾기 노력이라는 틀 안에서는 여성들끼리 반드시 서로 경쟁을 할 것이다.

한 연구진은 경쟁자를 기꺼이 '비인간화'하려는 여성들의 의향을 포함해, 동성 간의 경쟁에서 여성 호르몬의 변화가 맡는 역할에 의문을 품었다.[13] 가임력 고조기에 (좀 더 매력적이라고 느끼는 것 이외에도) 여성들이 자진해서 동성 간에 더 경쟁심을 보인다면, 아마도 이 단계에서 여성들은 어떤 방식으로든 다른 여성들을 비인간적으로 보려는 견해로 옮아갈 것이고, 결과적으로 그들을 '적'으로 재구성할 것이다. 어쨌거나 좋아하는 상대, 당신과 비슷한 누군가와 경쟁을 벌이기란 어렵다. 반면에 상대를 '타자'로 인식한다면 경쟁자에게 전쟁을 선포하기가 훨씬 더 쉬우며, 상대를 인간 이하로 바라볼 수 있다면 더욱 쉬워진다.

이 연구에서 학자들은 가임력 고조기의 여성들에게 남자들, 노인 층, 다른 여자들, 이 세 집단을 묘사하는 낱말과 연결 짓도록 요청했다. 참 여 여성들은 각 집단과 연상되는 낱말을 목록에서 8개 고르라는 지시를 받았다. (연구자들은 일부러 '동물 관련' 묘사나 '인간 관련' 묘사 낱말을 선택했다.) 연구에서 여성들에게 제공된 20개 낱말은 다음과 같다.

아내	반려 동물
아가씨	잡종견
여자	혈통
사람	품종
남편	야생 동물
인간성	생물
사람들	새끼
민간인	생명체
남자	떠돌이 짐승
시민	야생의

결과를 검토한 연구자들은 참가자들이 남자와 노인층 집단을 묘사 할 때 인간 관련 낱말을 선택한 반면 다른 여자들을 묘사하는 표현으로 동물 관련 낱말을 유의미하게 더 많이 사용했음을 확인했다. 이는 여성 들이 가임력 고조기에 달하면서 경쟁심이 가장 높아질 때, 상대를 비인 간화해 '생명체'나 '생물', '잡종견' 같은 표현을 떠올릴 수 있음을 가리킨

다. 잔혹하게 들리는 표현인 만큼 더욱 경쟁심을 고조하는 데 도움이 될수도 있을 것이다. 당신이라면 '인간성'을 물리치는 편이 나을까, 아니면 '떠돌이 짐승'으로 여겨지는 상대를 쳐부수는 편이 나을까?

연구에 참여한 여성들이 세 집단을 고려하며 어떤 생각을 했을지 알아내는 것은 불가능하다. '남자들'은 남편, 남자친구, 아들, 형제, 아버지일 수도 있을 것이다. '노인층'은 쇠약해진 할머니였을 수 있을 테고, '다른 여자들'은 친구, 자매, 딸, 어머니, 파트너의 미친 예전 애인이나 직장에서 뒤통수를 치는 여자 동료일 수도 있을 것이다. 그러나 여성들이 가장 비인간적인 표현을 다른 여성들에게 사용하는 데는 이유가 있고, 그것은 단순히 매달 착한 여자에서 못된 여자로 변신하기 때문만은 아닐 것이다. 가임력 고조기는 여성들이 좀 더 경쟁적으로 행동하도록 부추긴다. 그리고 그것은 보상이 가장 높을 때 여자들끼리 잡아먹는 짝짓기의 상황과 관련이 있다.

3라운드: 왜 여성들은 나누지 않을까?
인색한가, 아니면 전략적인가?

살펴보았듯이 가임력 고조기 여성들은 자신의 발성 상태의 욕망을 만족시켜 줄 남성을 차지하기 위해 다른 여성과 서로 경쟁할 가능성이 있다. 그런데 그런 여성들은 짝뿐만 아니라 근본적인 자산에 대해서도 경쟁심을 보이는 듯하다.

자산에 대한 동성 간 경쟁은 여성들이 '최후 통첩 게임(the ultimatum

game)'을 할 때 관찰되었는데,[14] 인간의 협력을 연구할 때 흔히 활용하는 연구 기법이다. 과학자들이 UG라고 부르는 이 게임에서 한 사람은 제안자(주어진 자원, 보통 돈을 나눠 주는 사람)이고 다른 사람은 응답자('자산'을 제공받는 사람으로, "받을게!" 혹은 "고맙지만, 됐어."라고 말하는 사람)다. 응답자가 주어진 몫을 거부하면, 양쪽 모두 자산을 잃는다. 제안자도 응답자도 자산을 전혀 갖지 못한다는 의미다. 자산 총액이 10달러라고 치자. 제안자는 응답자에게 돈 절반을 제시해 양쪽 모두 5달러씩 가질 수도 있을 것이다. (외형적으로 공평한 거래다.) 이제 제안자가 1달러만 제시한다고 가정해 보자. (좀 더 이기적이지만, 혹시 자신의 몫으로 더 많은 돈을 챙기려는 시도이거나 단순히 게임의 경쟁자를 패배시키려는 의도로 할 만한 시도다.) 응답자는 너무 낮은 금액을 거부할 수 있을 것이고, 그럼 양쪽 모두 돈을 받지 못한다. 그렇다면 당신이 제안자일 때 묘수는 본인의 경제적 이득은 쏠쏠하지만 응답자가 제안을 거부해 둘 다 빈손으로 끝나게 될 만큼 너무 낮지는 않을 정도로 적당히 낮은 금액을 제시하는 것이다.

여성들은 호르몬 단계에 따라서 다른 여성들에게 배당하는 자산의 양이 달라질까? UCSB 동료 교수인 로니와 제자인 에이다 아이젠브룩(Adar B. Eisenbruch)은 이 질문에 대한 해답을 얻으려고 연구에 착수했다.

최후통첩 게임을 이용한 이전 연구[15]에서 연구자들은 가임기 여성들이 다른 여성들에게 낮은 금액을 제시함으로써 그들의 경제적 이득을 빼앗는 데 각별히 관심을 보인다는 결론을 내렸다. 그 효과는 가임력 고조기 제안자들이 매력적인 여성들을 접했을 때 특히 두드러졌다. 이 결과에 대한 한 가지 해석은 제안자들이 매력적인 응답자를 잠재적 짝에 대한 라이벌로 인식했다는 것이다. (당신은 너무 매력적이어서 이런 시기에 그건 내게 위협이 되니까 나누지 않겠어. 심지어 우리 둘 다 잃는 한이 있어도 난 당신을 열 받게 만들 위험을 감수할 거야.)

아이젠브룩과 로니는 최후 통첩 게임을 일부 변형해 이 최초의 연구를 발전시켜 나갔다. 여성 참가자들에게는 다른 여성들의 사진이 제시되었고, 그들은 10달러의 자산 중에서 사진 속 여성들에게 제시하고 싶은 금액을 정하라는 요청을 받았다. 더불어 각 참가자들은 10달러의 자산 중에서 사진 속 여성으로부터 얼마를 받고 싶은지, 본인 몫의 자산 요청도 함께 이루어졌다. (이런 식으로 진행된다고 생각해 보라. 내가 보기에 당신은 3달러를 받을 것 같으니까 그만큼만 줄게. 내가 원하는 몫에 대해서는 당신이 내게 7달러를 주면 좋겠군.) 고전적인 최후 통첩 게임 방식대로, 제안자는 여전히 무일푼으로 떠나야 할 위험을 갖고 있었다.

전반적으로 결과는 이전 연구와 유사했고, 동성 간 경쟁에 대한 다른 경향도 마찬가지였다. 가임력 고조기 여성들은 덜 제시하고 더 많이 요구했다. 더욱이 여성들은 자신들과의 경쟁, 즉 매력적인 여성들을 목표로 삼는 듯했다. 앞선 연구에서 가임력 저조기 여성들은 매력적인 여성들(매력적인 남성들과도 마찬가지)과 더 많이 협력했다. 그러나 임신 가능성이 가장 높은 가임력 고조기 때 여성들은 자신이 아무것도 손에 넣지 못한다는 것을 알면서도 기꺼이 잠재적인 라이벌에게 자산을 내주지 않았다.

발정 현상의 진화 일부가 금전 자산을 두고 빌이는 가임력 고조기 여성들의 경쟁이라고 말하는 것은 비약이다. 나의 견해는 여성들이 단지 이 단계에 있을 때 좀 더 경쟁심을 느낀다는 것이고, 결국 가장 바람직한 남성들은 희소성이 있는 자산이다. 그러나 이런 마음은 재물 경쟁의 영역으로도 넘어간다. 가임력 고조기 여성들이 더 경쟁적이라는 사실을 어떻게 받아들이든 그것은 당신 마음이지만, 아마도 그것은 단지 여성들이 배란 주기의 이 시점에 약간 더 남성들을 닮아 가기 때문일 것이다.

위기 관리: 여성들이 두 번 생각할 때

남성들이 더 경쟁적인 존재라고 생각하는 것과 같은 방식으로 우리는 그들이 여성들에 비해 더 큰 위험을 감수한다고 생각하며, 실제로도 그렇다. 남성들은 여성들보다 더 높은 비율로 도박을 하며, 그 대상은 돈에만 국한되지 않는다. 그들은 더 빠르게 운전하고 음주 운전(혹은 음주 문자)을 할 가능성이 더 크며, 여성들보다 치명적인 자동차 사고에 연루될 가능성도 더 크다. (십대 운전자를 위한 자동차 보험 할증료는 대개 여성보다 남성이 훨씬 더 높다.)[16]

여성들은 좀 더 조심스럽다고 (그리고 통계적으로도 좀 더 법을 준수한다고) 알려져 있다. 그러나 여성들도 그럴 만한 가치가 있다고 여기는 특정한 위험은 존재하며, 다른 때 같으면 받아들이지 않았을 위험을 가임기 동안에는 감수하는 것도 이에 포함된다. 짝을 찾기 위한 노력은 가정의 보호막을 떠나 클럽이나 파티장 같은 야간 사교의 장으로 나가도록 여성을 부추기며, 그럴 때 여성들은 좀 더 노출이 심한 옷을 선택하고 자신에게 이롭지 않을 수도 있을 동기를 지닌 사람들을 포함해 낯선 남성들과 어울려 놀 가능성이 크다. 여성들은 다른 여성들에 대한 경쟁심이 좀 더 높아질 때 위험을 감수한다. 앞서 살펴보았듯이 최후 통첩 게임에서 가임력 고조기 여성들은 적의 화를 돋울 가능성에 기대어 기꺼이 자산 손실을 감수한다. 게다가 물론 짝을 찾으려는 노력의 정점, 즉 섹스 자체가 고유한 위험을 지닌다.

하지만 가임력 고조기 여성들은 위험에 대해서도 대단히 전략적인 듯하다. 밖에 나가 돌아다니고 싶은 욕구에도 불구하고, 유혹적인 행동과 더 짧은 치마의 원인이 되는 동일한 호르몬이 자의식 역시 강화해 자신을 보호하려는 노력을 기울일 수도 있다.

어두운 골목

짝 찾기 노력은 성폭행을 포함한 여러 위험을 동반하지만, 발정 상태의 여성들은 그것을 모면할 준비를 미리 하는 것 같다. 영국 포츠머스 대학교의 다이애나 플레시먼(Diana Fleischman)은 다국적 연구자 집단을 이끌고 겉보기에 모순적으로 보이는 배란기 여성들의 행동을 면밀히 고찰하고, 급격한 호르몬 변화가 여성들이 성폭행을 모면하는 데 역할을 담당하는지 알아보는 연구를 수행했다.[17]

이전 연구에서는 배란기 여성들이 전형적인 위험 상황이라고 볼 수 있는 어두운 골목을 걷는 것처럼 성폭행의 가능성을 일으킬 수도 있는 행동을 덜 보이거나 위험하다고 인식되는 남자들을 회피하는 모습을 보인 것으로 드러났다. 그러나 가임력 고조기 여성들은 눈에 띄는 행동을 찾아함으로써 위험을 감수하기도 한다. 하지만 위험을 꺼리는 행동과 일부 위험을 감수하는 행동, 이 두 종류의 발정 관련 행동은 진정 모순일까? 혹은 짝을 선택하는 것에 관한 한 여성들이 대단히 선택적이라는 개념과 맞물리는 것일까?

플레시먼과 연구진은 '위험한' 행동에 대한 폭넓은 다양성에 관한 질문을 받은 여성들의 응답을 분석했다. 이전 연구에서는 연구자들이 고전적인 의미의 '위험 행동'을 하나의 큰 범주로 뭉뚱그린 경향이 있었다고 플레시먼은 지적했다. 예를 들어 고속 도로에서 차를 몰다 외딴 휴게소에 차를 대는 것과 허름한 동네에 있는 낯선 댄스 클럽에 들어가는 것은 둘 다 여성에게 '위험한' 행동으로 여겨지지만, 하나(운전 중에 졸음이 와 도로에서 벗어날 필요가 있다.)는 짝 찾기와 관련이 없고, 다른 하나(춤을 추러 나가서 남자들을 만나고 싶다.)는 관련이 있다. 플레시먼의 연구는 가임력 고조기 여성들이 그냥 일반적인 위험이 아니라 잠재적인 성폭행과 관련된 특정 유형의 위험을 피하는지 좀 더 면밀하게 확인하고자 했다.

연구진은 대학생 연령대의 가임력 고조기 여성 참가자들에게 '위험한 행동 목록' 설문지를 제시했고, 그 목록에는 그들이 혼자 할 수 있는 행동, 친구들이나 단기적인 짝(데이트 상대) 혹은 장기적인 짝(꾸준히 만나는 낭만적인 관계)으로서 관심이 가는 남성들과 함께할 수 있는 광범위한 행동을 포함시켰다. 평범한 행동 역시 다양한 시나리오로 제시되었으며, 응답자들은 각 경우에 따른 위험 수준을 점수로 표시했다. 예컨대 (1) 혼자, (2) 여성인 친구와, (3) 남성인 친구와, (4) 데이트 상대와, (5) 장기적인 연애 상대와 낮 시간에 쓰레기 버리러 밖에 나가기. 그런 다음에는 같은 행동을 밤에 하는 경우는? 위험 인식 수준은 올라갈까? 당연히 점수는 올라갔다. 따라서 연구자들은 어떤 것이 위험한지 아닌지 한 가지 대답만 얻어 낸 것이 아니었다. 그들은 좀 더 포괄적인 결과를 도출했다.

뿐만 아니라 이 연구의 목표는 생리 주기가 성폭행의 위험에 영향을 미치는지 알아보는 것이었기 때문에, 연구자들은 동일한 여성들에게 왜 특정한 시나리오가 다른 경우보다 더 위험하게 느껴지거나 더 공포를 자아내는지 이유를 물었다. 가령 어두운 주차장에서 자동차로 걸어가는 것과 밤에 혼자 버스를 타는 상황은 공포를 자아내지만, 그 이유는? 연구 참가자들이 최고 가임기일 때는 가임력 저조기 여성들에 비해 더 많이 강간이나 성폭행의 공포를, 성범죄와 상관없는 도둑질이나 괴롭힘에 대한 예상과 대조적으로 언급했다.

여성들은 "친구나 친족을 동반했을 때 혼자가 되었거나 낯선 사람과 교류하는" 상황을 가장 높은 수준의 위험으로 점수를 매겼다. 조상 여성들 중에서도 젊은 가임기 여성은 강간이나 원치 않는 임신의 희생자가 되는 경우 십중팔구 나이 든 여성보다 더 많은 피해를 보았을 것이다. 본인이 선택하지 않은 남자에게 임신을 당했다면, 그는 여성이 찾고 있었을 훌륭한 유전자를 갖고 있지 않을 확률이 높으며 아이를 배고 있으면 다른 귀중한 짝짓기 기회를 빼앗길 수 있다.

이전 연구와 마찬가지로 플레시먼의 연구는 여성들이 가임기가 정점에 이르러 임신 가능성이 클 때, 어두운 골목길 걷기를 포함해 짝짓기와 관련 없는 행동의 경우 좀 더 조심성을 보인다는 사실을 나타낸다.

위험한 낯선 사람

임신 가능성이 높은 여성들은 남성들의 관심을 찾는 동안에도 잘못된 유형의 관심에 노출되는 행동을 피하는 경향이 있다. 그러나 성 범죄자의 형태로 실제 위협을 맞닥뜨려 위험을 피할 수 없다면 무슨 일이 벌어질까?

많이 논의되는 한 연구에서는 여성들에게 성폭행의 위협에 관한 이야기를 읽게 하면서 그동안 악력계(손의 쥐는 힘을 측정하는 장치)를 잡고 있도록 했다.[18] 여성이 밤에 혼자 차로 걸어가는데 누군가 자신을 지켜보고 있는 느낌을 받는다든가 하는 시나리오 등이 포함된 이야기였다. 가임기에 접어든 여성들은 악력이 더 강했으며, 따라서 위협을 느낀 가임기 여성들은 신체적인 힘이 강해져 (가임기에는 테스토스테론 분비도 소량 많아졌다.) 성폭행의 위협을 싸워서 떨쳐 낼 수도 있을 것이라는 의미라고 이 연구는 주장했다. 때를 노려 사타구니를 무릎으로 공격하는 것(주기와 상관없이 언제든 전략적인 행동이다.)은 정말로 세게 악수를 나누는 것보다 더 귀중한 자기 방어 기술이다.

여성들이 스스로 취약하다고 느낄 때 위협적인 남성과 대면하게 되면, 특정한 남성들에 대한 시각적 인식에 변화가 생긴다는 사실이 일부 입증되었는데, 그러한 변화는 가임력 고조기에 더 두드러진다.[19]

600명 이상의 여성들을 대상으로 한 연구에서 학자들은 여성들에게 두 남자의 '범죄자용 상반신 사진'을 보여 주고, 한 사람은 탈세로 유죄를 선고받았고 다른 사람은 가중 폭행죄로 유죄를 선고받았다고 설명했다. (이 남자들은 실제로 범죄자가 아니었고 범죄자용 상반신 사진도 진짜가 아니었다. 다른 남자들의 사진을 합성한 사진이었다.) 또한 얼굴을 가리고서, 마른 단신부터 좀 더 근육질의 장신까지 다양한 범위의 남성 인체 실루엣 사진을 여성들에게 보여 주었다. 여성들은 자를 이용해, 두 '범죄자'들의 신체 크기를 각각 추산해 보라는 요청을 받았다.

또한 노상 강도, 차량 절도, 성폭행 같은 다양한 범죄에 대한 공포 수준을 점수로 매겨 설문지를 완성했다. 뿐만 아니라 연구자들은 이 여성들이 생리 주기에서 어느 단계에 있는지 데이터를 수집했다.

결과는 임신 확률이 가장 높을 때, 성폭행을 가장 두려워했던 여성들은 강간범의 신체 크기를 탈세범보다 키와 몸집이 더 크고 너 근육질인 것으로 추정한다는 것을 보여 주었다. 이는 발정 상태일 때 섹시남에 대한 여성들의 선호도와 모순되는 것처럼 보이지만, 여기서는 모든 것이 맥락상일 뿐이다. 여성들은 성폭행의 낌새를 느꼈을 때 (그리고 자유롭게 파트너를 선택할 능력이 있을 때) 덩치가 큰 남자들은 가장 매력적인 대상이 아니다. 이러한 결과는 전반적으로 여성들이 위험에 대해 세심하며 일종의 내부적인 경보 체계를 갖추고 있다는 생각과 맞아떨어진다. 그리고 가임력이 높을 때 그 체계는 완전히 무장되어 있다.

혐오 요소, 혹은 "엄마한테 말할 수 있을까?"

발정 현상은 여성이 특정 유형의 위험에서 무사히 벗어나고, 자식을 낳는 것이 목표가 아니라고 해도 짝 찾기 노력의 보상, 즉 좋은 유전자에 초점을 맞추도록 도움을 줄 수 있다. 그러나 가임기에 여성들이 자주 직면하는 아주(아주) 나쁜 유전자의 근원이 존재하는데, 비록 겉보기에는 위협적이지 않을지 몰라도 그 대상은 바로 아버지다. 인간들 사이의 근친 교배 위험을 쉽게 거론할 방법은 없다. (내 말을 믿어도 좋다. 수년간 강의에서 이런 이야기를 하면 늘 모든 학생들이 동요했다.) 그러나 그것은 발정 현상을 논할 때 대단히 중요한 부분이다. 여성들은 가임력 고조기에 어두운 골목길과 위험한 낯선 남자를 회피하는 것과 똑같은 방식으로 이 특정한 위험(남성 친족이 야기하는 위험)을 회피할까?

나는 수년에 걸쳐 여러 연구를 수행하고 논문을 집필했지만, 내가 가장 좋아하는 연구는 (혐오 요소에도 불구하고) 내가 '휴대폰 연구'[20]라고 부르게 된 연구다. 나의 절친인 데브라 리버만(Debra Lieberman)과 나의 대학원 첫 제자였던 엘리자베스 필스워스(Elizabeth Pillsworth)와 함께 나는 '근친 교배 회피'가 인간 발정 현상의 특징인지 아닌지 알아내고 싶었다. 과학자들은 여러 동물 가운데서도 고양이와 말, 들쥐, 생쥐를 포함한 동물 연구에서 이 같은 회피 현상을 관찰했다.

암컷은 발정기 때 친족 수컷을 회피하는데 그것은 진화론적 관점에서 완벽하게 이해가 되는 현상이다. 근친 교배로 태어난 새끼는 종종 건강하지 못하고 치명률도 높다. 유해하지만 드문 열성 인자는 그 효과가 드물게 발현되기 때문에 유전체(genome) 안에 숨어 있을 수 있다. 열성 인자가 자식에게 유전되어 효과가 발현되려면 일반적으로 2개가 만나야 한다. 유전자는 가족 간에 공유되기 때문에 유해한 열성 인자 역시 마찬가지일 것이다. 결과적으로 종을 막론하고, 친족을 감지하고 그들과 짝짓기를 회피하는 강한 자연 선택이 진화를 거치며 이루어졌다. (그리고 이것이 바로 근친상간을 생각만 해도 그토록 역겨운 이유다. 윽! 우웩! 오빠랑 프렌치키스를? 당신이 아무리 별난 심리학자라고 해도 그런 것까지 묻다니 믿을 수가 없군요!)[21] 친족이 아닌 짝의 경우, 한쪽 부모로부터 물려받은 '좋은' 우성 인자는 다른 부모에게 물려받은 '나쁜' 열성 인자를 무효화해 더 건강한 자식을 낳을 가능성이 크다. 또한 면역과 관련해서 여러 이득이 있을 수 있다. 서로 친족이 아닌 부모는 서로 다른 면역 관련 유전자를 소유하고 있을 가능성이 있어서 자식에게 더 광범위한 면역 체계를 물려줄 수 있다.

하지만 인간 간의 근친 교배 회피 실험에 대한 개념이라니? 그것이 어떻게 가능할까? 최고 가임기 때 근친상간이나 수간(혐오감은 기정 사실이지만 가임기에는 더 높이 올라간다.)에 대한 생각에 관해 여성들의 혐오감이 높아진다는 것을 우리는 다른 여러 연구를 통해 알고 있다. 그런 연구는 발정 현상이 일어나는 동안 여성들이 남성 친족들을 회피하는 노력을 보이는지를 조사하지 않았다. 그래서 휴대폰 연구가 탄생했다.

휴대폰 사용 데이터를 기록하는 주기는 대략적으로 한 달인 생리 주기와 동일하게 한 달이다. 얼마나 편리한가! 우리는 생각했다. 연구에 참가한 UCLA 여학생들은 휴대폰 청구서와 생리 주기에 따른 통화 시간이나 대상 같은 세부적인 내용을 제공했다. 우리는 참가자들이 별도로 어머니나 아버지에게 전화를 걸었는지 확인할 수 있도록 청구서 정보를 세심하게 분류했다.

가임력이 높은 수준으로 있는 동안 여성들은 아버지에게 전화를 덜 걸었고, 아버지 쪽에서 전화를 건 경우에는 딸 쪽에서 더 빨리 전화를 끊었다. 엄마와 주고받은 전화 통화에서는 반대의 양상이 확인되었다. 딸들의 가임력이 높을 때 그들은 엄마와 더 많이 전화를 했고 통화 시간도 더 길었다. 이 연구는 인간이 아닌 다른 동물 암컷들에게서 관찰되었던 것을 확인해 주었다. 발정기에 여성들은 정말이지 대단히 나쁜 짝짓기 상대인 남성을 회피한다는 사실이다.

우리 연구는 심리학 분야에서 실험적 연구에 관한 한 최고의 학술지 가운데 하나인 《사이콜로지컬 사이언스(*Psychological Science*)》에 발표되었지만, 나의 다른 연구만큼 자주 인용되지 않는데 아마도 그것은 여성들이 근친 교배를 회피한다는 가설이 진짜로 사람들을 불편하게 만들기 때문일 것이다. 가까운 가족 구성원 사이에 근친상간이 일어날 수도 있다는 것을 믿기도 어렵거니와 여성들이 일반적으로 그런 일을 회피할 강한 동기가 있음을 감안하더라도, 우리가 얻은 데이터에는 남성들이 친족들과의 섹스에 대해서 좀 더 대수롭지 않게 여기며 어떤 상황에서는 심지어 그런 일을 추구할 수도 있음을 시사한다. (논문이 출간되었을 때 나는 짜릿했다. 나는 방법이 기발하고 결과도 대단히 깔끔해 보인다고 생각했다. 그러나 확실히 나도 그 논문을 자랑하려고 친척들에게 전화를 걸지는 않았다. 어색해!)

일부 독자들은 다음과 같은 사실을 알고 안도할 수도 있겠는데, 좀 더 전통적인 부녀 관계를 가리키는 것으로 여성의 행동을 좀 더 마음에

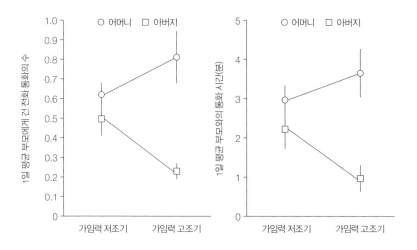

휴대폰으로 부모에게 전화를 건 횟수(왼쪽 도표)와 부모에게 걸려온 전화 통화의 길이(오른쪽). 주기상 가임력 고조기에 여성들은 아버지에게 덜 자주 (엄마에게는 더 자주) 전화를 걸었고, 아버지 쪽에서 전화를 걸었을 때에도 (엄마에게 걸려온 전화를 받았을 때와 비교해) 더 일찍 전화를 끊는 양상을 보였다.

들게 설명하는 견해도 존재한다. 가임기에 여성들은 자신의 짝짓기 관련 행동에 대한 아버지의 통제를 피하고자 한다는 것이다. (아빠, 잔소리하지 마세요. 모든 것은 좋은 유전자 확보라는 명목으로 이루어지는 거예요.)

보통 여성들은 연애 같은 특정한 주제에 대해서 아버지보다는 어머니와 의논하는 것을 더 선호하며, 짝 찾기와 관련된 내화는 가임력 고조기에 더욱 많이 발생할 가능성이 높다. 우리는 연구 참가자들에게 각 부모와 사이가 좋은지 관계의 질에 대해서도 정보를 수집했다. 어머니와 사이가 가깝다고 기록한 여성들만 가임력 고조기에 어머니와 주고받은 통화의 시간뿐만 아니라 횟수도 높아졌다. 그러나 아버지와 가깝다고 기록한 여성들은 그런 일이 벌어지지 않았다. 사실상 아버지와의 대화 시간은 줄어들었다.

우리의 휴대폰 연구가 집단적인 '말싸움'을 일으킨다고 하더라도, 그것은 그저 스마트한 여성들이 각자의 스마트폰, 그리고 각자의 호르몬 지능을 활용할 때 일어나는 일에 불과하다.

여성들 간의 경쟁과 위기 관리에 관한 연구는 여기 하나, 저기 하나, 다소 띄엄띄엄 이루어졌고, 종종 표본 수도 적고 호르몬 테스트도 없이 수행되어 퍽 문제적인 데이터를 제시하기도 한다. 연구 결과가 여성의 발정 현상이라는 더 큰 틀 안에서 잘 맞아떨어지는 이론이라고 하더라도, 나는 우리의 결론이 얼마나 강력하든 반드시 과학자의 시선으로 평가되어야 한다는 회의주의를 줄곧 유지했다. 그러나 나의 연구실에서 연구 중이던 프랑스에서 온 박사 과정생 조던 부데쇠유(Jordane Boudesseul)는 메타분석으로 발표하지 않은 결과를 포함해 위기 관리에 대한 결과를 취합했다.[22] 그는 출간된 (뭔가 흥미로운 사실을 보여 주는 것 같은) 논문 대 출간되지 않은 (통상적으로 아무것도 보여 주지 않는 것 같은) 논문에 대한 편견을 비롯해 오해의 소지가 있는 요인들을 수정하는 다양한 수단을 적용했음에도 결과를 종합하면 확고한 사실이 도출됨을 확인했다. 안심되는 결론이기는 하지만 여전히 나는 우리가 이 분야를 좀 더 연구해야 한다고 생각하며, 여성들이 자산을 두고 경쟁하는 법과 성적인 위험을 회피하는 법과 같이, 특히 여성들이 목숨이라는 중요한 측면에 대한 이해의 의미를 고려해 보아야 할 것이다.

짝을 찾으려는 노력은 한 달에 겨우 며칠에 불과한 가임기에 생존이냐 섹스냐를 두고 긴박하게 결정을 내려야 하는 여정으로 여성을 몰아넣을 수도 있다. 발정 상태의 여성들은 시간을 어떻게 보낼 것인지, 어디를 가서 누구를 찾을 것인지 선택을 내리는데, 그 선택은 한 달 동안 특정 시기에 따라 달라진다. 경쟁과 위험 감수 등 우리가 흔히 남성성과 연관 짓는 경향이 있는 행동을 보일 수도 있겠지만, 여성들은 좋은 유전자에 근접하는 일에 위협이 될 만한 특정 위험 앞에서는 좀 더 조심스럽고, 특히 스스로 취약하다고 느낄 때 더 신중해진다.

가임력 고조기에 보이는 이 같은 짝 찾기 행동은 끼 부리기나 옷차림처럼 겉으로 드러날 수 있으며, 주기상 여성들의 가임력이 어느 수준인지 타인들이 판단할 수 있는 단서를 제공하기도 한다. 짝짓기의 동기에 영향을 미치는 것은 여성의 호르몬 상태 이외에도 다수의 요인이 있음을 고려할 때, 이 같은 단서는 임박한 배란을 가리키는 완벽한 증거는 아니지만 확실히 존재한다. 잠재적으로 타인도 감지할 수 있는 여성들의 또 다른 변화가 있는데, 비록 그런 변화는 여성들의 짝짓기 동기와 명확하게 관련이 있지는 않겠지만, 여성의 체취나 목소리, 얼굴 변화 같은 것들은 아마도 여성의 의식적인 통제 밖에서 이루어질 것이다. 앞으로 알아보게 되겠지만, 이러한 변화는 짧은 치마를 입고 춤을 추러 나가는 것만큼이나 여성들이 현재의 짝이나 장래의 짝과 주고받는 소통에 큰 역할을 담당할 수도 있을 것이다.

은밀한 배란자

다음번에 동물원에 가게 되면 우리와 가장 가까운 영장류 사촌인 침팬지와 오랑우탄을 특히 잘 관찰해 보기 바란다. 특히 암컷이 자신이 호르몬 상태를 겉으로 드러내고 있을 때 동물에게 보이는 인간들의 반응을 염두에 두자. 영장류들은 가임력 고조기와 (대략적으로) 맞아떨어지는 시기에 생식기가 선명한 색깔로 부풀어 오르며, 수컷들은 그것을 대단히 매력적인 자질로 여긴다. 일부 인간들, 특히 아이들은 이 같은 특별한 '과시'에 예측 가능한 반응을 보일 것이다.

엄마, 저 암컷 엉덩이에 빨갛게 달린 것은 뭐예요?

아, 그냥 행복해서 그래! 어서 서둘러, 아기 기린 보러 가야지!

인간 발정 현상을 처음 연구하기 시작했을 때 여성들은 가임기에 대한 외적인 신호나 '배란의 단서'를 드러내지 않는다는 믿음이 있었다. 대조적으로 내부분의 동물들은 짝짓기와 임신 준비가 된 신체를 드러내는 것에 대해 전혀 거리낌이 없어 보였다. 학부생들에게 배란 단서에 관한 강의를 할 때 슬라이드(분홍색과 붉은색으로 크게 부풀어 있는 모양 전부)를 보여 주는데, 동물원에 간 몇몇 사람들처럼 아마 그들도 다른 전시관에 가고 싶었을 것이다. 물론 인간들에게는 이 같은 특징이 없다는 사실을 토론할 때가 되면 학생들은 안도한다. 그러나 낯선 성기 팽창에 대한 이러한 반응은 중요한 사실의 증거가 된다. 즉 아름다움이란 보는 이의 시각에 달렸다. 혹은 우리 시대의 가장 뛰어난 진화 사상가이자 인류학자 돈 시먼스(Don Symons)가 말했듯이, "아름다움은 보는 이의 적응에 달렸다." 그러므로 어느 한 종의 경우 성적으로 매력적인 배란의 단서가 반드시 다른 종에게도 똑같이 작용하지는 않을 것이며, 단순히 인간에게 성기 팽창이 결여되었기 때문에 우리에게도 배란의 단서가 결여된다는 의미는 아니다.

지난 수십 년간 우리는 여성들이 가임력 고조기에 섹시하고 노출이 있는 의상을 선택하고 몸치장에 특별히 공을 들이는 등, 호르몬 단계와 관련이 있는 것으로 보이는 행동을 취한다는 점을 발견했다. 심지어 여성들은 배란기가 다가오면 우리의 동물 사촌들이 (당연히 좀 더 대담한 방식으로) 빨간색과 분홍색을 주기적으로 뽐내는 것과 마찬가지로 똑같이 빨간색과 분홍색 옷을 입는 것으로 알려져 있다.[1]

5장에서 확인했듯이, 이러한 몸단장은 여성들이 좀 더 사교적이고 유혹적인 태도를 보이며, 동성 간에 경쟁심을 드러내고 선택적으로 위험을 감수하는 태도와 함께 방금 탐구했던 짝 쇼핑 행동의 특징이다. 그러나 여성들의 의식적인 자각 바깥 영역에서(그리고 아마도 대부분 여성들의 통제권 밖에서) 작용하는 또 다른 일련의 배란 단서의 가능성이 존재한다. 이 단서들은 우리 동물 사촌들의 경우보다는 훨씬 더 미묘하다. 우리가 아직도 발견하려고 연구 중인 이유 때문에 여성들은 가임력 여부를 거의 비밀로 남겨 두도록 진화했지만, 이제부터 알아보려고 하듯이, 당신이 어디를 보아야 하는지 알기만 한다면 배란의 단서는 분명 존재한다.

체취 단서: 남성이 알아차리기에 충분히 강하지만, 여성이 만들어 낸 체취

시크릿이라는 상표의 오래된 데오도런트 광고를 아는지? 남성이 알아차리기에 충분히 강하지만……여성들을 위해 만들어졌다. 이 광고 글귀는 호르몬 지능을 의도치 않게 비튼 표현이다. 배란의 단서는 여성의 체취로 전해지는데, 여성들이 만들어 낸 향이지만 남성이 알아차리기에 충분할 만큼 강하다.

평균 28일의 주기 동안, 오르락내리락 하는 호르몬 변화는 여성의 질 냄새 변화의 원인이 된다. 가임력 고조기에는 냄새가 남성들에게 좀 더 매력적으로 풍기는 듯하다.[2] 선구적인 1970년대의 연구자들(2장 「열 추적자들, 여전히 추적 중」 참고)과 이를 확인하기 위한 최초의 연구에서 냄새 맡기를 위해 '표본'을 제공한 여성들을 잊지 말자. (그러나 '여성용' 데오도런트 스프레이인 FDS, 일명 '싱그러운 저 아래 남쪽(Fresh Down South)'를 만들어 낸 사람은 부디 잊자. 그 제품은 1960년대에 등장했지만, 다행스럽게도 『우리 몸, 우리 자신』의 수많은 판본 중 초판본이 곧이어 출판되면서, 그와 같은 '위생' 문제에 대한 대중들의 강박을 완전히 없애지는 못했어도 균형을 잡는 데 도움이 되었다.)

수컷은 가임력 고조기의 암컷이 풍기는 향을 선호해, 일부 동물, 예컨대 고양이, 개, 햄스터, 원숭이, 소 수컷은 발정기 암컷의 체취를 문질러 놓은 모형과도 짝짓기를 시도할 정도다. 일부 사람들은 여전히 동물의 왕국과 우리의 공통점을 인정하는 것을 거부하고 있지만, 인간 남성들도 가임력 고조기 여성의 체취를 선호한다는 증거는 명확하다. 1970년대 탐폰 연구 결과뿐만 아니라 다른 연구로부터 알아낸 사실이다.

그러나 초기의 수많은 인간 체취 연구는 범위가 좁았고 여성의 가임력을 정확한 호르몬 검사로 추적하지 못했다. 말하자면 실제로 참고용 소변이나 혈액, 타액, 황체 형성 호르몬이나 에스트라디올(에스트로겐) 같은 인체의 특정 호르몬 수치를 신중하게 확인하지 않았다는 뜻이다. 요즘은 누구나 약국에 걸어 들어가 시판되는 배란일 확인 기구를 구매해 황체 형성 호르몬 분비를 추적하고 가임력 고조기를 정확히 찾아낼 수 있다. 그러나 수십 년 전에는 호르몬 관련 검사 방법에 접근하기가 쉽지 않았고 아직은 편하게 정비되기 이전이었다.

연구자들이 여성의 가임기를 알아보는 흔한 방법 한 가지는(어떤 경우에는 여전히 그러하다.) 간단하게 마지막 생리 날짜를 물어보고 28일 주기를 가정해 날짜를 거꾸로 세어 배란일을 추정하는 것이다. 그러나 여성이 자신의 생리 주기를 정확히 기록해 두고 성배처럼 14일째 배란이 되는 정확한 4주 주기를 갖고 있지 않는 한, 기억에 의존해 날짜를 세는 것은 부정확한 데이터를 만들 위험이 있다.

본인이 기록한 정보와 추측을 바탕으로 작업하는 것보다는 확실한 기초 검사와 특정 호르몬 수치 확인을 거쳐 정확한 데이터를 수집하는 쪽이 더 낫다. 제자들과 나는 인간의 짝짓기 행동에서 드러나는 배란의 단서로 체취의 중요성을 조사하고자 했다. 그러나 우리는 좀 더 엄격한 방법으로 알아내고 싶었다.

우리가 여성들의 겨드랑이 체취를 수집해 병에 담게 됐던 이유도 그 때문이다.[3]

냄새 나는 티셔츠:
남자들만 그런 게 아니었다

과학이 입증했듯이, 한 여성과 꾸준히 만나는 파트너는 생리 주기의 특정 시기에 애인의 질 냄새가 좀 더 매혹적으로 느껴질 가능성이 있다. 달력을 유심히 살피지 않는 한(동시에 제인 구달의 동영상에 푹 빠졌거나) 배란일이 다가오는 것과 애인을 더 매혹적으로 느껴지는 것이 동시에 이루어진다는 사실을 의식적으로 알아차릴 가능성은 없다. 그러나 호르몬은 몸 전체를 돌아다닌다. 호르몬이 질 냄새에 영향을 미쳤다면, 분명 전체적인 체취에도 더 많은 영향을 미칠 수 있을 것이다. 그러므로 특히 여성과 같은 침대에서 자는 남성 파트너에게는 매일 그런 체취의 변화를 감지하는 것이 더 쉬울지도 모른다.

그러나 연구실 환경에서는 어떨까? 여성은 낯선 사람들도 알아차릴 정도로 체취를 통해 미묘한 배란의 단서를 표출할까? 이전 연구에서 다른 사람들이 했던 것처럼 우리도 가임력 고조기와 저조기 동안 모두 여성들의 체취 표본을 수집해, 해당 여성들을 모르는 남성들에게 평가를 의뢰했다. 우리는 이전 연구보다 더 엄밀하게 (그리고 때로는 유머 감각을 동원해서) 연구를 수행했다.

우리의 '체취 공여자들'은 피임약을 먹지 않고(피임약은 평소 정상적인 호르몬 수치에 영향을 미친다.) 담배도 피우지 않는 여대생들이었다. 담배 연기 냄새는 모든 사물과 사람들에게 흡착되는 경향이 있으므로 오염된 표본을 제출할 가능성이 있기 때문에 흡연자들을 제외했다. 생리 주기 길이와 규칙성에 관해서 여성들과 인터뷰를 진행하면서 우리는 소변 샘플에서 황체 형성 호르몬 수치를 측정해 가임력 고조기와 저조기 상태를 확인했다. 황체 형성 호르몬(LH)은 생리 주기를 다루었던 이전 장에서 내가 번지 점프 호르몬이라고 불렀다. 배란하기 24~48시간 이전에 급격히 높아졌다가 가임기가 다가오면 가파르게 떨어지기 때문이다. 황체 형성 호르몬 확인을 위한 소변 검사는 정확도가 약 97퍼센트이므로, 날짜를 세는 것보다는 배란일을 계산하기에 훨씬 더 믿음직한 방법이다.

가임력 고조기와 저조기의 특정 시점에 체취 표본을 수집하기 위해 우리는 여성들이 24시간 동안 겨드랑이에 거즈 패드를 붙이고 있다가 연구실에 표본을 제출하도록 했다. 단순하게 패드를 그들에게 나눠 주고 "자, 이걸 겨드랑이에 붙이세요!"라고 말만 한 것이 아니었다. 참가자들은 가임력 고조기와 저조기로 예측된 날로부터 약 3일 전에 연구실로 찾아왔고 우리는 실험용 거즈가 피부에 접착되도록 특정한 방식으로 겨드랑이 부분에 부착하는 방법을 조심스럽게 전달했다. 뿐만 아니라 우리는 그들이 지켜야 하는 엄격한 '세척' 단계를 정해 주었다. 침대 시트와 옷은 무향 세제를 사용해서 빨아야 했고, 샴푸와 스킨로션, 목욕 비누도 향이 있는 것은 사용이 금지되었으며, 데오도런트나 발한 억제제, 향수도 사용 불가였다. (이런 내용은 2장에서 갱스테드와 손힐이 수행한 '냄새 나는 티셔츠' 실험 과정과 유사하게 들릴 것이다. UCLA 학생들은 전부 과일향이나 꽃향기가 나는 욕실

용품으로 너무 자주 샤워를 한다는 것을 나는 알고 있었다.)

실험에 참여하는 24시간 동안 우리는 필히 섹스나 약물, 로큰롤도 금지하는 원칙을 적용했다. 다른 사람과 성적인 행위 금지, 표본을 오염시킬 수 있는 냄새 나는 남자친구나 반려동물과 한 침대를 쓰는 것도 금지, 담배나 유사 상품이나 기분 전환용 약물 사용 금지, 음주 금지. 강한 냄새를 풍기는 공간에서 시간을 보내는 것도 금지되었다. (향초나 향, 담배, 마리화나를 피우는 친구의 아파트에 가는 것도 피해야 했고, 담배 연기로 가득한 술집과 파티장도 멀리해야 했다.) 마지막으로 우리는 실험 참가자들에게 마늘과 페퍼로니 같은 향이 강한 음식도 섭취를 피하라고 권했다. 피자도 치워 버렸다.

평범한 대학생처럼 지내지 못했던 24시간을 보낸 뒤, 여성들은 패드를 떼어낸 다음 밀봉된 비닐에 담아 연구실로 가져다주었다. 우리는 체취를 보존하기 위해 표본을 받자마자 섭씨 −17도에서 냉동해 점수를 매길 때까지 보관했다. 또한 우리는 참가자들의 체취에 영향을 미칠 수 있는 격렬한 운동 같은 행동을 한 적이 있는지 알아보기 위해 그들이 지시 사항을 잘 준수했는지 확인했다. 드디어 냉동실 깊숙이 보관되어 있는 표본을 꺼내 냄새를 맡아 줄 사람들을 불러들일 때가 되었다.

평가에 나설 남성 패널들은 주로 다른 대학 학생들로 구성되었다. 이번에도 흡연자들은 연구에서 제외시켰다. 흡연자들은 비흡연자보다 (냄새를 맡는 감각이 떨어지는) '후각 장애'가 있을 확률이 2배나 높으므로, 우리는 후각이 뛰어난 남성들을 원했다. 평가 시간에 앞서 우리는 표본을 작은 플라스틱 병에 담아 실온에 두었고, 각각의 병에는 한 여성이 가임력 고조기와 저조기에 각기 추출한 표본이 담겨 있었다. (세 번째 병도 있었는데, 그 안에는 같은 여성이 가임력 고조기나 저조기에 무작위로 채취한 표본이 담겼다.)

각 남학생에게는 병 3개를 나눠 주고 '정성껏 냄새를 맡은' 다음 점수를 매기도록 요청했다. 그는 병에 담긴 세 가지 표본이 같은 여성한테서 채취한 것임을 알지 못했다. 우리는 실험 참가자들에게 쾌적함, 섹시함, 강렬함의 기준으로 향을 평가하도록 요구했다. 또한 여성의 체취를 기준으로 육체적인 매력을 짐작해 1점부터 10점까지 점수를 매기도록 청했다. 1점은 '아주 섹시하지 않음/쾌적함/강렬함/육체적인 매력'이고 10점은 '아주 섹시함/쾌적함/강렬함/육체적 매력'이었다.

그러자……, 가장 높은 점수는 가임력 고조기 표본에서 나왔다. 남성들이 가임력 저조기의 체취보다 고조기의 체취가 더 쾌적하고 더 섹시하다고(또한 덜 강렬하다고) 여기는 경우가 더 흔했고, 그들은 가임력 고조기 체취 공여자들이 신체적으로 아주 매력적일 것이라고 짐작했다. 그들은 가임력 저조기의 체취를 덜 유쾌하다고 평가했다.

이 같은 결과는 인간의 배란에 대한 제한된 수의 연구뿐만 아니라 동물 연구에서 우리가 익히 알고 있는 내용을 확인해 주었다. 남성들은 배란과 동시에 발생하는 체취 단서를 감지할 수 있으며, 그들은 그 체취를 더 매혹적이라고 여긴다. 그러나 우리는 그러한 단서를 곁에서 감지할 수 있는 성적 파트너에게만 그런 현상이 일어나는 것은 아님을 보여 주었다. 다른 남성들(그리고 어쩌면 다른 여성들)도 그 체취를 맡을 수 있으며, 적어도 가까운 거리에서, 그리고 체취가 다른 향에 오염되지 않았을 때는 감지가 가능하다.

실험에 참여한 여성들 편에서 볼 때도 그들을 매력적으로 여기는 사람들은 기존에 사귀고 있는 성적 파트너에게만 국한되지 않는다. 현재

사귀고 있는 애인이야말로 배란에 따른 체취 변화를 감지할 수 있는 최 측근이라는 점은 가장 그럴듯한 설명이라고 생각하지만, 체취 단서로 여 성이 다른 잠재적인 파트너도 매혹시킬 수 있으리라는 가능성을 배제하 고 싶지는 않다.

드디어 남성들이 단서를 포착했을 때: 남성들의 반응

여성의 체취 변화 같은 인간 배란의 단서는 명백하지 않으며, 일부 남성들 만 그 변화를 감지할 수 있을 것이다. (이러한 체취 단서는 워낙 미묘해 모든 남성 이 메시지를 전달받지 못한다는 의미인데, 거기에는 잠재적인 진화론적 이유가 존재 하며 그 점에 대해선 나중에 다루게 될 것이다.) 분명히 해 두자면, 가임기 여성 은 4주마다 한 번씩 호르몬 관련 단체 메시지에 해당하는 잘 지내? 나 배란 기야! 알림을 외부로 내보내지 않는다. 성공적으로 그 단서를 포착한 남성 이라 해도 그 의미를 해석하지는 못할 것이다. (남자 쪽에서 가임기 추적 앱을 사용하지 않는 한은 불가능하겠지만, 그건 어디까지나 그와 파트너 사이의 일이다.) 그의 두뇌는, 임신 가능한 시기야! 자식이 생긴다고! 딩동댕! 혹은 위험해! 위험하 다고! 콘돔! 이런 식으로 생각하지 못한다. 으음, 이 사람은 역시 좋아, 이 정도 에 더 가깝다.

나의 연구 결과는 가임력 고조기 여성들이 이 시기에 좀 더 신체적 매력에 자신감을 느끼며, 꾸준히 만나는 상대가 있는 경우 남자친구나 배우자가 그녀의 가임기 동안 짝 경비 행동을 할(질투와 소유욕을 좀 더 보일) 가능성이 더 크다는 점을 시사한다.[4] 그러나 그러한 결과는 여성 입장에서 자신의 파트너가 어떻게 행동했는지에 대한 기록을 바탕으로 이루어진 것일 뿐이다. 어쩌면 자신의 성적인 매력 탓에 파트너의 질투와 소유욕에서 비롯된 행동이 촉발되었다는 여성의 믿음 자체가 일방적인 생각일 수도 있다. 혹은 여성이 가임력 고조기에 다른 가능성 있는 싹을 눈여겨보고 있기 때문에 파트너의 행동에 대한 해석이 달라져서 파트너가 어깨에 팔을 둘렀을 때 애정 표현이라기보다는 소유욕에서 나온 행동이라고 여겼을 수도 있다. 우리는 여성 파트너가 가임력 고조기일 때 나타나는 남성들의 짝 경비 행동이 이전 연구에서 여성들이 보고했던 내용과 일치하는지, 연구실에서 객관적인 방식으로 파트너에게 내보이는 남성들의 행동을 평가하고 싶었다.

과학을 위한 느린 춤

큰 대학교의 연구실에 근무하는 과학자로서 확언하는데, 보통은 남학생들보다는 연구에 참가하겠다고 자원하는 여학생들을 모집하는 게 훨씬 더 쉽다. (첨언하자면, 몇몇 연구자들은 가임력 고조기 여성들이 연구에 자원할 가능성이 더 크다는 사실을 관찰했다. 아마도 그들은 기분이 싱숭생숭해서 에너지를 어디든 다른 곳에 쓰고 싶은데, 우리 연구실에서는 여성들에게 러닝머신 위에서 달리라는 요구를 하는 일은 절대 없기 때문이다!) 이 연구를 위해선 커플이 필요했다. 남성들이 가임력 고조기 여성들에게서 수집된 체취에 더 매력을 느낀다는 것은 우리도 알고 있었지만, 과연 호르몬 단서로 포착된 체취는 남성들이 짝 경비 행동을 보이도록 자극할까? 우리 바람은 여성들이 파트너를 살짝 부추겨 연구에 참가하도록 해 주는 것이었는데, 다행스럽게도 그렇게 되었다.

'도전자 가설(challenge hypothesis)'은 동물 연구에서 잘 알려져 있으며, 과학자들은 짝이 특히 가임력 고조기일 때 라이벌에 대한 수컷들의 행동을 관찰한다. 조류에서 영장류에 이르기까지 동물 수컷들은 (1) 암컷이 가임력 고조기여서 경쟁이 치열해질 때(짝짓기), (2) 수컷 라이벌이 소리치며 다가와 경쟁이 치열해질 때(싸움) 테스토스테론 수치가 높아졌다. 우리는 도전자 가설이 인간에게도 적용되는지 궁금했고, 그것을 실험하기 위한 방법을 고안해 냈다. 물론 짝짓기와 폭력은 제외했다. 우리 연구는 남성과 여성 간의 도전자 가설을 직접적으로 실험한 최초의 시도가 될 터였다.[5]

우리는 각 커플을 여성의 가임력 고조기와 저조기 시점에 따라 두 번에 걸쳐 연구실로 오게 해서, 그때마다 두 사람이 함께, 따로 참여하는 다양한 행동을 요청했다. 하지만 먼저 우리는 연구 중 세 군데 시점, 즉 연구실에 도착해서, 경쟁 구도 활동에 참여하기 전, 실험 15분 이후에 여성의 황체 형성 호르몬 수치를 측정해 가임기를 확인했고, 남성은 타액 채취(신뢰할 수 있는 표준 평가 방식이다.)로 테스토스테론 수치를 측정했다.

각 실험 때마다, 테스토스테론 기준치를 설정하기 위해 첫 번째 타액을 채취한 뒤, 10초간의 포옹으로 실험이 시작되었고 '커플 상호 작용' 과제가 뒤를 이었다.

첫 번째 과제에서 커플은 우리가 제공한 선곡표에서 노래를 하나 선택해 느린 춤을 추었다. 중학교 2학년 남학생이라면 누구든 잘 알겠지만, 느린 춤은 여학생의 목에 최대한 가까이 다가가 체취를 맡거나 그 외

다른 방식으로도 소녀를 알아갈 훌륭한 방편이며, 우리가 남성 참가자에게 바란 것도 바로 그것이었다. 배란 주기 중 파트너의 가임력에 대한 잠재적인 단서에 남성이 스스로를 노출시키는 것이다.[6] 춤추기가 끝난 뒤에는 즉석 사진 촬영 부스 스타일로 (남성 쪽에서 여성의 가임력 단서에 계속해서 노출되기를 바라며) '귀여운 커플 사진'을 찍게 했다.

실험 참가자들은 모두 연인 관계였으므로, 우리가 요청한 행동들은 비록 집이 아니라 연구실이라는 환경이기는 해도 모든 커플에게 상당히 평범한 일상이었음을 기억하기 바란다. 우리는 두 사람이 커플 상호작용 과제를 마무리할 수 있도록 연구실 내 작은 실험실 하나를 내주고 문을 닫아 둘만의 공간을 허락해 주었다. 책상과 의자가 하나씩 겨우 들어갈 만한 비좁은 공간이었지만, 바로 그것이 요점이었다!

연구실 데이트를 마친 뒤 우리는 커플을 분리해 남성의 두 번째 타액 표본을 채취했다. 다음으로는 남성에게 10명의 다른 남자들 사진과 함께 신상 명세를 알려주었는데, 가 남성들은 '경쟁력이 높은' 근육남이나 '경쟁력이 낮은' 약골 두 범주로 확연히 구분되는 유형이었다.

이제 우리는 경쟁자 가설의 '경쟁자' 부분을 실험하는 중이었다. 우리는 남성 참가자들에게 이 다른 남성들을 라이벌로 인식하기를 바랐다. 그런 목적 달성을 위해서 우리는 그에게 여자친구 역시 지금 똑같은 사진을 검토하며 해당 남성들의 매력도를 평가하고 있고, 그들 역시 UCLA 학생이라고 말해 주었다. 라이벌 남성들로 제시한 경쟁력 높은 상대와 경쟁력 약한 상대의 표본은 이런 식이다. 각진 턱을 소유한 남성은(당연히 외모는 좌우 대칭이다.) 항상 남들이 '이런저런 직책을 맡아 달라는 요청'을 받는 리더 스타일이라고 자신을 설명했다. 반면에 얼굴이 둥글둥글한 남성은 신상명세에 '무대 뒤쪽에' 있는 것을 더 선호하며 착하게 굴다가 마지막까지 남는 유형이라고 적었다.

남성 참가자들은 상대 남성의 사진을 보고 경쟁력과 우월함, 신체적 매력을 점수로 평가했다. 당연히 참가자들은 근육남들을 심각한 경쟁 상대로 여겼고 약골들은 만만한 경쟁 상대였다. 남성들이 이 마지막 과제를 마친 후에 우리는 세 번째 타액 표본을 채취했다.

인간에게 경쟁자 가설을 적용하는 실험을 재현하기 위해 우리는 (1) 테스토스테론 기준치, (2) 밀접한 커플 상호 작용으로 남성이 배란 단서에 노출된 이후 테스토스테론 수치, (3) 남성들이 잠재적인 라이벌 남성들을 검토한 이후 테스토스테론 수치를 수집했다. 각 커플은 여성들이 가임력 고조기와 저조기일 때 모두 2회씩 실험실을 방문했다.

우리는 여성이 가임력 고조기에 있는 동안 남성들이 경쟁력 높은 상대 남성에게 노출되면 남성의 테스토스테론 수치가 기준치보다 높아질 것으로 예측했고, 실제 결과도 그러했다. 경쟁력 높은 상대 남성 사진을 보며 라이벌 가능성을 인식해 테스토스테론으로 보인 반응은 여성 파트너가 가임력 저조기일 때보다 가임력 고조기일 때 더 강했다. 평균적인 수준의 라이벌 남성들에게 노출된 남성 참가자들은 가임력 고조기와 저조기에 그런 차이를 보이지 않았다.

우리 연구 결과를 보면 우리 인간의 동물적인 본성을 무시하는 것은 어렵다는 점이 명백하다. 진화 생물학적 사실을 무시하는 것은 특히 어렵다. 남성들이 군중 속에서 그냥 쳐다보는 것으로 배란기 여성을 가려낼 수는 없겠지만, 인간이 아닌 종의 수컷들은 새끼를 낳고 경쟁자를 물리치려는 두 가지 목적 모두를 위해 배란 단서를 감지하고 행동하도록 진화했다. 동물들은 성기 팽창 같은 놓치기 어려운 단서에 따라 행동하는 것으로 알려졌지만, 체취 같은 미묘한 배란 단서 역시 메시지를 전달하는 데 중요한 역할을 하는 것이 분명하다.

우리 연구가 보여 주듯, 배란 단서는 인간의 경우 완벽하게 감추어 져 있다고 생각되었지만, 호르몬 변화의 결과로 여성들이 주기적으로 신호를 보내며 남성들에게 감지된다. 밝혀진 바에 따르면 다른 여성들 역시 그것을 감지할 수 있다.

남성들도 호르몬에 좌우된다

남성들은 여성들만큼 호르몬에 따라 달라지는 단계를 겪지 않는다고 생각하지만, 사실 그들은 매일 테스토스테론 변화를 겪는다. 남성들의 경우 테스토스테론 수치는 아침 일찍 가장 높다. (혹시 궁금해하는 여성이 있었다면, 자명종이 울리기 전에 엉덩이를 찔리는 이유가 바로 그것이다.) 수치는 그 이후 거의 즉각 줄어들어, 잠에서 깨어난 지 30분 만에 60퍼센트 이상 낮아진다.[7] 테스토스테론은 근육 유지와 성욕 같은 남성의 신체 능력에 중요한 역할을 담당한다. 배란 단서가 테스토스테론 수치에 영향을 미칠 수 있다는 것은 납득이 가는 일이다.

이것을 실험하기 위해서 멕시코의 한 연구에서는 남성들이 가임력 저조기와 고조기 때 여성들의 겨드랑이 냄새와 외음부 냄새의 매력도를 평가하고 섹스에 대한 관심 여부에 대한 질문에 답을 했다.[8] 가임력 저조기의 냄새는 테스토스테론 수치 저하와 성욕에 대한 관심 저하를 이끌었던 반면 가임력 고조기의 냄새는 테스토스테론 수치 상승과 함께 다음과 같은 질문에 긍정적인('굉장히'와 '아주') 대답을 이끌어 냈다. "지금 당장 섹스를 하고 싶은가?"와 "지금 당장 섹스를 한다면 얼마나 '열정적'일까?"라는 질문이었는데, 정말이지 매우 뜨거운(muy caliente) 응답이 나왔다.

테스토스테론은 장점이 있지만 진화의 모든 것들이 그러하듯 그만큼의 단점도 존재한다. 수치는 남성들이 짝짓기 기회와 위협을 앞두고 있을 때(즉 우리의 경쟁자 가설 연구처럼 사회적 맥락에서 자극을 받을 때) 높아져야 한다. 그러나 남성들이 밤낮으로 내내 공격에 자극을 받아 테스토스테론 수치가 높아지도록 진화했다면, 다른 남성들과 불필요한 충돌을 더 많이 경험했을 테고 아마도 아이들에게 관심을 덜 가졌을 것이다.[9] (그래서 아마 여성들도 그로 인한 이득을 보지 못했을 것이다.)

이것이 남성들이 침대에서 빠져나와 세상으로 걸어 들어가기 전인 아침에 테스토스테론 수치가 더 높은 이유일 것이다. 세상은 그들이 낮 동안에 문제를 겪을 가능성이 높은 곳이기 때문이다. 남성적인 특징에 연료를 공급하려면 테스토스테론이 필요하지만, 단순히 일상 생활을 해 나가는 동안 끊임없이 양이 많아질 필요는 없다.

테스토스테론 통제는 전략적이다. 여성들처럼 남성들도 호르몬 지능을 갖고 있다.

여성의 체취와 감각:
여성들에 대한 여성의 반응

다른 암컷들의 배란 단서를 감지할 수 있는 개코원숭이 암컷은 엄청 공격적이 되는 것으로 반응을 보이며 치명적인 결투까지도 벌어질 수 있다. 그들은 특히 가임기 고조기인 암컷들을 쫓아가는데, 아마도 훌륭한 유전자를 갖춘 수컷을 차지하는 데 그들이 라이벌이기 때문일 것이다. 물론 가임기에 이른 개코원숭이 암컷들은 자신을 드러내는 데 체취 단서 이상의 외형을 (알다시피 부푼 생식기로) 과시한다. 그러나 암컷 대 암컷의 의사소통에서는 체취만으로도 효과적인 신호 수단이 된다는 증거가 있다.

우리 연구진의 실험을 통해 남성들이 여성의 배란 단서를 감지할 수 있다는 사실을 확인한 이후, 인간 이외의 영장류의 행동을 고려한 제자들과 나는 여성들도 그와 유사하게 다른 여성들의 배란 단서를 감지할 수 있을지 궁금해졌다.[10]

이전 체취 연구 때와 마찬가지로 이번에도 우리는 실험 참가자들에게 특정한 가임력 고조기와 저조기 때 겨드랑이에 거즈 패드를 댄 여성들의 체취 표본을 수집했고, 똑같이 체취에 영향을 주는 제품은 사용해서는 안 되며 '악취 나는 생활 환경 금지'라는 규칙을 준수하도록 했다. 그러나 이번에는 다른 여성들의 냄새를 맡아 줄 여성들을 찾아야 했으므로 체취 평가단을 모집하는 과정이 좀 달라졌다.

우리는 다른 여성과 밀접한 접촉을 경험하는 여성이 배란 주기 중 다른 여성의 체취 차이에 민감하게 반응할지 호기심이 생겼고, 그래서 실험 참가자들을 모집하기 위해 지역에서 열린 (대단히 생기발랄한) 레즈비언과 게이 축제 퍼레이드에 안내 부스를 설치했다. 그들은 스스로 자신의 성적 취향을 다양하게 규정한 사람들이었고, 레즈비언, 양성애자, 이성애자 여성들이 섞여 있었다.

동시에 우리는 축제장에 연구 내용을 설명하는 미니 실험실을 설치하고 실제 표본을 이용해, 행사장에 오가는 여성들로부터 데이터를 수집할 수 있기를 바라며 즉석 실험에도 착수했다. 우리는 결과적으로 교내 연구실에서 수행하려던 실험을 실시했다. 우리는 여성들에게 아무런 표시 없이 가임력 고조기와 저조기의 체취 표본을 냄새 맡게 한 뒤 '아주' 혹은 '별로' 쾌적하거나, 섹시하거나, 강렬한지 평가해 달라고 부탁했다.

데이터가 많은 것을 좋아하는 과학자로서, 잠재적인 연구 참가자들이 한 장소에 모여 있는 곳(열광하는 수많은 여성들이 우글거리는 축제 행사장 같은 곳)에 가 있자니, 가능한 한 많은 사람들을 섭외하고 싶은 마음이 간절했지만……, 우리의 예비 체취 평가단 대부분이 마셔 댄 '무지개 마가리타' 칵테일의 양이 워낙 많은 것을 감안할 때 그날의 데이터는 무용지물이 되었다고만 해 두자. 우리의 팝업 실험실은 교내 연구실에서 이루어질 냄새 평가를 위한 여성들을 모집하기에 효과적인 방법이었지만, 데킬라와 식품 착색제 때문에 그날의 데이터를 통제할 방법은 없었다!

우리는 연구실로 돌아와 체취 평가를 실시했고 수집된 결과는 개코원숭이 연구를 바탕으로 한 예측을 확인해 주었다. 가임력 고조기의 체취는 저조기 표본보다 더 매력적이라는(쾌적하고 섹시하지만 덜 강렬하다는) 평가를 받았고, 선호도 역시 남성들을 대상으로 했을 때와 똑같음이 입증되었다. 뿐만 아니라, 가임력 고조기의 체취에 대한 매력은 성적으로 다양한 집단 모두에게 같은 수준으로 나타나 여성들의 성적 취향은 영향을 미치는 요인이 전혀 아님을 시사했다.

수컷들이 배란 단서를 감지하는 목적은 짝짓기/번식과 관련이 있지만, 암컷이 감지하는 경우는 분명 다른 목적과 연결된다. 발정기 암컷에게 공격적으로 행동했던 개코원숭이 암컷으로 돌아가보면, 암컷 대 암컷 간의 단서는 라이벌의 존재에 대한 신호로 작용할 가능성이 크다. 조상 여성들 사이에서도 그것은 유사한 목적으로 기능했을지 모른다.

한 소규모 연구에서 가임력 고조기의 다른 여성들 체취를 맡은 여성들은 테스토스테론(물론 공격성과 관련이 있다.) 수치를 유지했다. 그러나 가임력 저조기의 체취를 맡았을 때는 테스토스테론 수치가 낮아졌다. 십중팔구 그들은 가임력이 낮은 여성들에게 위협을 덜 느꼈을 것이다.

여성 대 여성 사이에서 감안해야 하는 요인은 아직 더 있다. 체취 단서를 감지한 여성의 가임력 상태는 어떨까? 본인도 가임력이 높은 상태여서 경쟁에 뛰어들 만반의 준비가 되어 있다면, 그녀는 좀 더 공격적으로 행동할 것이다. 그러나 그녀는 다른 가임기 여성의 체취 단서를 여전히 매력적이라고 인식할 수도 있을 것이다. (어느 여성이 특별히 매력적이고 그래서 경쟁 상대로 위협이 될 것으로 인식한 경우가 아니라면 우리가 굳이 경쟁 비용을 지불할 이유는 없다.)

확실히 이 주제는 연구의 여지가 많으며, 여성들의 사교 관계를 좀 더 조명해 보는 것도 이에 포함된다. 현재로서는 정확한 기능을 알지 못한다고 하더라도 여성 대 여성의 호르몬 단서가 진짜로 존재한다는 데는 의심의 여지가 없다.

호르몬은 어떤 소리를 낼까

포유동물 암컷은 발정기가 되면 다른 소리를 낸다. 암소는 평소보다 더 음메거린다. 코끼리는 낮은 주파수로 '발정기 울음 소리(estrous rumble)'를 낸다.[11] 노랑개코원숭이는 '교미 외침(copulation calls)'을 지른다.

마찬가지로 여성의 목소리는 가임력 고조기에 호르몬 때문에 달라진다.[12] 동료인 그렉 브라이언트(Greg Bryant)와 나는 70여 명의 여성들이 가임력 저조기와 고조기에 모두 똑같은 내용의 문장을 녹음한 목소리 표본을 수집했다. "안녕하세요, 저는 UCLA 학생입니다."라는 문장이었다. 배란이 가까워지는 가임력 고조기에 여성들은 목소리 톤이 높아졌다. 가임력 정점기(배란 주기 중 황체 형성 호르몬이 가장 높은 수치로 배출될 때)에 녹음한 여성들은 가장 높은 변화를 보여 주었다. 다시 말해 황체 형성 호르몬 수치가 높아지면 목소리도 따라서 높아졌다.

별도의 연구에서 남녀를 모두 포함한 목소리 평가단은 가임력 저조기 때 녹음한 목소리보다 톤이 높은 목소리 녹음을 더 매력적이라고 판단했는데,[13] 아마도 톤이 더 높은 목소리를 더 여성스럽다고 인식했기 때문일 것이다.

키스는 그저 키스일 뿐이지만
그게 단서일 수도?

호르몬 단서는 감각으로 탐지된다. 가임력 고조기 여성은 다른 때보다 외모로든 체취로든 목소리로든 더 매력적일 수 있다. 촉감을 통한 단서 감지에 대한 연구나, 배란에 가까워질수록 여성의 피부가 더 부드러워진다든지 머리칼이 더 매끄러워진다든지 하는 연구에 대해서는 아는 바가 없다. (그러나 임신 호르몬의 홍수로 말미암아 탐스럽고 숱 많은 머리채를 포함해 '임신성 광채'가 촉발된다는 사실은 유명하다.) 하지만 미각은 …… 어떨까? 비록 언젠가 사람들로 빽빽했던 학회장에서 내가 발표를 마친 후 이어진 질의 응답 시간에 대단히 유명하고도 자유분방한 어느 진화 생물학자가 오럴 섹스를 언급한 적은 있지만, 발정 현상과 관련해 아래 동네를 탐닉하러 내려갈 마음은 없다. (그는 미각의 원천에 가까워지면 단연코 배란을 감지할 수 있다고 주장했다. 내가 할 수 있는 일이라고는 미소를 지으며 일리 있는 말인 것 같다고 말하는 것밖에 없었다!) 여기서 내가 언급하려는 것은 일반적인 기준의 입맞춤이며, 좀 더 정확히는 호르몬이 풍부한(세균도 많지만 그 문제는 나중에 다루겠다.) 타액에 관한 것이다.

냄새와 맛은 서로 연관된 감각이다. 분자가 기체로 전달되든(냄새), 먹어서 삼켜지든(맛), 둘 다 분자에 들어 있는 화학 정보 해석을 돕기 위해 뇌에 메시지를 보낸다. 그러므로 또 다른 가능성 있는 단서로 냄새에서 맛으로 옮겨 가는 것은 타당하다. 하지만 체취의 역할에 대한 것처럼 타액의 역할을 다룬 결정적인 연구는 별로 많지 않다. 하지만 타액이 전달하는 호르몬 정보에 대해서는 우리도 몇 가지 알고 있다.

당신을 보며 군침을 흘리는

큰 눈에 앙증맞은 쥐여우원숭이는 영장류의 아목(亞目)인 원원류(原猿類)다. (이 작은 포유동물이 뭔지 모르겠다면, 애니메이션 「마다가스카」에 나오는 너무 귀여운 캐릭터 모트가 바로 쥐여우원숭이다.) 우리 인간은 오랑우탄에서 갈라져 나온 것보다 원원류에서 훨씬 더 멀리 진화했지만(원숭이와 인간은 진원류(眞猿類)이다.), 쥐여우원숭이는 우리처럼 여전히 포유동물이며 이들의 발정기 행동은 익숙하게 들릴 것이다.

야행성인 이 종의 암컷은 발정기에 보행 활동이 증가했다. 이들은 체취 단서를 풍기고 높은 주파수의 울음 소리로 목청을 높였다. 또한 이 기간 동안 스스로 몸단장을 더 열심히 했다. 이들의 가임력 고조기는 불과 2~4시간 동안 지속되는데, 부분적으로는 독특한 이들의 질 생김새 때문이다. 질 구멍 자체가 배란 주기에 겨우 며칠 동안만 열린다. (감금된 경우 이 주기는 58일 길이로 관찰되었지만, 100일까지도 늘어날 수 있다.) 쥐여우원숭이들은 24시간 미만의 짧은 기간에 숱한 가임기 단서를 한꺼번에 몰아넣기 때문에 미묘하게 행동하지 않는다. 내숭을 떨 시간이 없기 때문이다.[14]

쥐여우원숭이는 발정기에 대단히 자주 주둥이를 문지른다. 키스를 갈구하는 것 같지만 주둥이 문지르기는 입맞춤이 아니며, 사실상 혼자서 하는 행동이지만 타액이 중요한 요소다. 쥐여우원숭이 암컷은 입(주둥이)을 나뭇가지나, 감금되어 있는 경우 우리 창살에 대고 문지르며 표면을 핥고 깨문다. 이것은 냄새를 남기는 형태이지만, 그 행동은 에스트로겐이 풍부한 침으로 이루어진다. (쥐여우원숭이는 오줌으로도 체취 단서를 남기는데, 또 다른 호르몬 상태의 지표다.) 쥐여우원숭이는 야행성이기 때문에 어둠속에서 돌아다니므로 시각적인 단서보다는 후각적인 단서에 의존할 필요가 있을 테고, 에스트로겐이 듬뿍 든 침을 이용하는 이유가 설명된다.

침에는 수컷의 고환과 암컷의 난소에서 생성된 스테로이드 호르몬이 들어 있음을 감안할 때, 수컷과 암컷 사이에서 화학 물질을 통한 소통 수단으로 작용하기에 침은 분명 잠재성이 있다. (앞에서 설명했듯이, 우리는 남성의 타액 표본을 채취해 연구에서 테스토스테론 수치를 확인했다.) 파타스원숭이 중에서도 발정기 암컷은 교미할 수컷에게 생식기가 부풀어 있는 엉덩이 쪽을 드러내 보이며 실제로 침을 흘린다. 그들이 왜 이런 행동을 하는지는 과학자들도 정확히 확신하지 못하지만, 호르몬 단서를 제시하는 행동일 것이다. 아마도 침은 수컷이 메시지를 받았는지 확인하는 추가 보험 같은 역할이다.

키스키스, 뱅뱅

타액은 암컷과 수컷의 소통 양상을 연구할 때 주로 간과되어 왔다. 타액에 든 호르몬 성분을 고려할 때, 『영장류의 섹슈얼리티(*Primate Sexuality*)』의 저자인 앨런 딕슨(Alan Dixson)은 "성별 간의 화학적 의사 소통 수단으로 작용하는 타액의 잠재성을 무시해서는 안 된다."라고 이야기한다.[15] 주둥이 비비기는 쥐여우원숭이의 특징으로 남겨 두자. 성별 간에 타액을 통해 '소통하는' 확실하고도 대단히 인간적인 한 가지 방식은 입맞춤이다. 담백하게 쪽 소리를 내는 뽀뽀가 아니라 본격적으로 혀를 넣어 사용하는 입맞춤 말이다.

호르몬 단서는 감각을 거쳐 감지되며, 부분적이기는 하지만 입맞춤에는 미각도 관여한다. 키스라는 행동 자체는 시각 및 체취 단서, 소리, 감촉을 포함하는 완벽하게 관능적인 경험이 될 수 있다. (일단 목표물의 위치를 확인한 뒤에는 눈을 꼭 감아도 좋겠지만, 본인의 코를 쥐고서 계속 상대를 완벽하게 팔길이 거리로 유지할 가능성은 없다.) 제대로 한 입맞춤은 다양한 매력을 지닌다.

남성은 (에스트로겐의 감칠맛을 진짜로 구분해 낼 수 있는 일종의 슈퍼스타 성적 미식가가 아닌 한) 번식과 관련된 여성의 호르몬 수치를 맛으로 감지할 수 없다. 그러나 이유를 알지 못하면서도 가임력이 높은 여성의 체취를 선호하고 매력적으로 느끼는 것(으으음…… 난 이 사람 마음에 들어.)과 똑같은 방식으로 단순히 그 맛을 좋아하거나 흥분되는 경험이라 여길 수는 있다. 그런 점에서 여성이 어떤 '맛'인가는 호르몬 단서로 해석될 수 있을 것이다. (데이트에는 종종 저녁 식사가 포함된다는 사실을 넘어, 음식과 섹스 사이에는 비유적이지만 부인할 수 없는 연관성이 있음을 여기서 지적하고 가야 할 것 같다. 여성이든 남성이든 상대가 마치 갓 구운 쿠키라도 되는 듯 상대 성별 구성원을 "군침 돈다, 맛있겠다." 등으로 묘사한다. 우리는 맛을 원하는 것이다.)

진화에 관해서 우리가 알고 있는 것을 감안하면, 입맞춤은 쾌락과 흥분 이상의 어떤 기능을 갖고 있는 것이 틀림없다. 혹은 인류 역사상 어느 시점에 다른 목적으로 기능했을 것이다. 호르몬 정보를 담고 있는 것 이외에도 타액에는 미생물이, 그것도 아주 많이 들어 있다. 우리도 알다시피 입맞춤을 하는 동안 세균 이동이 이루어지는데, 10초간의 키스 한 번에 무려 8000만 개의 미생물이 오간다. (애무를 동반한 긴 키스를 생각해 보라. 하지만 당신의 파트너와 나누는 키스 길이가 요즘 들어 절반으로 줄었다고 해도, 당신은 여전히 충분한 미생물을 제공받고 있다.)**16**

호르몬이 아니라 미생물 교환을 뒷받침하는 한 가지 이론은 건강한 자식을 낳기 위한 유전적 기능을 제공한다는 것이다. 주조직 적합성 복합체(major histocompatibility complex, MHC) 유전자는 인간의 면역 체계 보호막처럼 기능해, 병원균을 감지하고 '자신'에게 속하는 건강한 세포처럼 위장해 숨어들려고 하는 침입자를 근본적으로 퇴출한다. 병원균은 쉽사리 유전자 암호를 모방할 수 없기 때문에, MHC 유전자 암호가 복잡하면 복잡할수록 더 좋다.

키스할 때 두 사람은, MHC 유전자가 함유된 미생물로 가득한 타액을 서로 교환한다. 상황이 그 키스 이상으로 진전되면, 이 이론에 따르면 자식은 더 복잡한 MHC 암호 덕분에 부모로부터 각기 다른 두 가지 대립 형질을 물려받는 경우 (더 강한 면역 체계를 지녀) 더 건강하고 튼튼하게 태어난다. 달리 말하면, 여성과 전혀 다른 MHC를 지닌 남성이 무엇보다도 중요한 훌륭한 유전자를 전달한다. 애인이 아닌 남성보다는 애인과 비교할 때 여성의 MHC 유전자가 서로 더 많이 다르다는 사실을 가리키는 부분적인 증거도 존재한다. (스위스에서 실시된 한 연구에서 여성들은 자신과 다른 MHC를 지닌 남성이 입었던 티셔츠 냄새를 더 선호했다.)[17]

MHC에 관한 한 반대일수록 끌리는 듯하다. 그러나 세균의 경우, 몇몇 연구는 오래 사귄 커플 사이에서는 미생물군이 서로 다른 게 아니라 유사성이 더 높음을 보여 준다.[18] 다시 말해 두 사람의 침에는 같은 세균이 들어 있다. 두 사람이 주기적으로 미생물을 교환하기 때문인지는 확실하지 않다. 처음에는 서로 다른 미생물을 갖고 시작했지만, 연인 관계가되어 똑같은 생활 환경을 공유하기 시작하면서 모든 것이 같아졌을지도 모른다. (칫솔 공유는 미생물 공유와 마찬가지다. 불행히도 질병 역시 공유된다.)

그러므로 입맞춤은 우리가 인식해 온 것보다 아마도 더 생물학적인, 그리고 호르몬과 관련된 의미를 지녔다. 다음번에 당신의 애인과 친밀한 키스를 주고받을 때에는 그 점을 명심하라.

은밀한 배란자: 미묘하고 전략적인

여성들은 자신의 가임력 상태를 계속해서 완벽하게 감추고 있도록 진화했다. 여성들은 흔히 발정 상태와 동시에 벌어지는 짝 찾기 노력을 눈에띄게 실천하면서도 배란일이 다가온다는 것과 가임력 고조기라는 사실을 드러내지 않는다. 그러나 체취 같은 단서를 내보낸다. 단서 자체는 남성들에게(혹은 다른 여성들에게도) 완벽하게 감추어져 있지는 않지만, 정확한 의미는 숨겨져 있다. 앞서 지적했듯이 남성들은 단서를 포착할 수는 있지만 그 의미를 확실하게 이해하지는 못한다.

인간의 배란 단서가 존재한다는 점과 배란 자체가 왜 그토록 감추어져 있는지에 대한 몇 가지 가설을 살펴보자. 우선 그 과정에서 한 가지 확실히 해 둘 것이 있다. 여성들은 가임 능력을 신호로 알리지 않는다.

우리는 이미 성경험의 기회 앞에서 남성들은 거의 설득이 필요 없음을 확인했다. 여성은 자신의 가임력을 (미묘하게는 아니든) 드러냄으로써 남성을 유혹할 필요가 없으며, 그렇게 함으로써 여성이 얻게 될 이익도 명확하지 않다. 사실상 그랬다가는 원치 않는 남성이나 라이벌, 괴롭히려는 여성들의 잘못된 관심을 이끌 수도 있을 것이다.

인간 남성의 뇌는 짝짓기를 위한 단서(그렇다. 마지막으로 한 번만 더 선홍색으로 부푼 개코원숭이의 엉덩이를 떠올려보라.)가 필요 없도록 진화했다. 남성들이 여성의 노출 심한 옷이나 풍겨오는 체취에 성적으로 반응을 보일 수 있다는 것은 진실이지만, 그들은 아마도 파트너가 섹스를 받아들이거나 심지어 그것을 추구할 때마다 번식의 위험을 줄이고 섹스에 관심을 갖도록 진화했다. (번식의 기회 앞에서는 못하고 나중에 후회하는 것보다 일단 지금 해 두는 편이 낫다.) 둘의 관계에서 연장된 성생활(임신이 가능하지 않을 때 섹스를 하는 것)과 그 역할은 섹스를 할 때 효력이 발생한다. 여성이 가임기 이외에도 섹스에 관심을 표시하는 것은 파트너와의 유대를 강화하고 그의 투자를 확보하는 데 도움이 될 수 있다. 그러나 일단 쾌락 장치가 (본래의 동기만큼이나 섹스의 즐거움과 함께) 자리를 잡으면 남성들은 단지 기분이 좋기 때문에 섹스에 관심을 기울일 수도 있다. 어쩌면 혹은 그냥 토요일이니까.

어쨌든 배란 단서는 존재한다. 호르몬이 존재하기 때문이다. 여성들은 배란 단서를 감추도록 진화했을 수도 있지만, 가임력을 위태롭게 하지 않으면서 얼마나 그것이 가능한가에 대해서는 제약이 있었을 것이다. 예를 들어 한 가지 전략은 호르몬 수치를 줄이거나 인체 조직(그 기능에는 가임력을 드러내는 신호가 포함될 수도 있다.) 내에 호르몬 수용체의 밀도를 줄이는 것이었을 것이다. 하지만 여성의 가임력을 감소시키거나 임신 능력, 임신을 유지하는 능력을 위태롭게 할 수도 있다. '유출된 단서' 가설은 인체가 가임력 고조기에 도달하면서 생기는 생리적 변화의 부산물이라고 주장한다. 이를테면 여성의 몸에서 다수의 체계에 영향을 미치는 정상적이고 주기적인 호르몬 변화 때문에 호르몬이 가득 담긴 냄새의 형태로 단서가 '유출'된다는 것이다. 그리고 남성들은 그 단서가 제아무리 미묘하더라도 그러한 단서를 포착해 매력적으로 여기도록 강한 진화 압력을 받았다. 이로써 (어느 지점까지는) 단서를 감추도록 진화한 여성들과 그것을 감지하도록 진화한 남성들 사이에서 미묘한 공진화(共進化)의 춤이 탄생했다.

물론 문제는 여성들에게 감추기의 장점이 무엇이었는가 하는 점이다. 몇 가지 가능성이 있다……

양육 투자를 늘리기 위하여: 좋은 아빠가 곁에 있다!

한 가지 가능성은 남성들의 부계 확실성(내 아이일까 다른 남자 아이일까?)과 관련이 있다. 여성들의 배란을 쉽게 (대략적으로라도) 알 수 있다면, 남성들은 이 가임기 동안에만 곁에 머물다 나머지 주기에는 아마도 또 다른 짝짓기 기회를 찾아 떠나 버릴 수도 있을 것이다. 그러나 여성이 언제 가장 임신 확률이 높은지 알아내기가 불가능하면 남성은 여성의 배란 주기 내내 곁에 가까이 머물면서 파트너를 보호하고 투자 활동으로 짝에게 좋은 인상을 주려 노력해야 할 것이다. 좋은 아빠가 곁에 머물며 가족들을 보호하고 자원을 확보해 가족에게 더 많은 투자를 할수록, 짝 결속과 공동 육아는 더 쉬워진다. 그리고 연장된 성생활은 아마도 그의 양육 투자를 강화했을 것이다. 징기적인 섹스가 거래를 성사시킨 셈이다.

섹시남이 돌아다니다가 여성의 가임기를 감지할 수 있었다면, 그는 집단 내에서 짝짓기 기회를 독차지했을 것이다. 말하자면 그런 남성의 존재를 모르기 때문에 여성들은 양육 투자와 두뇌가 발달한 아기들을 제공하는 좋은 아빠 유형을 포함해 다른 남성들에게도 눈을 돌릴 수 있게 되었다.[19]

공격적인 여성을 피하기 위하여: 친구는 더 많이 적은 더 적게

앞서 지적했듯이 개코원숭이 암컷들은 서열 높은 수컷에게 선택을 받은 가임기 암컷을 공격하고 심지어 죽이기도 한다. (그를 내가 가질 수 없다면 너도 가질 수 없어.) 조상 여성들은 그런 공격의 목표가 되는 것을 회피하기 위해 다른 여성들에게 배란 단서를 숨기도록 진화했을 수도 있다.

가임력이 높은 여성들끼리 다른 여성에게 어떤 반응을 보이는지는 아직 정확히 알지 못하지만, 가임기 여성의 체취 단서를 감지했을 때 그들의 테스토스테론 수치가 올라간다는 징후 또한 확인되었다. 또한 도전자

가설에 따라 남성들이 가임기 여성들을 접했을 때, 그리고 동시에 라이벌 남성들과 싸워야 할 때 테스토스테론 수치가 높아진다는 점도 알고 있다. 그렇다면 이제 어떤 여성이든 가임기일 때 모든 남성들이 그것을 감지할 수 있다고 상상해 보자. 그랬다간 테스토스테론을 비롯한 성 호르몬이 공기 중에 가득하고 사방에서 싸움이 벌어질 것이다.

양쪽 성별에 미치는 테스토르테론의 영향을 감안하면, 감추어진 배란 현상은 인간들이 서로 협력하고, 성공적으로 가족을 일구기 좋은 공동체를 만들어 낼 수 있도록 평화 유지의 기능 역시 담당했을지 모른다.[20]

여성의 선택을 존중하기 위하여: 그녀가 원하는 것을 손에 넣는다!

마지막으로, 감추어진 배란은 조상 여성들에게 선택과 번성을 허락해 주었다. 여성은 자신의 시간표에 맞춰 양질의 유전자를 찾아 짝을 쇼핑할 수 있었다. 어떤 경우에는 여성이 섹시남에게 좋은 유전자를 확보했지만 장기간 좋은 아빠와 지내는 '혼합된' 짝짓기 전략을 선택했기 때문에 본인과 자식들이 번성했다. 누가 더 현명했다고 말할 수는 없다.

여성들은 본인의 가임력을 비밀에 부친 채 레이더를 피해 호르몬에 따라 행동하며, 남녀 모두 원치 않는 공격으로부터 스스로를 보호하도록 진화했다. 그러나 여성의 생리 주기와 일생에 걸쳐 배란 시기만 감추어진 것은 아니다. 모든 단계가 다 그러하다. 여성을 쳐다본다고 해서 그녀가 생리 중이거나 생리 전 증후군을 겪고 있는지, 심지어는, 적어도 초기 단계에는 임신 중이거나 갱년기인지도 알아차릴 수 있는 사람이 아무도 없으며, 그것은 전부 여성에게 이득이다.

어느 면에서는 여성의 호르몬 지능 자체가 감추어져 있지만, 그 존재로부터 가장 큰 힘을 부여받은 사람에게는 비밀이 아니다.

7

아가씨에서 가모장으로

400회. 이것은 바로 건강한 여성들 대부분이 산업화된 이 세상에서 다달이 상당히 일정한 리듬으로 오르내리는 호르몬의 물결에 따라 경험하게 되는 생리 주기의 총 횟수다. 시기는 보통 수년간 지속적으로 꽤 안정적이며, 길이도 마찬가지다. 좋아, 3주 전에 생리를 했고 오늘이 15일이니까 금요일에는 다시 생리가 시작될 테고 화요일까지는 끝나겠군……. 그러나 생리 자체는 수년간 지속적으로 꽤나 예측 가능할 수 있지만 여성의 호르몬 일생이라는 더 큰 그림은 상당한 변화로 점철된다.

사춘기의 시작과 가임 기간, 완경은 여성 개개인에 따라 극적으로 달라질 수 있다. 가령 12세에 생리를 시작해 30세에 임신을 하고 50세에 완경에 접어들었다면, 충분히 '평균'으로 여겨지면서 호르몬의 일생을 구성하기에 훌륭하고 깔끔한 방식으로 보인다. 그러나 현실에서 여성들은 10세에 첫 생리를 시작해서 40세에 출산을 선택하는 여인으로 성장한 뒤, 50대 중반까지도 생리를 계속할 수 있다. 전부 다 여전히 완벽하게 정상적이고 건강한 상황으로 생각해도 좋다.

조상 여성들에 비해 현대 여성들은 광범위하게 다른 나이대에 이처럼 뚜렷하게 구분되는 인생 단계를 경험한다. (50년도 채 되지 않은 사이에 미국 여성들의 첫 출산 연령은 1970년대에 21.4세였던 것이 2014년에는 26.3세로 변화했는데, 점점 위로 올라가는 이 경향은 스스로 역전할 기미를 보이지 않는다.)[1] 여성의 인생에 언제 발생하든 상관없이 나는 이 같은 인생의 단계를 '난자 경제학(eggonomics)'이라는 용어로 표현한다. 성장과 짝짓기, 부모 역할, 조부모 역할 가운데 생물학적 절충 거래 및 비용과 이윤의 변화를 담고 있기 때문이다.

앞으로 살펴보겠지만 여성의 호르몬 지능은 일찍 시작해서 평생 지속되도록 진화했다.

사춘기의 값: 누가 번식할 것인가?

여성의 인생에서 호르몬이 완벽하게 겉으로 드러나 모든 것을 감추기가 불가능해지는 특이한 단계가 있으니 그것은 바로 사춘기가 본격적으로 찾아왔을 때다. 하필 중학교에 다니는 시기(참으로 잔인한 타이밍이다.)와 맞물리는 듯한 호르몬의 폭발에서 소년들도 자유로울 수는 없지만, 소녀들의 경우 변화는 특히 두드러진다.

사춘기에 접어든 딸을 둔 어머니와 이야기를 나눠 보면, 여전히 장난감을 갖고 놀고 만화 영화를 시청하며 꼭 껴안기를 좋아하지만 부모로부터 독립해 사생활을 바라기도 하는 아이에 대한 설명을 들려줄 것이다. 인형의 집 장난감은 여전히 방 한구석을 차지하고 있는데도, 화장과 옷에 관심을 갖는 소녀들은 하룻밤 새 외모가 달라지기도 한다. 립글로스나 최신 유행 패션에 별 관심을 보이지 않는 소녀들도 에스트로겐과 관련해 몸에서 벌어지는 변화는 피할 수 없다. 가슴, 엉덩이와 얼굴 형태가 더 풍성해지고 또렷해지면서 성숙하게 변한다.

주기 중 가임력 정점기에 여성들은 다른 여성들을 향해 좀 더 경쟁심과 공격성을 느낄 수도 있기 때문에, 그런 행동을 빌미로 일부 소녀와 젊은 아가씨들을 전형적인 '못된 계집애들'로 구분하고 싶은 유혹이 생겨난다. 그러나 물론 이런 긴장감의 일부는 단순히 환경 탓이다. 아직은 의존적인 청소년들이 사회적 서열에 철저한(그리고 점점 늘어나는 학업의 압박은 앞으로 맞닥뜨릴 현실 세계의 축소판이다.) 중학교와 고등학교의 온실 같은 분위기를 탈피하기란 어려운 일이다.

그러나 일부 행동들은 정말로 호르몬과 관련이 있다.

소녀 시절: 나이대로 행동하기의 어려움

소녀들은 배란을 하고 생리를 경험하고 완벽하게 가임력을 갖추기 전부터 섹스에 관심을 갖는 것이 가능하다. 그러나 '남자에 미친' 상태라고 해서 소녀가 곧장 십대 임신이나 성관계 자체를 목표로 한다는 의미는 아니다. (사실, 십대 임신은 미국에서 지난 수십 년간 꾸준히 감소해 왔다.)[2]

'가임력 부족(subfertile)' 상태의(아직 배란 이전인) 소녀들도 여전히 남자에게 관심을 가질 순 있다. 이것은 인간의 성욕이 단순히 번식을 위한 것만은 아니라는 개념을 뒷받침해 준다. 그것은 관계 형성에 관한 것이기도 하다. 남자를 쫓거나 쫓기기를 즐기는 소녀들은 단순히 그 가능성을 실험하는 것일 수도 있다. '소꿉놀이'를 하며 소녀들은 누가 좋은 짝이자 양육에 좋은 파트너가 될 수 있는지를 포함해 가정적인 관계의 맥락 안에서 다양한 기술을 배운다. 당신이 아이를 키우는 부모라면, 그 사실을 알고 나서는 절대 이전과 똑같은 방식으로 아이들의 놀이를 지켜볼 수 없게 될지도 모른다. 이번에는 키런이 아빠가 될 차례인데 걔 직업은 텔레비전 기자야. 몰리는 아가 이름이고 아가는 엄마가 보고 싶어서 가끔 칭얼거려. 엄마는 내가 할 건데, 나는 수의사 겸 우주 비행사야. 우리는 개를 아홉 마리 키우고 저녁으로 아이스크림을 먹어.

처음 생리를 하는 초경의 나이는 대단히 광범위하며, 파자마 파티에 온 두 11세짜리 소녀가 겉으론 몇 년이나 나이 차가 있어 보이는 이유도 그 때문이다. 영양 상태(와 비만은 더 빠른 초경과 관련이 있다.), 환경적인 영향, 인종, 유전 등을 포함해, 호르몬이 각기 다른 시간표에 따라 분비되는 데는 수많은 이유가 있다. (또한 특정한 화학 성분과 독성이 왜 호르몬의 변화에 원인을 제공하는지는 8장에서 언급하겠다.)

조상들의 시대에는 물리적, 사회적 조건이 불안정할 수 있기 때문에, 음식이 충분한지 부족한지 하는 영양 상태가 소녀의 성적 성숙에 중요한 역할을 할 가능성이 크다. 영양실조는 초경을 늦추는 결과를 낳을 수 있으며, 힘겨운 시절에는 태어나는 자식들도 더 적었다.

그러나 정반대의 난자 경제학 결과가 나올 가능성도 있었다. '좋은' 시절이어서 굶주림보다는 잔치를 더 즐길 조건이 허락되는 경우, 젊고 건강한 여성들은 더 일찍 성숙해 더 오랜 기간 더 건강한 자식들을 낳을 수 있었다. 흥미롭게도 암컷 말벌은 가임력과 자손 친화적인 환경 조건에 대해 이처럼 달면 삼키고 쓰면 뱉는 전략을 보여 준다. 말벌들은 보통 알을 낳을 적당한 장소를 찾는 데 긴 시간을 투자하지만, 그들의 기대 수명을 조작한 실험 환경에서는(가을 같은 일광 패턴을 적용하면, 봄보다 수명이 짧아진다.) 장소 찾기를 멈추고 빠르게 알을 낳는다.[3]

소녀들은 사춘기를 겪으면서 서로 가장 깊은 우정을 형성할 수도 있지만, 같은 나이 또래 여성들 사이에서 사춘기는 사회적 갈등의 시기가 될 수도 있다. 부분적으로는 소녀들이 각각 다른 비율로 한 사람이 다른 사람보다 먼저, 그리고 변화를 눈치 챌 수도 있는 남자아이들보다 앞서서 성숙하기 때문이다. 일찍 성숙하는 소녀들은 남자아이들(과 성인 남자들) 뿐만 아니라 다른 여성들로부터도 원치 않는 관심을 받게 될지 모른다. 그리고 발달이 늦은 아이들은 그들대로 힘겨운 시기를 겪을 수 있다. 다행히도 사춘기는 영원히 지속되지 않으므로 사춘기 초기의 호르몬 분출은 결국 좀 더 안정적인 리듬으로 자리를 잡는다.

엄마와 딸의 갈등

사춘기는 딸들이 부모와 벌이는 갈등이 최고조에 이르는 시기인데 특히 어머니와의 사이가 심각해진다. 어머니와 딸은 에스트로겐 수치의 스펙트럼에서 양쪽 끝에 가 있을 수 있으므로(한 사람은 약해지기 시작하고, 한 사람은 급등하기 시작할 수 있다.) 그때문에 둘의 기분과 행동 역시 양극단으로 이끌리기 쉽고, 순간적인 흥분 상태에서 서로에게 표현한 일시적인 감정도 반향실(echo chamber)에서 울리는 것처럼 들릴 가능성이 있다. 엄마/너는 나한테 관심 없잖아. 나한테 왜 그렇게 못되게 굴어? 우리 둘이 같은 지붕 아래 살지 않게 될 날이 엄청 기다려져.

현대적인 대화처럼 들릴지 몰라도, 이와 같은 고전적인 모녀 갈등은 조상들이 남긴 번식 관련 흔적일지도 모른다. 조상 소녀들은 어느 정도 나이를 먹자마자 아이들을 돌보고 가사 노동을 분담하며 보금자리에서 귀중한 도우미 역할을 담당했을 가능성이 큰데, 특히 어머니의 출산 연령이 아직 지나가지 않았을 경우에 그러하다.

일부 비인간 영장류 중에서는 어미나 다른 서열 높은 암컷들과 함께 지내는 어린 암컷들의 경우 성적인 성숙이 지연될 확률이 높다. 아마도 그래야만 그들이 집단 내에서 복종하는 도우미로 남아 있기 때문일 것이다.[4] 그러나 조상 소녀들이 어머니 곁에서 비교적 순종적으로 가까이 머물렀던 데는 (공짜로 애보기를 해 주는 것 이외에) 또 다른 이유가 있었을 것이다. 어린 시절 건강 조건도 좋고 자원도 풍부해 상당히 안정적 환경이라면 굳이 번식을 할 압력을 느끼지 않았을 테고, 성장 발달에 힘쓰고 신체를 키우는 데 더 많은 시간을 들일 수 있었을 것이다.

마침내 딸이 나이가 들어 사춘기에 도달하면, 소녀는 첫 번째 발정기의 욕망을 경험하고 본인 이전에 어머니가 그랬던 것과 똑같이 자신만의 짝 찾기에 나서 제 자식을 낳고 싶은 기분을 느낄 것이다. 어떤 이유에서건 조상들의 시대에도 본인의 번식 기회를 외면하고 뒤에 남아 가모장(家母長)과 그들의 아이들을 보살펴주는 '미혼 이모들'이 존재했을 수도 있다. 그러나 소녀들은 결국 어머니로부터 독립해 계속 나아가도록 진화했다.

사춘기는 눈물과 좌절감을 유발하거나 우정의 결속을 위태롭게 할 수도 있으며, 가장 이해심 넓은 부모들의 인내심조차 시험에 들게 할 수 있다. 그러나 여성으로서 통과 의례인 이 단계에 관여하는 호르몬은 조상 소녀들이 일단 준비가 되면 보금자리를 떨치고 나오도록 도움을 주었으며, 그것은 오늘날에도 여전히 마찬가지다.

임신의 대가: 짝짓기 정신과 엄마 정신

36세 때보다는 25세 때 임신하기가 더 쉬울 수는 있지만, 오늘날 직업에 얽매인 대부분의 여성에게는 그렇게 하는 것이 엄청 불편한 일이다. 직업 전선에 뛰어든 (그랬다가 빠져나온) 너무도 많은 여성들이 입증하듯이, 경력을 쌓는 데 최적기와 임신 최적기 사이에는 정말로 현실적인 갈등이 존재한다. 현대인의 삶은 우리 스스로 신체적인 건강부터 경제적인 능력에 이르기까지 다양한 측면에서 더 잘 준비되어 있을 때까지, 그리고 결정적으로 가정에서 도움을 줄 짝을 구할 때까지 임신 결정을 지연시키도록 우리를 부추긴다.

모성을 보류하면서 우리는 단지 난자를 수정시켜 줄 남성을 찾는 것 이상을 추구했던 조상 자매들과 대단히 똑같은 처지가 되었다. 임신 기간을 끝까지 유지하기에 더 좋은 기회가 있을 때까지 기다렸던 사람들은 '더 훌륭한 태아의 탄생'이라는 문학적 표현에 걸맞은 자식을 낳았다. 간단히 말하면, 살아남아서 잘 자라 스스로도 번식을 이어 갈 건강한 아기를 낳았다는 의미다.

나이는 더 많고 더 현명해졌으되 여전히 임신 가능

초기 현생 인류의 임신은 여성들이 20대일 때 가장 자주 발생했으며, 그 시기에 여성들은 여러 번 임신과 출산, 수유, 새로운 배란을 반복했다. 우리 조상들의 기대 수명이 더 짧았음을 감안할 때(수렵 채집인들은 40대에 사망했다.) 이것은 여성들은 아주 어린 나이에 배란을 하고 수태가 가능해지자마자 임신을 했을 것이라고 여기는 우리의 짐작에 위배된다.[5] 사실상 인류의 평균 초산 연령은 13, 14세(이것은 침팬지와 보노보의 초산 연령이며, 고릴라는 10세다.)가 아니라 19세에 더 가깝다.

임신이 가능한 매우 어린 여성들은 본인의 몸이 아직 자라고 있는 과정이므로 건강 측면에서 불리했을 것이다. 예를 들어 사춘기 동안의 면역 체계 발달, 뼈 성장, 두뇌 발달은 장기적인 생존에 지극히 중요했다. 임신한 소녀들은 당연히 자라나는 태아와 자신의 몸에 지닌 자원을 공유해야 하지만, 신체적으로 아직 성숙하는 중이므로 임신은 결국 부모와 자식 간에 자원을 두고 경쟁을 낳았을 것이다.

예를 들면 골반 뼈가 완전히 자라 성숙하기 전에 소녀가 임신을 하는 경우에도 태아는 여전히 스스로 뼈 형성을 위해 엄마 몸에서 되는 대로 영양분을 가져갈 것이다. 따라서 소녀의 골반 뼈는 정상적으로 자라지 못할 테고 좁은 골반 탓에 쉬운 출산이 불가능해진다. 임신 중인 소녀 본인의 성장과 태아의 성장에 필요한 요구가 서로 상충하기 때문에, 태어나게 될 자식은 영양 결핍과 관련된 다양한 합병증의 위험에 놓여 조산, 저체중, 심지어는 사산을 겪을 수도 있다. 이러한 유형의 모성과 태아의 갈등은 어머니와 아이 모두에게 큰 대가를 요구했을 것이다.

어린 여성들은 더 나이 든 여성들이 건강한 남성을 차지하려는 경쟁자로 그들을 바라볼 때도 불이익을 겪었을 것이다. 짝과 자원이 제한되어 있는 경우 자매애는 항상 강력한 방패막이 되지 못한다. 뿐만 아니라 더 나이 든 여성들은 당연히 물리적, 사회적 환경을 파악하는 데 어린 자매들보다 경험이 더 풍부했을 것이다. 그들은 어떤 짝이 좋은 짝인지를 포함해 번식 환경을 평가하는 기술 또한 앞서 있었을 것이다. 발정 현상 기원의 일부라고 할 수 있는 우리의 물고기 사촌들에게로 거슬러 올라가 보면, 암컷 구피들은 짝짓기 중인 수컷이 짝짓기 행동을 보이지 않는 수컷들보다 더 매력적이라고 여긴다.[6] 마치 그 수컷이 바람직하고 능력이 있다는 증거를 다른 암컷들로부터 찾기라도 하는 것 같은데, 훌륭한 유전자를 지난 섹시남을 찾는 구피들의 방식이다. 이것은 먹거리가 어디에 있는지 누가 천적인지를 발견하는 것과 마찬가지로 사회적 배움의 한 형태인데, 물론 인간도 생존과 번성을 위해 이처럼 중요한 임무에 참여한다. 그러나 이런 가르침은 시간과 함께 쌓인다. 나이가 많을수록 더 현명해질 것이다.

조상 여성이 아주 어린 나이에 짝을 선택했다면, 둘이 함께 낳은 아이들 때문에 오랜 기간, 온통은 아니더라도 아마 생식력이 허락된 생애 대부분을 그 짝에게 묶여 있어야 했을 것이다. 집단의 규모가 작은 경우 (그리고 학교 캠퍼스나 데이트 앱도 없으므로) 여성들과 남성들은 선택의 여지가 거의 없었을 것이다. 그러나 시기적으로는 얼마든지 선택할 기회가 많았을 것이다. 그렇지 않다면 우리가 번식 잠재력과 자원 습득 잠재력, 좋은 유전적 자질을 활용해 짝을 선택하는 기준을 갖도록 진화한 이유를 이해하기 어려워진다. 그러나 사회적 환경과 짝짓기 조건에 관해서 학습하기 이전에 너무 일찍 선택했다면 요행히 섹시남/좋은 아빠 자질을 모두 갖춘 드문 상대를 드물게 만나지 않는 한, 아마 여성에게 불리했을 것이다.

여성의 나이와 환경 측면에서 조건이 알맞을 때 임신하는 것은 번식의 관점에서도 조상 여성들에게 이득을 제공했다. 그리고 현대에 들어서도 시기가 알맞다고 느껴질 때까지 기다리는 것은 여전히 이지에 낫다.

진정 노력하지 않고 아기 만들기에 성공하는 법

개인적인 이유와 직업상의 이유로 모성을 30대 중반까지 보류했던 나는 준비가 되었다고 느꼈을 때도 일단 아기에 대한 열망이 없었다. 나는 극도의 아기 공포증이 있었다. 미국 임신 의학 협회(American Society for Reproductive Medicine)에서 발표한 가슴 아픈 통계에 따르면 30대 여성의 월별 임신 가능성은 약 20퍼센트라고 한다. 40대가 되면 확률은 불과 5퍼센트로 떨어진다. 특별히 힘겨웠던 어느날 내 입에서 불쑥 이런 말이 튀어나왔던 것을 기억한다. "진화의 막다른 길이 되고 싶진 않아!"

사람을 미치게 만들 것 같은 저 두 확률의 중간 어디쯤에 있을 무렵 나는 체구는 작지만 인격은 초대형이면서 카우보이 부츠를 신은 불임 전문가 봅 박사를 찾아갔고, 그는 처음부터 내가 "쌍둥이도 임신할 수 있도록" 해 주겠다고(그렇게 말하면서 그는 간호사의 옆구리를 쿡 찔렀다.) 선언했다. (그의 장담대로 되었다.) 내 경우 인공 수정이 올바른 선택이었고, 나는 내 인생을 바꾸어 놓은 아름다운 두 아이로 보상을 받았다. 그러나 임신이 특히 35세 이후에는 걱정투성이가 문제라는 점에는 의문의 여지가 없었다. 하지만 염려의 내용은 대부분 널리 입에 오르내리지만 잘못된 정보를 근간으로 하고 있기 때문에 상당수 불필요한 걱정이다. (나도 체외 수정 이후에 '헉' 하고 놀랄 일을 겪어 본 쌍둥이 엄마들을 10여 명은 만나 본 듯한데, 그것만 보아도 아기 공포증이 얼마나 부풀려져 있으며 임신 억제제 자체에 대한 불안도 과도하다는 점을 알 수 있었다.)

인터넷을 찾아보면 36~39세 여성들 셋 중 하나는 1년 내내 시도해도 임신을 하지 못한다고 말하면서, 이 나이대에 속하는 여성들을 위한 표준적인 의학 조언은 만일 6개월간 시도했는데도 운이 따르지 않았다면 '전문가의 도움'을 구하라는 것이어서, 내가 한 행동도 바로 그것이었다.

그러나 그 정보는 17세기와 18세기 프랑스 출산 기록을 바탕으로 한 것이다. 대략적으로 베르사유 궁전만큼이나 오래된 데이터가 수많은 여성들이 저마다 봅 박사를 찾아가도록 만들고 있는 것이다. 『조급한 여성을 위한 임신 가이드(The Impatient Woman's Guide to Getting Pregnant)』[7]의 저자인 진 트웬지(Jean Twenge)가 그 수치의 허상을 일깨우며 지적하듯이, 당시에는 항생제도, 전기도, 불임 치료도 없었다. 오늘날 여성의 임신 건강 관리 현황은 태양왕 루이 14세 시절에 비해 상당히 좋아졌다.

현재 데이터를 살펴본 과학자들은 36~39세 여성들이 1년 내 임신할 확률이 82퍼센트임을 확인했다. 더 어린 여성들의 확률은 더 높지만 큰 차이를 보이지는 않는다. 27~34세 여성들은 86퍼센트의 확률을 보인다. 건강한 이 수치가 불임 위기를 가리킨다고 여길 수는 없다.

임신이 얼마나 어려워질 수 있는지에 대해서 우리가 계속 성급히 결론을 내리는 한 가지 이유는 아마도 배란 주기 전체를 파악하기보다 나이에만 너무 초점을 맞추기 때문일 것이다. 임신이나 피임이 목표일 수는 있다. 그러나 어느 쪽이든, 당신이 본인의 고유한 주기 기능을 이해한다면, 당신이 원하는 대로 호르몬 지능을 이용할 수 있을 것이다.

난자 경제학의 기초: 임신성 건망증

임신 기간 동안 여성이 경험하는 신체 및 심리 변화는 잘 알려져 있다. 모유 생산과 수유를 가능하게 하는 호르몬인 프로락틴의 증가 같은 일부 아주 특정한 호르몬 변화는 일시적이다. 그러나 다른 호르몬들은 분비 기간이 덜 짧을 수도 있으며, 여성의 인지 기능 변화를 포함해 어쩌면 여성의 두뇌에 영구적인 변화를 가져올 수도 있다.

임신 초기였을 때 나는 대학교에서 학과장(나의 상사) 및 부총장(상사들의 상사)과 중요한 회의에 참석했다. 내가 중요한 직책에 임명되었기 때문에 그간 해 온 일에 관해 그들에게 보고하는 자리여서 그 과정이 사소하진 않았다. 그러나 당시 내가 바라는 것은 오로지 회의 탁자 밑으로 기어 들어가 둘둘 만 코트를 베개 삼아 낮잠을 자는 것밖에 없었다. 첫 3개월간 나는 모든 사물의 냄새를 맡을 수 있었는데, 후각이 20배로 민감해졌다. 몇 주긴 유독 나는 그저 '수상쩍다.'(그리고 '혐오스럽다.')라고밖에는 표현할 방법이 없는 뭔가의 냄새를 포착했고, 맹세컨대 그건 주방 어디에선가 나는 냄새였다. 어디였을까? 마침내 나는 냉장고 제일 안쪽 구석에 잘 숨어 있던, 작지만 부패 중인 고양이 사료 캔을 찾아냈다. 구토를 많이 하진 않았지만 그날 나는 주방 싱크대에 과자를 던져 버렸다. 비슷한 시기에 나는 사람들의 얼굴을 다른 식으로 알아보기도 했고, 이전까지는 좀 별나긴 해도 견딜 만하다고 여겼던 특정한 인물들이 죽도록 싫어 참을 수가 없었다.

이 모든 이질적인 감각이 솟아나오는 근원은 같은 곳이다. 임신 기간 동안 호르몬 지능은 면역 체계를 보호하고 위험을 회피하는 것을 포함해 몸이 새로운 위험을 더 잘 감당할 수 있도록 정신을 조율한다. 예를 들어 임신 기간 동안 높은 수치로 유지되는(규칙적인 주기로 오르내리는 것과는 반대로) 프로게스테론은 여성들이 곤한 낮잠을 즐기고 (썩은 고양이 사료같이) 역겹거나 (위협적인 개개인처럼) 위험한 것들로부터 멀어지도록 이끈다.

3장에서 프로게스테론 수치가 높은 여성들은 건강하지 못한 남성들의 이미지를 특히 매력 없다고 여긴다는 사실을 조명하는 연구를 이끌었던 나의 동료 페슬러는 임신 초기 3개월간 '향상된 역겨움 민감성'이라고 그가 용어를 붙인 현상에 대해서 궁금히 여겼다. 이 연구에서 그는 임신한 여성들에게 첫 3개월, 즉 태아가 가장 감염에 취약하고 유산의 가능성도 가장 높은 기간을 지내는 동안 전반적인 혐오감 중에서도 가장 높은 수치의 혐오감을 촉발했던 구역질 나는 대상들이 무엇이었는지(바퀴벌레, 드러난 내장, 벌레, 점액, 상처, 변기, 수간, …….) 물었다.[8] 가장 극심한 혐오감은 상한 우유를 마시는 것 같은 위험한 음식 선택과 관련이 있었다. 상한 음식으로부터 독성 세균을 섭취하면 살모넬라균이나 리스테리아균에 중독되거나 감염되어 태아의 발달에 문제가 생기거나 유산될 수 있다는 점을 고려할 때, 이것은 이해가 가는 결과다.

첫 3개월은 입덧이 생길 확률이 가장 높은 시기이며, 또한 임신 호르몬인 인간 융모막성 생식샘 자극 호르몬(human chorionic gonadotropin, hCG) 분비가 가장 높은 기간이기도 하다. 호르몬이 구역질과 구토의 원인이 되는지는 과학자들도 확신하지는 못하지만(그리고 페슬러는 자신의 연구에서 hCG를 지적하지 않는다.), 많은 이들이 호르몬의 존재와 입덧 사이의 강한 고리를 발견했다.[9] 임신한 여성이 태아 발달에 해로운 병원균을 섭취하는 것을 막는 데 hCG가 보조 역할만을 담당한다고 하더라도, 그것은 어머니와 아이를 함께 보호하는 데 이로움을 선사하는 더 위대한 과정의 일부이다.

우리집 냉장고에서 병원균을 감지하고 피하는 능력 이외에도 나는 임신 기간 동안 예전에는 문제를 겪은 적이 없었던 또 다른 상황을 경험했다. 안개가 내려앉아 뇌를 뒤덮은 느낌이 들었던 것이다.

단순히 낮잠이 필요했던 것일 수도 있겠지만, 너무 자주 멍해지는 느낌이어서 나는 집중력과 기억력이 떨어지는 것으로 악명 높은 '임신성 건망증(pregnancy brain)'에 걸린 것 아닐까 싶었다. 언제나 나는 그런 말이 시대에 뒤떨어진 미신이라고 생각했다. 진화 심리학자로서, 그리고 여성으로서, 나는 우리가 번식을 준비하고 신체적 정신적 힘을 비축해야 할 때에 굳이 자연 선택이 우리의 정신력을 약화시킬 것이라고는 좀처럼 믿을 수가 없었다.

그러나 난자 경제학에서 배우는 비용-편익 교훈이 있다. 임신을 한다는 것은 여성의 몸에 일어나는 변화 중 신진 대사 측면에서 가장 힘겨운 일에 속하며, 에너지 측면에서도 절충 거래가 이루어진다. 연구자들의 관찰 결과, 임신한 동안(출산 이후에도) 약간 기억력이 퇴보하고 인지 능력에서도 다른 양상을 보인다는 것은 주목할 만한 일이지만, 그것은 몸이 자원을 태아의 건강에 전용하기 때문에 발생하는 일이다.

엄마의 정신력이 회색 물질을 이긴다

심리학자이자 과학자인 로라 글린(Laura Glynn)은 임신한 동안 호르몬이 두뇌에 미치는 영향을 연구했고, 그 결과 임신 유지를 위해 여성의 몸 체계에 범람하는 호르몬 수치가 평소 매달 겪는(비임신 상태) 주기보다 엄청나게 더 높다는 사실을 일깨웠다.[10] 가령 에스트로겐은 30배 더 높아진다. 몸 안에서 너무도 엄청난 변화가 일어나기 때문에 뇌 기능과 실질적인 뇌 구조 등에도 영향을 미칠 것이라는 사실은 이해 가능하다.

임신한 동안 두뇌의 변화에 관해 우리가 아는 내용 상당수는 설치류 연구를 근거로 한다는 점을 지적한 글린은 인간을 연구한 최초의 과학자 중 한 사람이다. 그녀는 여성의 생애 중 특별히 호르몬에 좌우되는 이 단계가 어떻게 해서 '엄마의 정신력'을 유발하는지 알아보기 위해 250명 이상의 임신부 여성들을 연구실로 불러들여 임신한 동안과 그 후 인지 기능을 분석했다. 또한 글린은 첫 임신 때와 두 번째(혹은 세 번째, 네 번째 등) 임신 때 여성이 받게 되는 영향에 차이가 있는지도 알아보고 싶었으므로, 연구 대상에 초산 임신부와 다산(한 번 이상 출산 경험이 있는) 임신부를 모두 포함시켰다. (또한 비교를 위해 임신하지 않은 여성들의 뇌 기능도 살펴보았다.)

고전적인 단어 기억 과제를 활용한 글린의 연구에서 여성들의 기억력은 14주째 무렵(혹은 4개월차)부터 시작해 임신이 진행될수록 저하되었다. 이 시점까지는 임신한 여성의 성적과 비임신 여성의 능력 간에 차이가 없었다. 29주차 무렵부터는 두 집단 간의 차이가 더욱 뚜렷해지기 시작했다. 임신 초기의 높은 에스트라디올 수치는 기억력 과제의 낮은 성적과 연관이 있었다. 출산 후 3개월까지도 기억력에 미치는 효과는 여전히 뚜렷했으며, 다산 임산부들의 성적이 초산 임산부들보다 더 떨어졌다. (손위 형제를 한둘 둔 신생아의 엄마라면 누구라도 이 마지막 결과가 그리 놀랍지 않을 것이다.)

아니다, 혹시 그런 식으로 느껴질지는 모르겠지만, 아기가 당신의 뇌를 실제로 먹어치우지는 않는다. 그러나 여성의 두뇌 유연성이 임신 때문에 다소 변화한다는 증거는 존재한다. (임신한 여성들의 뇌를 스캔한 최근 연구에서는 회백질의 부피가 줄어든 것이 확인되었는데, 특히 사회적 인지력을 관장하는 뇌의 부위였다.)[11] 임신으로 호르몬이 폭주해 뇌가 재정비되면 기억력에 정말로 영향을 미치는 듯하다. 사실상 수면 부족, 스트레스, 우울증 요인을 제외한 뒤에도 초보 엄마들의 80퍼센트 이상은 기억력 문제를 토로한다.[12]

그러나 대부분의 연구는 이러한 기억력 손실이 언어 회상력 분야, 예를 들면 미리 제시되었던 낱말을 기억해 내는 것 등에 집중되어 있을 뿐 쇼핑 카트에서 아기를 내려놓는 것이나 주차장에서 빠져나오기 전에 아이를 차에 태우는 것을 기억하는 것과 같은 정말로 중요한 부분을 다루지는 않았음을 보여 준다. 여성의 몸이 출산과 모성을 준비하는 임신 기간 동안, 이와 같은 호르몬 변화에는 난자 경제학적 측면의 비용, 즉 약간 안개가 낀 두뇌가 수반되는 것 같다. 그러나 이제 곧 살펴보겠지만 '엄마의 정신력' 같은 긍정적 측면도 존재한다. 약간의 기억력을 내준 대신에 엄마들은 강화된 민감성과 관찰력, 공감 및 직감 능력을 향유하는데, 모두가 더 나은 부모를 만들어 주는 자질이다.

보금자리 가꾸기

임신했을 때 나는 낮잠을 자고 싶었고, 정리 정돈을 하고 싶었다! 쌍둥이들이 태어날 예정이었다! 우리에게는 아기 요람과 카시트, 아기 옷, 기저귀, 물휴지, 더 많은 기저귀, 저자극성 유기농 '클렌징워터', 아기 전용 허브 연고, 초소형 손톱깎이, 자동차에서 현관까지 여덟 걸음 거리를 위해 카시트에 바로 채울 수 있는 특수 유모차 등등이 필요했다. 나는 아기방 인테리어에 집착했고, 곧 지구에서 살게 될 귀중한 생명체들을 위해 아들이든 딸이든 '어울리도록(민트색!)' 부드럽고 아늑하며 완벽한 방을 꾸몄다. 딱 맞는 충격 방지 의자와 자궁 속 소리가 탑재된 최신식 그네, 아기용 그림책(책을 읽기에 너무 이른 나이는 절대 없으므로), 아기를 진정시키려면 어떻게 안아 주어야 하는지, 아기 울음, 모유 수유, 배변, 수면 등등 기본적인 영아 육아법에 관해서 나는 최대한 배워 두었다. 거기에 더해 아기에게 안전한 환경! 그건 필수였다! (아이들이 태어난 첫해 내내 대머리일 뿐만 아니라 주로 한 곳에서 뒹구는 뚱보에 불과한데도 나는 쌍둥이들이 태어나기도 전에 주방 수납장에 모두 유아용 안전 잠금 장치를 설치할 작정이었다.)

무엇보다도 나는 깨끗이 청소를 해야 한다는 강박을 느꼈다.

임신으로 거대하게 몸이 부푼 여성이 왜 훨씬 더 필요한 휴식의 충동 대신에 진공 청소기를 돌리고 가구를 조립하고 아기 옷장을 다시 정돈하고 싶은 불타는 욕구를 느낄까?

보금자리 가꾸기 충동은 진짜지만, 그것이 정말로 실용적인 기능일지 당신도 궁금할 것이다. 일을 하는 예비 엄마라면 출산 휴가를 예상하며 자신의 책상에서 온갖 서류 조각을 말끔히 치우고 동료들에게 엄청난 분량의 업무 인수 인계 자료를 건네고 있을지도 모르겠다. 그런 종류의 사전 준비 작업에는 다 그럴 만한 이유가 있다. 그러나 사무실을 정돈하는 것에 더해, 그녀는 아마도 라자냐를 스무 판이나 구워 냉동시켜 두고 샤워기를 통째로 바꾸고 싶어질 것이다. 아니다, 그녀는 살림의 여왕

마사 스튜어트(Martha Stewart)에게 홀린 것이 아니다. 여기에는 뭔가 다른 이유가 있다. 자식을 낳는 결과로 이어지는 발정 욕망과 함께 인간과 동물은 보금자리를 꾸미려는 강력하고도 의식적인 본능을 공유한다.

모든 종에 상관없이 생애에서 가장 취약한 시기는 탄생과 그 후의 몇 분, 몇 시간, 며칠이다. 질병과 부상, 혹은 천적으로부터 비롯되는 죽음의 위협은 갓 태어난 새끼뿐만 아니라 어미에게도 대단히 높다. 이 같은 위험을 줄이기 위한 한 가지 방법은 임신한 암컷이 보금자리가 될 장소를 손질해 안전하고 위생적인 환경으로 준비해 두는 것이다. 새들도 그런 행동을 하고 벌들도 그런 행동을 한다. (그러나 말벌들은 정말로 가능한 한 빨리 알을 낳아야 할 필요가 있을 때에는 그렇지 않다. 7장의 앞부분에서 다룬 논의를 참조하라.) 인간도 마찬가지인데, 임신 후반기 3개월간 특히 그런 현상을 보인다.

임신 기간 9개월을 셋으로 나누어 세 단계에 속하는 여성들을 모두 대상으로 한(비임신 여성들도 포함해) '보금자리 가꾸기 심리' 연구에서, 다른 여성들에 비해 7, 8, 9개월차에 속하는 임신부들이 보금자리 가꾸기 행동을 보고하는 확률이 가장 높았으며, 특히 정리 정돈, 물건 내다 버리기, 새로운 공간 만들기가 두드러졌다.[13]

앞서 다루었듯이 유산 위험이 가장 높은 처음 3개월간 여성들은 높은 수준의 민감성과 함께 질병과 연관된 인자에 혐오감을 보였다. 몇 달 뒤에는 이 같은 문지기로서의 행동이 다른 모습으로 변모해 다시 나타나는 듯했다. 새 커튼을 걸거나 집안에 페인트를 칠하고, 바닥을 닦으려는 충동은 병원균을 줄이려는, 혹은 최소한 먼지 덩어리를 줄이려는 적응 행동과 연관이 있다고 과학자들은 추측한다.

또한 임신부 여성들은 마지막 3개월간 보금자리 마련을 위해 시간과 싸움을 벌이기라도 하는 듯 에너지가 샘솟는다고 하는데, 실제로 그렇다. 이 이야기를 들으면 가임력이 높은 여성들이 더 많이 움직이고 덜 먹었던 당시 초조함이 만들어 낸 에너지와 관련된 또 다른 호르몬 단계가 떠오를지도 모르겠다. 마지막 3개월에 속하는 임신부 여성들은, 머잖아 잠자기가 귀중한 자산이 될 것임에도 불구하고 낮잠을 덜 자고 더 많이 움직이면서, 난자 경제학상 자신만의 절충 거래를 하는 듯하다.

엄마 곰 효과

임신 중 산속 오두막에서 지내던 나는 그 지역 주민이면서 곰들에게 직접 먹이를 주는 선량한 어느 여인이 갑자기 유별나게 거슬리는 느낌이 들었다. 수년간 그녀는 아무런 예고도 없이 우리 베란다에 불쑥 나타나 집안을 들여다보곤 했다. 그녀는 경계선도 없고 여과 장치도 없는 사람이었지만, 우리 가족은 딱히 해로울 것이 없어 보이는 그녀의 별난 행동에 익숙해졌다. 그런데 이젠 그 사람을 우리 땅에서 몰아내고 싶은 강렬한 충동이 느껴졌다. 하루는 평소처럼 그녀가 나타나 창문으로 안을 들여다보고 있었는데, 나는 경계하는 태도를 취했지만 평소에는 얌전한 우리 개가 마치 나의 공포를 감지하기라도 한 듯이 그녀에게 실제로 으르렁거렸다. 나중에 이웃집에서 열린 독립 기념일 파티에서 그녀가 나에게 다가와 개에 대한 불평을 늘어놓자, 나는 태어나지 않은 나의 쌍둥이들(혹은 현재 그들의 대변인인 우리 개)을 보호하려는 사람처럼 목소리를 높여 내가 품고 있던 불만을 전했다. 결과적으로 내가 했던 행동은 바로 그것이었다.

그 일이 일어났을 때 나는 임신 중반이었지만 당시 느꼈던 감정은 내가 앞으로 겪을 일의 암시였다. 임신한 여성들은 단순히 병균뿐만 아니라 천적으로부터의 위험을 피하기 위해 보호용 메커니즘을 개발한다. 임신 기간 동안 여성들은 얼굴 인식 기술이 더 예리해진다는 사실을 보여 주는 연구가 있으며, 특히 위협적으로 보이는 남성들의 얼굴에 민감하게 반응한다.[14] (한 줄로 정렬해 있는 용의자들 중에서 임신한 여성들이 다른 사람들보다 범죄자들을 더 잘 골라낸다는 사실을 알면 흥미로울 것이다.) '임신 두뇌'가 기억력에는 부정적인 영향을 미칠 수는 있겠지만, 기억력의 다른 양상이나 적어도 인지 능력은 강화할 수 있다.

우리 아이들이 아주 작은 아기였을 때 나는 쌍둥이용 유모차를 밀고 인도를 걸어가며, 아이들을 해칠 만한 것이 무엇이든 닥치면 그 대상과 아이들 사이에 나를 내던질 만반의 준비를 한 채 맹렬한 전투욕을 느꼈다. 아이들이 태어나기 전에는 반려견을 산책시키는 낯선 사람들을 보면 미소를 지으며 목례를 하거나(나는 헌신적인 개 애호가다.) 종종 가던 길을 멈추고 대화를 나누며 개들을 쓰다듬어 주었을 것이다. 그런데 이제 길에서 개를 보면 내 머리에 퍼뜩 스치는 생각이 '널 두 동강 내주겠어!'였다. 그 개가 우리 아이들을 잡아먹는 데 관심이 없다 해도 상관없었다. 수천 년간 어머니들이 그렇게 해 왔던 것처럼 나는 내 자식들을 보호하고 지키기 위해서라면 죽음도 불사하려는 심정이었다.

임신과 출산의 호르몬 변화는 워낙 변덕스럽기로 유명하며, 그 영향력은 신체의 영역을 넘어선다. 내가 직접 경험했던 것과 같은 엄마 곰 효과는 엄마 곰과 새끼 곰 사이에 끼어드는 것은 현명하지 못한 생각이라는 오래된 아이디어에서 비롯된 흔한 표현이다. 심리학 연구자인 제니퍼 한홀브룩(Jennifer Hahn-Holbrook, 과거 나의 박사 후 과정 제자이기도 하다.)은 '모성 보호 본능'을 향한 이 같은 경향을 포함해 임신과 출산 이후 분야에 대해서 광범위한 연구를 진행했다. 그녀는 엄마 곰 효과를 다음과 같이 재구성했다. 젖을 먹이는 엄마와 자식 사이에는 절대로 끼어들지 마라. 그녀의 연구는 프로락틴과 옥시토신 호르몬 수치가 높은, 젖을 먹이는 엄마들이 위협에 직면했을 때 다른 여성들보다 더 빨리 공격적이 된다는 사실을 보여 주었다.[15]

설치류 연구에서 과학자들은 미로를 달리게 하고, 억지로 수영을 시키고, 천적이나 다른 위협과 맞닥뜨리도록 구성하는 듯 온갖 노력을 기울여도 수유하는 쥐에게 스트레스를 주기가 대단히 쉽지 않음을 관찰했다. 어미 쥐들은 여전히 스트레스 호르몬 수치와 심혈관 기능의 변화를 거의 보이지 않은 채 침착함을 유지했다. 후속 연구가 계속 이어지면서 모유 수유는 스트레스를 줄여 주는 장점을 안겨 준다는 사실이 드러났다. 그러나 동시에 어미 쥐들은 모유 수유를 하지 않는 다른 쥐들보다 위협 상황에서 좀 더 공격적이고 더 빠르게 방어적인 태도를 취했다.

인간들도 같은 방식으로 행동하는지 궁금했던 한홀브룩은 세 집단의 여성들로 연구를 기획했다. 젖을 먹이는 엄마들, 분유를 먹이는 엄마들, 아이가 없는 여성들이었다. 각 참가자들은 우선 다른 연구 참가자인 척 연기하는 짜증나는 여성 연구 조교와 만나야 했다. (엄마들은 연구실로 아기들도 데려왔으므로, 엄밀히 따지면 그들의 자식도 안전하게 집에 있는 것이 아니라 위협의 반경 안에 함께 있었다.) 조교는 시끄럽게 껌을 씹고 휴대폰을 확인하고, 눈을 맞추지 않으면서 전체적으로 아주 불쾌하게 굴었다. 각 참가자들은 특정한 과제에 대한 반응 시간을 측정하기 위해 그 짜증나는 상대와 함께 컴퓨터 게임을 하게 될 것이라는 설명을 들었다. 누구든 '승자'가 '패배자'에게 폭발음을 안기게 되어 있었다.

참가자들은 혈압과 심박수, 기타 스트레스를 나타내는 지수의 기준치를 측정했다. 그런 다음 게임을 하러 각각 다른 방에 들어갔다. 현실에서 그들의 '상대'는 어떻게 반응하는지 보기 위해 참가자들에게 요란한 폭발음을 들려주도록(명목상의 상대로부터 날아온 공격인 것처럼) 설계된 컴퓨터 프로그램이었다. 참가자들은 자신이 총잡이에게 '난타'당하고 있다고 짐작했고, 자신도 폭발음을 돌려보내 반응할 수 있었다. 실험에 익숙해지도록 게임을 일단 한 번 마친 뒤, 엄마들은 아기에게 젖을 먹이거나 분유를 먹일 수 있도록 휴식 시간을 가졌고 엄마가 아닌 참가자들은 잡지를 읽었다. 그러고 나서 그들은 다시 게임을 했다. 나중에 연구진은 두 번째로 혈압과 기타 지표를 측정했다.

한홀브룩의 연구 결과는 다음과 같은 놀라운 사실을 드러냈다. 젖을 먹이는 엄마들은 분유를 먹이는 엄마나 엄마가 아닌 참가자들보다 뚜렷하게 더 길고 더 큰 폭발음을 발사했다. 처음 게임을 하면서 모든 참가자들이 스트레스 징후를 보였던 반면, 휴식 시간 이후(여성들이 아기에게 젖이나 우유를 먹인 뒤) 게임을 했을 때, 젖을 먹인 엄마들은 혈압과 다른 스트레스 지표가 가장 낮았다. 실험 공모자에게 가장 큰 폭발음을 안겨 주었던 모유 수유 여성들은 혈압이 가장 낮은 참가자로 드러났다. 차분하고. 침착하게. 그리고 나 함부로 건드리지 마라. 이 같은 결과는 스트레스 수치가 낮지만 필요할 때에는 공격력이 높아졌던 설치류 연구와 일치했다. 한홀브룩의 실험은 엄마들이 차분함을 여전히 유지하면서도 적극적이 되도록, 즉 행동하는 엄마 곰이 되도록 해 주는 모유 수유에 미치는 호르몬의 영향을 강조한다.

엄마는 그냥 안다

이른바 임신 누뇌(와 아이를 출산한 뒤에도 이어지는 엄마의 정신력)에 동반하는 호르몬들은 엄마들이 다양한 곳에서 보이는 초인적인 힘의 원천이다. 옥시토신과 프로락틴은 엄마 곰 효과를 낳는다. 앞서 보았듯이, 가임력 정점기의 높은 에스트로겐 수치는 여성들이 위협적인 상황과 인물들을 피하는 데 도움을 준다. 임신이 발생하는 경우 프로게스테론을 포함한 몇몇 호르몬의 보호 혜택은 불확실한 음식 선택을 회피한다든지, 무시무시한 상황과 인물을 멀리한다든지 해서 여성들을 도와 자라나는 태아를 보호한다.

일단 자식이 태어나면 엄마들은 무엇이 위험하고 무엇이 안전한지 결단을 내리는 데 더욱 민첩해진다. 이제는 집을 떠나 따로 살고 있는 장성한 자식을 둔 어머니들을 포함해 어떤 엄마에게든 물어보라, 그러면 대부분은 동의할 것이다. 자식의 안위에 관한 한, 뭔가 좀 석연치 않을 때 엄마들은 그냥 안다. 동료들과 나는 이 같은 현상을 연구했고, 역시나 이 경우에도 위협이 제아무리 미묘하더라도 호르몬 지능은 중요한 역할을 담당한다.[16]

인류의 초기 역사에서 질병이나 사고 또는 포식 동물로 인한 영아 사망은 오늘날보다 훨씬 더 흔했으므로 심리학적으로 이 같은 위험에 대응하며 진화적 감각이 형성되었다. 현대 세계에서는 영아 사망률이 엄청 더 낮아졌지만 모성의 민감성 중 수많은 과거 양상은 그대로 유지되고 있는 듯하다. 가령 녹음된 아기 울음 소리를 이용한 실험(여성들 본인의 아기와 낯선 아기의 울음 소리를 뒤섞어서 들려준다.)에서 엄마들은 아기가 탄생한 지 불과 며칠부터 몇 주일에 이르기까지 자신의 아기 울음 소리를 성공적으로 알아맞혔다. (아빠들의 성공률은 더 낮았다. 엄마들은 괴로워하는 자기 아기의 울음 소리를 들었을 때 좀 더 빨리 행동에 돌입할 준비가 되어 있는 것 같다.)[17]

또한 엄마들은 '산후 예방 조치'에 몰두하는 경향이 있다. 이 말을 번역하면, 나처럼 무기력한 아기와 관련된 최악의 시나리오를 염려하게 된다는 뜻이다. 건물 화재부터 광견병에 걸린 개, 가택 침입에 이르기까지 나는 실제 위기가 닥쳤을 때 어떻게 행동할지 연습하려는 사람처럼 온갖 아동 재난 영화 시나리오에 어울릴 듯한 상황을 상상했다. 예방 조치 행동의 본보기는 밤에 2시간에 한 번씩 아기가 숨을 쉬는지 확인하는 행동이다. 초보 부모 중에서 그런 행동을 하지 않은 사람이 있을까? 부모들이 느끼는 불안의 한 가지 주요 근원은 '낯선 사람의 위험'이며, 그에 관한 흥미로운 결과가 있다. 가임력 고조기 여성들이 위협적으로 인식한 남성들의 체구를 과대 평가했던 것과 똑같이(5장 「위험한 낯선 사람」 참조), 연구 결과 엄마와 아빠 모두 부모가 아닌 사람들보다 낯선 남성의 체구를 더 크고 더 근육질로 평가했다.[18]

그러므로 아빠들 역시 예방 조치 행동을 보인다는 사실을 과학자들이 확인했지만, 25만 년 동안 우리의 염려 대상이 변모했음에도 엄마들은 여전히 걱정에 사로잡혀 있다. 굶주린 짐승이 새벽 2시에 주거지에 침입해 아기들에게 군침을 흘릴 걱정은 우리도 더는 하지 않는다. 그러나 우리는 아기방에 에어컨이 너무 춥지는 않을지 걱정한다. 아기가 이불을 걷어 찼을까? 잠깐만, 이불을 너무 많이 덮어 줬나? 자다가 뒤집혀서 엎 드려 있는 것은 아닐까? 우리는 위생에 전전긍긍한다. 아기용 안전 장치에 강박적으로 집착하는 것은 아이들이 독이든 열매를 따 먹지 못하게 막으려던 과거 노력의 21세기 버전이다. 부모들은 인류가 언어를 갖게 된 이후로 줄곧 "어서 그거 뱉어!"라고 말해 왔다.

이는 전부 번식 호르몬의 소행이다. 그 호르몬들은 엄마의 뇌를 재 정비해, 가능한 한 가장 효과적인 방식으로 자식을 돌볼 수 있도록 우리 를 더 훌륭한 멀티플레이어가 되도록 만들어 준다. 엄마 몰래 뭔가를 저 지르려고 시도해 본 적 있는 모든 아이들에게는 분한 일이지만 엄마는 정 말로 뒤통수에 눈이 달려 있는 것 같다.

잘 가, 아가야······. 새끼고양이야, 안녕

성적으로 적극적이고 매혹적인 '연상의' 여성이 젊은 남성들을 호시탐탐 노리는 (그래서 그런 여성들을 가리키는 '쿠거(cougar)'라는 용어가 생겼다.) 이야기는 더스틴 호프 먼이 매니큐어를 곱게 칠한 세련된 여성 앤 밴크로프트에게 빠져드는 애송이 청 년으로 등장했던 영화 「졸업」보다도 역사가 훨씬 앞선다. 훨씬 더 젊은 남성과 위 풍당당하게 커플을 이루었었던 여성들은 역사 속에서도(남성 편력으로 유명했던 러 시아의 예카테리나 2세), 연예 뉴스에서도(마돈나, 머라이어 캐리, 데미 무어 등) 드물지 않 다. 「섹스 앤 더 시티」의 사만다 같은 캐릭터는 파이드라 왕비가 의붓아들 히폴리 토스에게 빠져 음모를 꾸몄던 고대 그리스 이후 줄곧 대중 문화의 주요 소재였 다. 록 밴드 밴 헤일런(Van Halen)은 교사에 대한 뜨거운 마음을 그린 곡 「핫 포 티처(Hot for Teacher)」를 발표했고, 시트콤 「프렌즈」의 배우(전성기 때와 거의 다르지 않은 모니카 역할의 커트니 콕스)를 기용해 인기리에 방영되었던 텔레비전 시리즈 「쿠거 타운(Cougar Town)」도 있다. 다행스럽게도 쿠거를 가리키는 또 다른 용어였던 MILF(Mom I'd Like to Fuck, 아이를 키우는 30, 40대 이상 여성이면서 성관계를 하는 애인을 둔 여성을 가리킨다. —옮긴이)는 인터넷 세계의 어두운 구석으로 사라져 버린 듯하다.

그런 여성들이 커트니 콕스처럼 생겼든, 「해럴드와 모드(Harold and Maude)」의 70대 루스 고든처럼 생겼든 모두가 단지 남성들의 환상일 뿐일까? 아니면 발정 욕망이 실제로 (갱년기를 포함하여) 가임 연령기를 빠르게 지나고 있는 여성들을 부추겨 젊은 남성들을 찾도록, 혹은 나이는 알 바 아니고 단지 전반적으로 그냥 더 많은 섹스를 원하도록 이끄는 것일까? 그러한 대중 문화의 메시지가 사회에 너무 팽배했기 때문인지, 최근 행동 과학자들은 그와 같은 의문을 파헤쳐 보았다. 그들의 과학적 호기심은 진짜였지만 쿠거의 존재는 그렇지 않다. 특정 나이의 여성들이 끊임없이 연하 남성을 선호한다는 확실한 증거는 없다.

여기에 서로 얽혀 있는 두 가지 주제. 성욕의 증가(혹은 성욕에 탐닉할 수 있는 자유)와 나이는 따로 떼어 다루어져야 한다. 몇몇 연구는 가임력이 감소하면서 여성들의 성욕이 증가할 수도 있음을 가리키지만, 여성들이 파트너와 얼마나 자주 성행위에 참여하는지 객관적으로 평가를 한 것이 아니라 주로 성욕에 관해 여성들 스스로 보고한 데이터를 바탕으로 이루어졌다.[19] 나이 때문에 여성이 임신할 확률이 매우 낮아지면, 번식을 목적으로 한 섹스에 관여할 생물학적인 목적이 사라지므로 이미 누리고 있는 쾌락의 상대와 단순히 재미로 즐기는 섹스는 목록의 상위권으로 올라간다. 나이가 든 이후에는 우리가 왜 쾌락만을 위해 섹스를 하도록 진화했는지 원인을 말하기는 어렵지만(아마도 우리가 경험하는 친밀감은 짝 결속의 연속일 것이다.) 진화의 관점에서 볼 때도 자식에 대한 목표를 버리는 것은 이해가 가는 행동이다. (어떤 이들은 여성이 아직 약간이나마 가임력이 남아 있는 경우 좋은 유전자를 찾아 나서는 마지막 임무에 내보내, 늦둥이를 보게 하는 것이 자연의 섭리라고 주장한다. 그러나 그러려면 번식상의 위험도 숱하게 뒤따른다.)

나이에 관한 한 남성들이 연하의 여성을 선택하는 것은 관심을 끄는 경우가 드물다. 그런데 나이와 함께 젊음과 미모를 잃는다는 사실을 영원히 상기해야 하는 연상의 여성들은 스캔들이 된다. 어린 남성들은 성적으로 좀 더 자유분방하고 자신보다 경험 많은 연상의 여성들을 좋아할 수도 있으며, 바로 그런 생각이 밴 헤일런에게도 버릇없이 선생님을 희롱하는 편지를 보내는 소년들의 이야기를 가사로 쓰도록 영감을 주었을 것이다. 남자는 이렇게 생각할지도 모르겠다. 그녀는 결혼과 아이에 관심이 없어. 그녀에게는 매달려 있는 줄이 별로 없어. 그러니까 (그녀가 그쪽에 관심이 있지 않는 한) 나를 옭아맬 일도 적을 거야. 그리고 현실에서도 성적으로 적극적인 연상의 여성들은 경험이 더 많고 아마도 전체적인 관계에 대해서도 더 너그러울 것이다.

출산을 해서 아이를 키웠든 아니든, 완경에 가까워지거나 접어든 여성들은 생물학적으로 '엄마의 정신력'을 활용할 일이 더 적다. '짝짓기 정신' 쪽으로 좀 더 옮겨 가는 일은 번식이라는 목표나 원치 않는 임신이라는 걱정 없이 누리는 섹스이므로 굳이 더 즐겁지 않다 해도 해로울 것이 없다. (그리고 어쩌면 유대감을 위한 기능일 것이다.)

환호하라.

완경의 가치:
가임기의 창문 닫기, 문 열기

지금 우리보다 초기 인류의 수명은 더 짧았지만[20] 아마도 20대에 대부분의 자식을 낳았을 조상 여성들은 호르몬 주기의 마지막 단계인 완경을 경험할 만큼은 살 수 있었다. 번식력이 끝난 이후에도 연장된 삶을 누리는 것은 대단히 드문 일이며, 우리의 가장 가까운 사촌인 영장류를 포함해 다른 포유동물 중에서도 거의 없다. 인간 이외 영장류들은 40대에도 출산이 가능하지만 예컨대 암컷 고릴라의 최대 수명은 54세(감금 생활)에 불과한 반면, 여성은 마지막 가임기가 지난 지 수십 년 뒤인 80대나 그 이후까지도 살 수 있다.[21]

어느 시점이 되면 인간의 배란은 멈추고 발정 현상을 포함해 호르몬 주기는 나이와 함께 변화한다. 그러나 완경은, 사회가 어쩌다가 나이든 여성들을 바라보듯이, 여성의 몸이 쇠약해져 고장이 나고 '말라 버리는' 징후와는 거리가 멀다. 그와 반대로 인생의 이 새로운 장은 풍성한 가능성과 자유로 넘쳐나며, 60대, 70대, 80대에도 놀라운 성취를 거두는 여성들은 끊임이 없다.

또한 완경은 자기 자식을 돌봤던 어머니들에게는 그들에 대한 애정을 손자들에 대한 애정으로 맞바꾸는 소중한 남자 경제학상의 단계이기도 하다. 물론 모든 완경 여성들이 다음 세대 양육에 참여하는 것은 아니다. 어머니와 성인이 된 자녀들은 서로 멀리 떨어져 살거나 사이가 틀어졌을 수도 있을 것이다. 손자들이 아예 없을 수도 있다.

그러나 인류 역사상 어느 시점에서 여성들이 호르몬 지능의 이 마지막 분출을 적절한 시기에 손자들의 양육을 돕는 데 쓰도록 진화한 데는 분명 이유가 있고, 다른 동물들이 좀처럼 경험하지 못하는 특징이다.

고래 관찰:
삶의 변화에 대해서 범고래가 아는 것

곤충을 포함해 대부분의 종은 죽기 직전까지 번식 능력이 있다. 코끼리들은 60대에도 새끼를 낳을 수 있어 '노산'이라는 용어에 새로운 의미를 부여하며, 남극참고래는 80대에도 출산이 가능하지만, 대부분의 종에서 대다수의 암컷들은 마지막 출산을 한 뒤 얼마 지나지 않아 마지막 숨을 거둔다. 최소한 그들은 장수한다. 24시간 안에 짝짓기와 번식을 하며 살다 죽는 것으로 유명한 가엾은 하루살이는 안타깝다. 연어는 알을 낳은 뒤 곧 죽는다.

물론 거미 샬롯(동화 『샬롯의 거미줄』에 나오는 캐릭터)이 돼지 윌버를 살리기 위해 기적적으로 거미줄을 자아낸 다음 새끼를 낳고 우아하게 숨을 거둔 뒤에, 샬롯의 사체에 무슨 일이 벌어지는지는 누구도 아이들에게 말해 주고 싶지 않을 것이다. 동화의 끝부분에 등장하는 샬롯의 생기발랄한 작은 새끼들은 현실에서 새로 알에서 깨어난 거미들이 그러는 것처럼 첫 끼니로 죽은 어미의 사체를 먹어치울 것이다. 순교자 콤플렉스를 가져도 될 만한 권리를 얻은 어머니가 있다면 그건 누가 뭐래도 샬롯이다. 연장된 할머니의 삶은 크든 작든 대부분의 생명체에게는 손도 닿지 않는 영역이다. 그러나 인간처럼 완경을 하는 범고래는 그렇지 않다.

과학자들은 암컷 범고래들이 마지막 짝짓기와 출산 여행을 끝낸 뒤에도 수십 년간 사는 것을 오랫동안 관찰했다. 그런데 그들은 혼자 살거나 다른 나이 든 암컷들 사이에서 살다가 사라져 죽어 버리는 것이 아니었다. 대신에 나이 든 범고래들은 새끼들 곁에서 가까이 지내며 다음 세대 양육을 돕고, 특히 먹이 자원을 찾는 데 앞장선다.

범고래들은 모계 혈통에 따라 집단 개체를 형성한다. 단일한 모계 집단 내에 1대부터 4대까지 고래들이 포함되며, 할머니, 딸, 손자, 심지어 증손자로 이루어진 모든 후손들이 살아 있는 가장 나이 많은 암컷의 혈통이다. 성적으로 성숙해진 암컷은 짝짓기를 위해 일행을 떠나지만 그 이후 일반적으로 모계 혈통 가족에게 되돌아오며, 그들의 새끼들은 다시 가모장이 이끄는 집단의 일부가 된다. 수컷들은 새끼들과 살지 않는다. 그들은 어미 곁에 머문다.

조상 여성들과 마찬가지로, 아직 생식력이 있는 어미 고래들과 성적으로 성숙한 딸 고래들은 같은 시기에 발정 현상을 경험하고 출산이 가능하다. 그러나 인간과 마찬가지로, 그와 같은 어머니와 딸의 '병행 양육(co-breeding)'은 호르몬 측면에서 지능적이지 못한 이유가 있다. 딸 고래가 새끼를 낳은 뒤 2년 안에 어미 고래가 출산을 하는 경우, 통계에 따르면 나이 든 암컷의 새끼는 사망률이 1.7배 더 높다.[22]

과학자들은 이것이 아마도 유한한 먹이 공급 탓일 것으로 믿는다. 범고래들은 먹이에 공동으로 접근한다. 그들은 함께 사냥하며 함께 먹고 자원을 공유한다. 더 어린 암컷(자기 새끼들의 생존을 보장하기 위해 자기 새끼들에게 우선적으로 먹이를 먹인다.)은 자기 어미의 자식들을 포함해 다른 암컷의 새끼들과 먹이를 공유하지 않으려 한다. 딸 고래는 자기 새끼들을 먹이고 보살피는 데 시간과 노력을 더 투자할 테고, 이런 점에서 딸 고래는 어미보다 자연히 더 강하고 빠르므로 근본적으로 어미의 능력을 넘어설 것이다. 나이 든 암컷들은 젊은 암컷들과 경쟁할 수 없다는 사실을 이해하므로, 현명하게도 딸 고래들과 집단 내의 다른 암컷들이 다음 세대를 양육하는 과정을 돕는 데 관심을 돌린다. (조상 여성들 간에도 병행 양육에 관한 대가를 치러야 하지만, 부분적으로 그것은 인간들의 경우에는 범고래들처럼 여성들이 지배하고 여성들이 뒷받침하는 집단 속에서 살지 않았기 때문이다.)

일단 성적으로 성숙해져 발정 욕망이 짝을 찾아 자신만의 자식을 생산하도록 부추기면 가족 집단을 떠나는 여성이 있다고 간주하자. 처음에는 가족이 아닌 사람들 사이에서 살겠지만, 시간이 지나 자손들을 충분히 낳은 뒤에는 대부분 자신과 혈연인 가족들 사이에서 살 수도 있을 것이다. 일단 그녀가 여러 자식들에게 둘러싸여 그들도 스스로 번식을 하게 되면, 생애의 어느 시점에서는 새로운 자식(그녀는 이들이 다시 번식력을 갖출 만큼 성숙하는 것을 볼 때까지 살지 못할 수도 있다.)을 낳는 데 시간을 투자하느니 손자들에게 관심을 기울이는 쪽으로 방향을 바꾸는 편이 이치에 맞다.

어느 쪽이든 그녀는 유전적으로 친족에게 투자를 하는 셈이다. 비록 자녀들이 그녀의 유전인자를 50퍼센트 물려받은 반면에 손자들은 25퍼센트만 갖고 있겠지만 말이다. 그것은 또 다른 거래다. 자원을 두고 경쟁을 벌여야 하고 당신이 직접 낳은 자식들이 번식력을 갖출 만큼 성숙할 때까지 충분히 오래 살지 못할 위험을 무릅쓰며 직접 자식을 낳을 것인가, 아니면 인생의 후반부에 손자들을 돌보는 방향으로 시간과 노력을 들일 것인가, 둘 중에서 할머니 노릇을 선택하는 것이 이치에 맞다.

그래서 여성들은 완경을 맞이하게 되었고 자신의 가임력보다 더 오래 살기 시작했다. 본인의 자식을 낳아 번식할 필요가 더는 없어졌지만, 보금자리에서 일손을 도우면서 전체적인 자신의 건강 측면에서도 이득을 얻었다.

'할머니' 고래들이 집단에서 자신의 우세함과 가치를 유지하는 한 가지 방편은 먹이를 찾는 데 숙달된 실력을 보이는 것이다. 새끼들, 특히 다 자란 수컷들은(이어지는 「마마보이로 사는 것의 큰 대가」 참조) 장기간 어미에게 의존하며, 어미는 중요한 먹이의 원천인 연어뿐만 아니라 다른 사냥감을 찾는 데 최고의 지식을 갖고 있다. 나이 든 암컷들은 사냥법을 알고 있으므로 먹이 사냥에 앞장을 서고 그 지식을 어린 암컷들에게 전수한다. 21세기 인간 할머니들은 자식과 손자 들에게 간식 꾸러미를 보내 점수를 따지만, 범고래는 새끼와 손자 고래 들을 위해 먹이의 위치를 찾아주고 다세대에 걸친 생명선을 제공하며 후손들이 진화의 막다른 길에 놓이지 않도록 돕는다. (하지만 내 주변 어디에나 있는 손자들을 대표해서 할머니들께 한마디하겠다. 수제 쿠키는 계속해서 보내 주세요.)

마마보이로 사는 것의 큰 대가

나이 든 암컷 고래들은 수컷 자손들의 생존을 보장하고자 독특한 역할을 수행하는 것 같다. 범고래 새끼들 중 성적으로 성숙한 암컷들은 짝짓기 때가 되면 일시적으로 모계 혈통 집단을 떠나기도 하지만, 아무튼 새끼들은 먹이를 찾아주는 어미에게 오랜 세월 의존한다. 수컷들은 어미 고래가 폐경에 접어든 뒤에도 장기간 어미 곁에 머무는 것으로 알려져 있다. 하지만 불행히도 대학 졸업 후에도 지하실에서 얹혀사는 아들 같은 수컷 고래의 운명은 장수로 이어지지 못한다.

수컷들은 어미에게 너무 의존해 살기 때문에 수컷 고래의 치명률은 어미의 죽음과 함께 치솟는다.[23] 암컷에 비해 수컷은 30세 미만일 경우 어미가 죽은 뒤 1년 안에 죽을 확률이 3배나 높다. 나이가 들수록 곤경은 더욱 악화되어, 30세가 넘는 수컷의 경우 그 확률은 8배로 늘어난다.[24] (암컷 범고래는 인간처럼 40대에 번식을 중단하고 그 이후로도 수십 년간 살 수 있다.) 하지만 그 점을 역으로 해석해도 사실이다. 어미 고래가 오래 살수록, 특히 가임 연령을 넘겨서 오래 살수록 아들 고래도 더 오래 살기 때문에 더 오래 짝짓기가 가능하고 더 많은 새끼들의 아비가 될 수 있다. (그는 어린 시절부터 살던 방에서 지내지만 다른 집단 출신의 발정기 암컷과 외박도 할 것이다.)

수컷들의 수명을 강화함으로써 고래를 살리는 문제에 관한 한, 혜택의 열쇠는 오래 사는 어미들에게 달렸고, 따라서 폐경 역시 중요한 역할을 한다.

할머니 돌봄의 선물

앞서 언급했듯이 인간을 제외한 대부분의 영장류는 폐경을 경험하지 않는다. 인간과 침팬지는 40대에도 출산을 할 수 있지만, 예컨대 야생 침팬지는 그 나이대에 이르면 약해지고 노쇠해 50대 이상까지 사는 일이 드물다. 보노보와 고릴라, 오랑우탄은 더 오래 산다. 그들은 상대적으로 50대 초반과 중반, 후반까지 살 수 있지만, 자연 환경에서는 그 나이를 넘겨 사는 일이 드물다.[25]

물론 야생에서 살아가는 영장류의 수명과 의술 및 믿을 만한 음식 공급을 포함한 현대적인 편리함 속에 살아가는 인간의 수명을 비교하는 것은 사과를 오렌지와(혹은 원숭이를 사람과) 비교하는 것처럼 보일 것이다. 그러나 과학자들이 오늘날까지 남아 있는 수렵 채집인 부족들, 수천 년 전과 똑같은 방식으로 살아가는 동아프리카의 하드자(Hadza) 족 같은 사람들의 기대 수명을 살펴본 결과, 인구의 약 75퍼센트가 45세를 넘기고 50대와 60대까지 살았음을 확인했다. 그들의 기대 수명이 현대 서구인들보다 짧은 것은 사실이지만, 3분의 1 이상의 하즈다 족 여성들은 가임력이 끝난 이후에도 오래 살면서 완경에 접어들어 많은 경우 할머니가 되었다.[26]

과학자들은 내가 앞에서 잠시 언급했던 '할머니 가설', 즉 번식 가능한 연령을 넘어 살아가는 여성들이 다음 세대 양육을 도움으로써 종의 생존에 기여한다는(적어도 자신이 속한 가족의 파생에는 기여한다는) 가설 같은 장수의 진화론적 측면을 조사하기 위해 하드자 족을 비롯해 아체(Aché) 족과 !쿵(!Kung) 족 등 몇 안 되는 다른 부족들을 연구했다. 나이든 여성들이 집안에서 어느 정도까지 자식들의 양육을 도울 수 있다면, 더 많은 자손이 생기거나 스스로 번식할 수 있는 성인기까지 생존하는 자손들이 더 많아져서, (진심을 다해 바라건대) 자신의 유전적 유산의 일부인 훌륭한 유전자와 함께 더 많은 후손들이 이어질 것이다. 할머니가 곁에서 어린 아이들을 돌봐주는 동안 어머니는 새로운 임신을 유지하고 이어서 신생아 키우기에 집중할 수 있을 것이다.

조상 시대에 할머니가 맡았을 진짜 임무는 젖을 뗐지만 스스로 사냥과 채집에 나설 만큼 나이를 먹지는 못한 아이들을 먹여 살리는 일이었을 가능성이 크다. 과학자들은 현대를 살아가는 하드자 족의 경험이 과거 조상들의 삶을 반영하고 있다고 믿는다. 하드자 족은 덩이뿌리 식물에서 영양분을 섭취하는데, 이 식물은 대체로 메마른 돌투성이 땅에 깊숙이 파묻혀 있는 질긴 뿌리채소다. 아이도 딸기류나 부드러운 열매를 따 먹을 수 있지만, 단단한 땅에서 덩이뿌리를 캐내는 것은 도구를 사용할 줄 아는 더 크고 힘센 사람만 가능하므로, 바로 그 일이 시간 많은(손에 예리한 땅파기 도구도 들고 있었을) 할머니들에게 주어진 임무였다. 하드자 족 남성들과 사내아이들이 사냥으로 잡은 고기와 잘라낸 벌집, 나무 밑동에서 따낸 또 다른 귀중한 먹거리 자원을 구해 집으로 돌아오는 동안 여성 노인들은 딸의 가족을 위해 덩이뿌리를 찾아 먹거리 공급을 대체하는 것으로 알려져 있다.

완경은 조상 여성들이 가임 연령 이후에도 계속 생산적인 존재가 되도록 방법을 제공했다. 우리는 더 오래 살도록 진화했기 때문에 손자들을 돌보아주면서 다음 세대에도 확실하게 우리의 유전적 유산을 전달할 수 있게 되었다고 말해도 좋을 것이다. 안면 홍조증에 좀 시달리기는 하지만, 거미 샬롯보다는 우리가 형편이 더 낫다.

난자 경제학 심화 단계: 중간 고사와 기말 고사

여성의 생리가 1년간 완전히 끊기기 이전까지는 폐경으로 여기지 않는다. (정말이지 완경이라고 불러야 맞다.) 연이어 4개월간 생리가 없다? (그리고 임신도 아니다?) 생리가 다시 시작되면 그건 아직 폐경이 아니다. 9개월간 아무 일도 없다가 강렬하게 이틀간 생리를 했다? 더 가까워지기는 했지만 여전히 폐경은 아니다.

생리 전 증후군의 반대편 끝이라고 할 수 있는 폐경 전후 증후군의 갱년기 특징은 신체적인 불편(안면 홍조, 질 건조증, 수면 장애)과 두드러진 기분 변화(성욕 감퇴와 함께)를 동반한다. 모든 것이 호르몬과 관련된 증상이며, 공포스러운 이야기가 끝도 없이 들려온다. 매일 밤 잠자리에서 뒤척이는 동안 침대 시트가 푹 젖을 정도로 땀을 흘릴 거야……. 너도 '거기 아래쪽'이 그야말로 메말라 버릴걸……. 배에 군살이 붙어서 임신 4개월처럼 보이게 돼……. 콧수염이 자라나고 '잘생긴' 여자가 될 거야……. "당신도 알다시피 인생은 끝났어."라고 말하는 듯한 기사를 읽다 보면, 당신 마음 한구석에서 차라리 하루살이와 동급으로 취급받는 게 당연하지 않을까 궁금해질지도 모른다.

그렇다, 완경이 가까워져 결국 그 단계에 접어들면 당신의 몸이 변화하게 될 것이며 어쩌면 당신의 뇌도 마찬가지다. 그러나 여성들이 새로운 호르몬 단계로 이동하면서 겪는 대다수의 경험은 성별과는 상관없는 단지 인간의 노화 현상의 일부이며, 가임기 여성들이 풍부하게 갖고 있는 특정 호르몬이 사라져 버리기 때문만은 아니다. 과장 광고에 휩쓸린 대중이 사실이라고 떠들어대고, 여성의 건강에 대한 연구 부족으로 정보가 부족할 때, 모든 나이대의 여성들은 손해를 본다. (호르몬 치환 요법과 몇몇 피임약의 일부 성분이 심장병 위험을 높이는 것은 사실이지만, 그런 '호르몬 해킹(hormone hacking)'은 다음 장에서 다룰 주제다.)

그래도 완경은 인간의 성 호르몬이 얼마나 강력한지 상기시켜 주는 존재이며, 여성들에게만 해당되는 것은 아니다. 인간의 생애에는 멀리서 봤을 때(그리고 옷을 입고 있을 때) 남녀를 구분하기 어려운 시기가 두 번 있는데, 아이들이 어릴 때와 어른들이 노인이 됐을 때다. 똑같은 머리 모양에 비슷한 옷을 입었을 때 여자아이와 남자아이의 차이를 설명하는 것이 얼마나 어려울지 생각해 보라. (내가 6세 때 엄마는 내 머리를 숏커트로 잘라

주었는데, 난 이미 '남자' 이름까지 갖고 있었으므로, 그건 내가 확실하게 증언할 수 있다.) 에스트로겐과 테스토스테론이 줄어들었을 80세로 빨리 감기를 해 보자. 얼굴 생김새는 덜 여성스럽거나 덜 남성스럽게 보일 것이고, 사춘기 이전처럼 목소리도 서로 구분하기 어려워질지 모른다. 어린 시절과 노년 은 뭔가 공통적인 것이 있다. 성 호르몬의 결핍이다.

완경은 여성들의 수명을 가임기 이후로 늘어나게 하지만, 안면 홍 조증이나 불면증 같은 부작용을 난자 경제학적 거래로 재구성하지 않는 한(나는 회의적이다.), 우리가 왜(혹은 만일) 그런 일부 증상들을 갖도록 진화 했는지 확실히 단언할 수가 없다. 다수의 연구는 가임력이 높은 여성들이 완경 여성들보다 남성적인 외모를 더 선호하지만, 완경 여성들은 훨씬 더 어린(짐작컨대 가임력이 있는) 여성들보다 광범위하게 '귀여운' 생김새의 남 녀 아기 얼굴에 더 끌린다는 사실을 보여 준다.[27] 연구자들이 붙인 용어대 로 '귀여움 차별'에 관한 한 연구에서, 53~60세 여성들은 16~26세 여성들 과 비교할 때(이 여성 중 어머니는 없었으므로 나이 효과인 듯하다.) 전통적으로 사랑스럽다고 여겨지지 않는(사랑스럽다고 하면, 큰 눈에 통통한 뺨, 동글동글한 천사 같은 얼굴을 생각하면 된다.) 아기 얼굴에 좀 더 너그러움을 보였다.

그러므로 이번 난자 경제학 사례에서, 할머니는 자신의 신체에서는 에스트로겐과 관련된 혜택을 일부 잃을지 몰라도 심리적으로는 다른 아 기들을 좀 더 받아들이는 능력을 얻는다. 여기서 그녀는 본인의 자식이 아닌 자손에 대해서도 잠재적으로 더 넓은 포용력을 지닌다. 그렇게 되면 만일 그녀가 확대 가족의 친지를 돌보는 경우(혹은 친족의 보금자리에서 일 손을 돕는 다른 가족의 아이여서 심지어 자신과 혈연으로 전혀 이어지지 않은 자손 의 경우에도) 더 훌륭하고 헌신적인 도우미가 될 수 있을 것이다. 생물학적인 엄마는 아기를 보호하고 젖을 먹이면서 밀접한 거리에서 아기와 배타적인 유대를 쌓지만, 할머니는 특히 모유 수유 면에서 엄마와 똑같이 친밀한 유대 메커니즘을 지니지 못한다. 여기서 아마도 환경은 할머니들에게 장밋빛 안경을 선사함으로써 심지어 ET처럼 생긴 아기들까지도 귀엽게 보고 그들이 생존해 잘 자라날 수 있도록 도와주는 진화론적인 뒷받침을 제공할 것이다. "엄마만 사랑할 수 있는 얼굴이라고?" 모든 할머니들이 사랑해 줄 얼굴에 더 가까울 것이다.

우리는 처음 사춘기가 시작될 때부터 임신과 모성을 거치기까지 발정 호르몬의 생애를 경험하며, 그 길을 따라 걸어 노년으로 향해 가야 한다. 이 세 단계의 공통점에서 한 가지 약간 안타까운 점은, 골치 아픈 생리, 임신의 우여곡절(혹은 결핍), 우리를 여성으로 만들어 주는 바로 그 가임력을 잃어버린다는 사실을 떠올리게 하는 환경에 이르기까지 우리가 염려하거나 두려워할 이유가 충분한 호르몬 단계의 신체적 측면에만 여전히 초점을 두는 경향이 있다는 사실이다.

그러나 평범하고 건강한 호르몬 단계를 해결해야 할 문제나 진정시킬 필요가 있는 증상으로 얼룩진 것처럼 바라보는 것은 오해다. 분명 단계마다 고유한 어려움이 있지만(그리고 우리는 혼자가 아니다. 남성들도 고난의 길을 걷는다.), 여성 호르몬의 밀물과 썰물과 흐름으로 생겨날 가능성이 있는 깊은 즐거움 역시 각 단계에 대기하고 있다. 앞으로 알게 되겠지만 사실 자연스러운 주기에 우리가 너무 많이 개입하면, 우리가 여성으로서 인생을 잘 헤쳐나가도록 도와주는 호르몬의 역할을 방해하고 우리의 호르몬 지능을 부정하는 꼴이 된다.

8

호르몬 지능

여성이라면 의도적이든 의도적이지 않든, 인생의 어느 시점에서 발정 현상을 포함해 자신의 자연스러운 호르몬 주기를 방해하게 될 것이다. 가령 임신은 생리를 건너뛰는 유일한 이유가 아니다. 생리는 극단적이거나 갑작스러운 신체적, 감정적 스트레스, 급격한 체중 감소(혹은 체중 증가), 질병, 환경의 독성 물질, 혹은 모유 수유 같은 조건 변화 탓에 늦어지거나 중단되거나 완전히 끊길 수도 있다. 가장 두드러지게는 주요 성 호르몬의 균형에 변화를 주어 인체에서 자연스럽게 일어나는 변화를 인공적으로 일으키는 호르몬제 피임약이나 호르몬 치환 요법의 사용으로도 주기가 달라진다.

자신도 모르게, 혹은 의도적으로 그와 같은 '호르몬 해킹'을 시도하는 경우 우리에게 내재된 호르몬 지능에는 잠재적인 단절이 발생하며, 특히 성적 행동과 짝 선택에 관한 전략적 결정을 내리는 능력에 혼란이 벌어진다. 만일 어느 여성이 발정 현상을 경험하지 못하고 그것이 가져오는 진화론적 혜택을 누리지 못한다면, 그녀의 호르몬 지능은 여전히 위력을 떨칠까, 아니면 타협을 하게 될까? 결국 대자연의 섭리를 방해하면 영향을 받을 수밖에 없을 것이다.

아무리 강력한 호르몬이라 하더라도 인체에서 생성되었든 제약 회사 연구실에서 만들어졌든 상관없이 한 가지 면에서는 제약이 있다. 인간의 발정 현상 존재와 그것이 진짜 있음을 확인하는 연구 과정에서 우리는 여성들이 엄격한 호르몬의 통제를 받지 않도록 진화했으며, 본인의 자유의지를 갖고 있어서 만일 자신의 유전자를 영속시키려는 선택이 아닌 경우라 해도 개인의 생명에 도움이 되는 전략적인 선택을 할 수 있도록 진화했다는 사실 또한 발견했다.

여성이 주기를 깨려는 선택을 하더라도, 혹은 어떤 이유로든 주기가 깨졌더라도 모든 여성들은 여전히 평생 동안 호르몬 지능을 지닌다. 그것을 어떻게 휘두를 것인지 그 선택은 본인에게 달려 있다.

모든 호르몬 해킹의 어머니, 피임약

거의 80퍼센트에 달하는 여성들이 선택하는 발징 현싱 방해의 유형이 있으니, 그것은 바로 호르몬제 피임약이다. 알약의 형태로 섭취하는 경우가 압도적이지만, 관련 호르몬, 즉 다양한 종류로 합성 에스트로겐과 프로게스테론(프로게스틴(progestin))은 임플란트(성냥개비 형태로 가는 관 모양 기구를 팔에 삽입한다. ─ 옮긴이)나 고리(질 내 삽입하는 고리형 피임 기구를 의미하며 자궁에 삽입하는 루프와는 다르다. ─ 옮긴이)를 통해 체내에 흘려보낼 수도 있고, 국소용 패치를 붙여 흡수시키거나, 주사로 주입할 수도 있다. 올바르게만 사용되면 에스트로겐-프로게스틴 조합의 피임약과 그 사촌들(즉 고리 형태의 기구)는 임신을 막는 데 엄청나게 효과가 뛰어나다. 또한 발정 현상과 관련된 호르몬 주기를 예방하거나 현저하게 축소한다.

내 연구실에서 수행했던 연구를 비롯해 이전 장에서 조명한 다수의 연구에서 호르몬제 피임약을 사용한 여성들은 연구 참가자로 선정하지 않거나 별도로 결과를 분석했다. 호르몬제 피임법은 여성의 짝 선호도에 영향을 미칠 수 있다고 믿을 만한 합당한 이유가 있기 때문이었다. 발정 현상과 관련된 여성들의 행동('배회하는' 행동의 증가, 좀 더 노출이 많은 의상 선택, 좀 더 경쟁적이 되는 등의 행동)뿐만 아니라 타인들에게 그런 여성들이 어떻게 인식되는지(매력적으로 보이고, 체취가 좋다.)에 관해 수년간 연구해서 얻은 다수의 결론은 '가임력이 높을 때'(이 책에서 당신이 수도 없이 반복해서 보았을 문구다.)에 여성이 어떻게 생각하고 행동하는가를 기초로 한다.

그러나 호르몬제 피임약은 정확하게 가임력을 억제해 결국 임신을 중단하기 위해 고안되었으며, '가임력이 높은' 수준을 없애는 것이다. 달리 말해 어느 여성이 피임약을 선택한다면 그녀는 배란 주기의 변화를 포기하는 것이다. 에스트로겐-프로게스틴 형태의 경우에는 전형적인 호르몬 변화를 일으켜 발정 현상의 원인이 되는 되먹임 회로가 사실상 지워져 버리므로, 어느 면에서 그 여성은 이제 '호르몬에 좌우되는' 사람이 아니다. 이어지는 페이지에서 호르몬제 피임약의 발정 현장 중지 효과를 언급할 때는, 프로게스틴 성분만으로 이루어진 미니 경구 피임약은 제외시킨 조건이며, 프로게스틴 성분만 있는 행태도 마찬가지다. 프로게스틴 성분만 든 피임약 사용자의 40퍼센트는 계속해서 배란을 할 수도 있으며 그 문제는 나중에 별도로 논의하겠다. 어떤 약인지에 따라 결과가 다르므로, '피임약'이 발정 현상을 중단한다고 말하는 것은 부정확하다.

에스트로겐-프로게스틴 성분의 피임약으로 호르몬 주기가 근본적으로 지워지기 때문에 일부 연구자들은 이런 형태의 피임약을 사용하면 여성의 매력도에 영향을 미쳐서, 유전적으로 흠이 있는 짝을 선택하고(그리하여 미래의 자손을 위험에 처하게 할 수 있다.), 특히 장기적인 파트너와의 관계에 문제가 유발될 수도 있다는 극단적인 주장까지도 펼쳤다. 이러한 주장은 논란이 많은데, 편리하고 효과 좋은 피임약 사용에 관해서, 써도 망하고, 안 써도 망한다는 고정된 프레임에 여성들을 어느 정도 가두기 때문이다. 또한 여기서도 여성들이 엄격하게 호르몬의 통제를 받는다는 암시가 풍긴다. 심지어 호르몬에 좌우되는 상태를 박탈당한 상태에서도! 이제부터 당신도 알게 되겠지만, 결과적으로 사연은 그리 간단하지가 않다. (그리고 그 사연을 풀어 나가는 도중에 등장하는 일부 주장은 완전히 틀린 것일 수도 있다.)

임신하지 않는 법

호르몬제 피임약은 두 가지 주요 분류로 나뉠 수 있다.

❶ 에스트로겐과 프로게스틴의 복합 성분이 이루어진 피임약.
◆ '조합형 알약': 매일 복용, 21일간 호르몬제 섭취에 이어 7일간 '성

분 없는' 대리약(월경을 통해 몸이 잠시 주기를 회복하도록 함).[1]

◆ 피부용 패치: 21일간 착용하다가 1주일간 떼어 버린 뒤(생리) 새 패치로 교체.

◆ 질에 고리형 피임 기구 삽입: 21일간 삽입 후 7일간 제거했다가(생리) 새 고리로 교체.

❷ 프로게스틴 성분만으로 이루어진 피임약

◆ 미니 알약, 이런 이름이 붙은 이유는 크기가 초소형이라서가 아니라 한 가지 호르몬 성분만 들었기 때문이다. 또한 미니 알약에 든 프로게스틴의 양이 조합형 알약에 든 성분보다 상당히 적다. 21일간 매일 복용, 7일간 복용 중단(생리).

◆ 자궁 내 피임 기구(IUD): 자궁 내 어디든 삽입해 3년에서 5년간 유지(호르몬제를 이용한 IUD는 호르몬과 상관없는 구리 재질의 피임 도구인 루프와 혼동하지 말 것).

◆ 주사: 3개월간 효력 지속.

◆ 성냥개비 크기의 임플란트: 위쪽 팔뚝에 삽입해 4년까지 유지.

논의는 '피임약'에 집중되겠지만, 피부에 붙이는 패치와 자궁 내 피임 기구, 주사, 임플란트는 경구 피임약과 똑같은 메커니즘으로 임신을 예방한다.

에스트로겐-프로게스틴 피임약은 배란을 중단시켜 임무를 완수한다. 난소는 수정을 위한 난자 배출을 중단하고, 자궁 내벽은 얇아져서 혹시라도 '떠돌이' 난자가 자리를 잡기 어렵도록 만든다. 그리고 혹시라도 난자가 가까스로 빠져나와 나팔관을 거쳐 자궁까지 도달하는 경우, 프로게스틴은 자궁 경부 점액질을 진하게 만들어서 정자가 난자로 들어오는 것을 막는다. 이와 같은 이중 방어막을 뒷받침하는 원리는 단순하다. 이상적으로 말해서 에스트로겐은 아무것도 빠져나가지 못하도록 하고 프로게스틴은 아무것도 들어오지 못하도록 막는다.

프로게스틴 성분만 든 피임법의 경우 일부 여성들에게는 배란이 중단될 수도 있지만 40퍼센트의 확률로 배란이 이루어진다고 보고된다. 임신을 예방해야 한다면, 프로게스틴의 도움으로 정자를 줄이는 자궁 경부의 버뮤다 삼각지가 대단히 중요해질 수밖에 없다.

호르몬제 피임약이 없을 때에는 자궁 경부의 점액질 농도가 배란 주기에 따라 변한다. 가임력 고조기가 다가오면 자궁 경부 점액질은 농도가 흐려지고 양이 많아져서 정자를 위해 생화학적인 자양분을 제공해 나팔관에서 난자를 기다리며 며칠간 살 수 있다. 수정이 쉬워지도록 점액질은 더 미끌미끌하고 점성이 높아저(전문가들은 달걀흰자 같다고 표현하기를 좋아한다.) 정자가 난자에 도달하기까지 쉽게 이동하는 환경을 만든다. 또한 자궁 경부 점액질은 구조적으로 비정상적인 정자를 걸러 낼 수 있다. (고급 나이트클럽의 문지기 같은 역할이다. "넌 잘생겼네, 들어가. 안 돼, 넌 이상하게 생겨서 환자 같아, 나가 줘.")

그러나 미니 알약 같은 프로게스틴 성분만으로 만들어진 피임제는 자궁 경부 점액질을 갑자기 벽돌 담장이나 모래밭으로 변하게 만들 수도 있다. 논의한 대로 프로게스틴은 자궁 경부 점액질의 농도를 높여 정자의 여행을 중단시킨다. 정자가 바리케이드를 쳐부수고 난자에 도달하려고 애를 써도 실패한다. 조금이라도 진척을 보인 정자가 있다고 하더라도 자궁 경부 점액질에 둘러싸인 정자는 두 번 다시 소식을 전하지 못한다. 프로게스틴 대 정자의 싸움? 상대가 되지 않는다. 녀석들은 자살 특공대 임무에 나선 셈이다. (피임약을 사용하지 않더라도 기분 좋게 아기를 만드는 날에 배출된 수천만 개의 정자 대부분은 죽는다. 모든 것을 차지하는 승리자는 하나뿐이다.)

에스트로겐-프로게스틴 복합제나 프로게스틴 단일 성분의 피임약이 갖는 부작용은 일부 여성들에게 복합제 알약을 먹을 것인지 미니 알약을 먹을 것인지 선택하는 결정 요인이 된다. 미니 알약은 프로게스틴 성분이 소량이기 때문에 약효가 복합제만큼 '강하지' 않으며 발정 현상에 미치는 영향력도 약하지만, 에스트로겐 성분이 든 복합제 알약과 달리 혈전이나 뇌졸중, 심장병과 관련이 없기 때문에 어떤 이들은 미니 알약을 더 선호한다. 또한 프로게스틴은 복합제 알약보다 흡연자들에게 좀더 안전하며, 모유 생산에 영향을 미치지 않으므로 수유하는 사람들에게도 더 나은 선택이다. (그렇다, 모유 수유는 배란을 억제하므로 자연 피임의 형태가 되지만, 언제나 그러는 것은 아니다. 터울이 12개월 미만이고 특히 같은 해에 태어난 형제자매를 '아일랜드 쌍둥이(Irish twins)'라고 부르지만 그들이 늘 아일랜드 인이라는 법은 없고, 절대 쌍둥이도 아니다. 모유 수유와 수유가 호르몬 주기에 미치는 영향에 대해서는 이 장의 후반부에 나오는 「작고 굶주린 해커: 출산과 모유 수유」를 참조하기 바란다.)

다른 모든 약들과 마찬가지로 경구 피임약의 상표와 명칭뿐만 아니라 통칭 역시 수없이 많으며, 모든 제품에는 부작용의 가능성이 있다. 여성의 병력과 현재 건강 상태가 별 문제 없고, 여성 본인이 선호하는 제품이 없는 경우, 의료인은 단순히 자신에게 가장 익숙한 상표(혹은 약품 유통업체가 가장 설득력 있게 판매한 제품)를 처방할지 모른다. 지시대로 복약하는 경우 두 종류의 약은 똑같은 피임 효과를 나타낸다. 그러나 둘의 유사성은 거기서 끝이다. 복합제는 '가임력 고조기' 단계 및 그와 관련된 행동을 없애 버리기 때문이다.

에스트로겐-프로게스틴 호르몬제 피임약 탓에 발정 스위치가 꺼져 버리는 이유는 대부분 3장에서 배란을 위한 무대 감독 역할을 했던 성선 자극 방출 호르몬(GnRH)이 뇌에서 더는 분비되지 않기 때문이다. 성선 자극 방출 호르몬은 수정에 적합한 건강한 난자를 배출하고 유지하는 역할을 하는 난포 자극 호르몬(FH)과 황체 형성 호르몬(LH)이 맨 처음 결정적으로 증가하도록 자극한다. 성선 자극 방출 호르몬이 없으면, 난포 자극 호르몬과 황체 형성 호르몬은 여전히 시스템 내에 존재하기는 하지만, 배란이 발생하지 않기 때문에 주기 내내 평평한 수준을 유지한다. 마찬가지로 주기 내에서 자연스러운 오르내림을 보이던 에스트로겐과 프로게스테론은 평평한 모양의 에스트로겐 수치와 고원 모양의 프로게스틴 수지로 대체된다. 다음 그래프에서 위쪽(a)은 정상적인 주기를 나타내고 아래쪽(b)은 복합제 알약으로 변형된 주기를 나타낸다.

복합제 피임약은 배란과 발정 행동을 방해한다. 부작용이나 병력에 근거해 의식적인 결정을 내린 것이 아닌 한, 여성들이 처방전대로 약을 지으며 경구 피임약의 차이점을 고려할 가능성은 거의 없다. 여성들이 다음과 같은 질문을 던질 가능성 또한 희박하다. 호르몬 복합제 알약(혹은 다른 종류의 에스트로겐-프로게스틴 성분의 피임약)은 여성들의 호르몬 지능을 어느 정도까지 무디게 만들어서 성적, 사회적 운명을 선택하고 결정하는 여성들의 전략적 행동에 얼마나 영향을 미칠까? 이 질문과 함께 몇 가지 가능한 해답을 탐구해 보자.

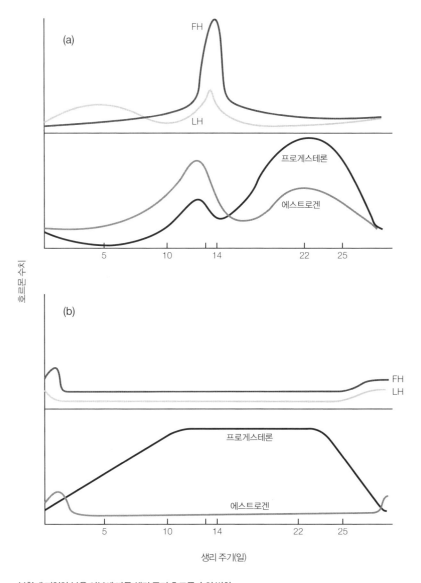

복합제 피임약 복용 여부에 따른 생리 주기 호르몬 수치 변화.

약 복용 중의 짝 쇼핑: 나와 똑같은 남자 찾기

발정 욕망은 여성들이 좋은 유전자를 지닌 잠재적인 짝을 찾도록 부추길 수 있다는 사실을 감안할 때, 발정 현상을 방해하는 호르몬제 피임약을 먹으면 여성들이 짝 찾기를 아예 취소할 것이라고 결론을 내리기 쉽다. 그것은 최소한 일부 과학자들의 주장이며,[2] 건강한 자식을 낳으려고 할 때 피임약이 문제적일 수 있다는 본보기로 지적하는 사실이다. 이 이론은 에스트로겐-프로게스틴 피임약을 복용하는 여성들이 유전적으로 너무 자신들과 유사해서 유전적으로 어울리지 않는 남성들에게 이끌린다는 일부 연구 결과를 바탕으로 한다.

6장에서 주조직 적합성 복합체(MHC) 유전자의 역할(6장 「키스키스, 뱅뱅」 참조)과 함께 왜 상이한 MHC 유전자를 지닌 부모가 더 건강한 자식을 낳는지 설명했다. 양친에게 물려받은 상이한 MHC 유전자는 자식의 면역 체계를 강화해 질병이나 기형 같은 근친 교배의 부정적인 결과를 줄인다. 권력을 집중하기 위해 근친혼을 하고 친족 간 부부를 양산했던 스페인 왕실 가족을 그린 고야의 유명한 그림을 보면, 유사한 MHC 유전자 결합의 결과가 왕족들의 화려한 실크와 새틴 옷을 입고 있는 모습을 확인하게 될 것이다. 그러나 왕궁의 음모를 젖혀 두더라도, 어째서 인간 여성들이 위험하게도 자식의 아버지가 될 사람으로 자신과 유사한 유전자를 지닌 남성을 찾도록(그래서 자식들의 건강을 위태롭게 만들도록) 프로그램되었는가, 질문하지 않을 수 없다.

한 가지 이론은 피임약이 배란을 중단하면서 몸을 초기 임신 상태와 유사한 상태로 만들어, 특히 주기를 반으로 나누었을 때 하반기 동안 프로게스테론 수치가 특별하게 높은 상태로 만든다는 점을 근거로 삼는다. 몇몇 과학자들은 프로게스테론 수치가 극단적으로 높아지고 가장 취약한 상태인 임신한 여성들이 낯선 사람들보다는 유전 형질을 공유한 자신의 친족을 가까이 하고 싶어하는 선호도를 보인다고 믿는다. 피임약을 복용 중이어서 이른바 임신은 아니지만 몸은 내가 그럴지도 모른다고 생각하는 상태가 된 여성에게 잠재적인 짝의 후보가 나타나는 경우 그녀는 MHC 유사성의 낌새를 포착해서 그에게 이끌릴 수도 있다.[3]

하지만 이 설명에는 몇 가지 문제가 있다. 일부 유형의 피임약은 몸이 특정한 임신 양상(두드러지게는 배란의 부재)을 흉내 내도록 이끌지만, 임신 중에 몸이 생성하는 프로게스테론의 양은 호르몬제 피임약으로 섭취되는 합성된 프로게스테론 양보다 훨씬 많다. 약 때문에 생겨난 가짜-임신 상태가 유전적으로 유사한 커플을 만들어 낸다는 생각은 지나치게 단순하다.

약 10년 전 호르몬제 피임약 탓에 여성의 짝 선택 레이더가 잘못 작동된다는 사실을 처음으로 주장한 소수의 연구가 등장했을 때, 연구 결과는 언론의 헤드라인을 장식했고 그 어조는 거의 공포에 가까워 "피임약은 어떻게 당신 인생을 망칠 수도 있는가!"와 같이 불필요한 우려를 자아내는 메시지를 담아냈다.[4] 유사한 MHC 유전자를 지닌 파트너를 선택하는 문제 이외에도, 여성들은 또 덜 남성적인 남성을 선택했는데 그것은 가임력 고조기에 결코 도달하지 못했기 때문이다. 그들은 좌우 대칭적인 외모와 더 중후한 목소리를 지닌 '남자다운' 남성들에게 이끌리지 않고, 우수한 유전자를 가리키는 조상들의 고전적인 기준 일부에만 이끌렸다.

여성이 피임약을 복용하면 섹시남은 어떻게 되는 걸까? (남성들이 발명한) 피임약은 공부벌레 얼간이들의 복수였던가?

관계의 질: 올바른 씨와 막무가내 씨

짝 쇼핑과 호르몬제 피임약의 영향에 관한 연구는 로맨스를 무너뜨리는 또 다른 주장으로 칼날을 비틀었다. 꾸준히 사귀는 사람이 있는 여성의 경우 호르몬제 피임약을 사용하기 이전에 파트너를 만난 사람은 일단 약을 복용하기 시작하면 짝에 대한 마음이 시들해진다는 것이다. 발정 현상은 정지되므로 애인이나 남편(너무 늦었다!)에 대한 성적 이끌림도 중단될 것이다. 여성이 약을 먹은 순간 열정의 불길은 그냥 꺼져 버렸다. 호르몬제 피임약이 불이 붙는 것부터 막아 버렸기 때문이다. 아, 또 당신이군.

　　과학자들이 예측했던 대로 그것은 다른 방식으로도 해석될 수 있다. 발정 현상을 가로막는 피임약을 먹는 동안에 파트너를 만났던 여성이 이제 둘이 관계가 탄탄해진 상태에서 약 복용을 중단하면, 그들의 눈에 씌었던 콩깍지가 벗겨지면서 남성 파트너가 실제로 얼마나 시시한지 제대로 보게 될 것이다. 내가 왜 저 사람에게 성적으로 이끌렸던 걸까? 생각은 계속되어, 이제 호르몬제 피임약 복용을 중단한 여성은 발정 현상의 충동을 경험하며 다른 유형의 남성, 남자답고, 좌우 대칭적인 외모에 (현재 만나는 파트너보다 훨씬 더 좋은) 훌륭한 유전자로 무장한 섹시남에게 이끌리거나, 적어도 며칠 안 되는 가임력 정점기에는 그런 식으로 느낄 테고, 아마도 일부 여성들은 적어도 가임기 동안만이라도 그런 호감에 이끌린 대로 행동에 옮길 것이다.

피임약의 효과에 대한 가설에는 이처럼 새롭게 발견된 지뢰밭이 끝도 없는 듯했고, 이와 같은 생각들이 쌓여 가면서 한 가지 예측이 더 나왔다. 피임약을 먹으면 여성들이 매력을 잃고 뚱뚱해질 수 있다는 것이었다. (주기 중간에 쳇바퀴를 돌리며 열량을 태우는 일이 더는 없으므로.) 발정 행동 연구 결과를 근거로 과학자들은 가임력 고조기 단계가 없는 여성은 더는 '몸 단장'과 에너지 소모, 열량 태우기를 위한 배회 행동을 보이지 않을 것이라고 추정했다. (어딘가에 있을 연구실에서 과학자 한 사람이 발정 난 암컷 쥐가 마시는 물에 에스트로겐-프로게스틴 칵테일을 섞어 단지 그 암컷이 쳇바퀴에서 달리기를 멈추고 살이 찌는지 관찰하는 모습이 상상된다.) 그렇다, 피임약은 현재 그럭저럭 괜찮은 것 같은 남자와 수렁 같은 연애 중인 여성이 더럽고 큼지막한 티셔츠 차림으로 과자를 봉지째 품에 안고서 소파에서 죽치게 만드는 원인이 될 수 있다. (그리고 아마도 그녀는 자신이 끔찍이도 경쟁력이 없다고 느껴질 것이다. 테니스 경기는 고사하고 직장에서 일도 못하고…….)

피임약은 잠재적으로 해로운 것으로 재정립되었지만, 나는 증거가 겨우 나타나기 시작됐다는 이유로 여성들의 짝 선호도뿐만 아니라 열악한 짝 선택이나 망가진 남녀 관계에 대한 결론까지 전부 휩쓸어 버리는 일반화에 의문이 들었다.

나는 대단히 빈약한 증거를 들어 피임약에 쏟아진 지나치게 단순화된 메시지를 강력하게 비판하며, 특히 믿을 수 있는 피임약이 여성들을 얼마나 자유롭게 해 주었는지를 지적한 나의 박사 과정 제자 크리스티나 라슨(Christina Larson)의 주장에 납득되었다. 그 박사 논문[5]은 호르몬제 피임약 사용 여부에 따라 여성의 짝 선택이 달라지는가 하는 문제와 관련된 모든 연구를 정열적이고도 신중하게 검증했다. 라슨은 그러한 연구들의 증거가 대단히 빈약하고 결과가 엇갈리며, 최소 20년 전에 수행된 일부 연구는 나중에 개발된 좀 더 철저한 방법(그리하여 다른 결과를 도출하는 방법.)을 활용하지 않았음을 밝혀냈다. 예를 들어 가임력 고조기 때 여성들의 선호도를 실험한 과학자들 전부가 호르몬제 피임약 복용자들을 실험 대상에서 제외하거나, 복용한 여성들과 복용하지 않은 여성들 사이에 차이를 둔 것은 아니었다. 호르몬제 피임약을 복용한 여성들과 그렇지 않은 여성들을 구분한 연구자들도 서로 다른 피임약의 메커니즘을 무시했다. (예를 들어 복합제 알약은 발정 현상을 중단시키고, 미니 알약은 정자를 멈추게 할 뿐 배란을 항상 중단시키지는 못한다.) 더욱이 라슨은 우리가 호르몬제 피임약을 사용할 때 장기적인 관계의 짝을 잘못 선택할 것이라는 논리에 근본적인 결함이 있음을 지적했다. 거의 모든 과거 연구 결과는 주기에 따른 여성의 선호도 변화가 단기적인 짝이나 즉흥적인 순간에 여성이 매력적으로 여기는 짝에게만 해당할 뿐, 장기적인 관계로 선택한 상대에게는 해당하지 않음을 보여 준다. 그러한 패턴을 고려하면 피임약 사용은 장기적인 관계의 짝 선택에 별다른 영향을 미치지 않아야 한다.

피임, 모순, 그리고 어떤 결론

라슨과 나는 피임약(과 기타 형태의 호르몬제 피임법) 때문에 여성이 유전적으로 상극인 남성을 선택할 수도 있다는 견해를 실험하고 싶었다.[6] 그래서 우리는 결혼한 부부들을 포함해 진지한 관계의 커플들을 대상으로 대규모 표본을 활용한 연구에 착수했다. 여성이 이미 피임약을 복용 중일 때(발정 스위치가 꺼졌을 때) 연인 관계가 시작되었다면, 피임약을 복용하지 않았을 때 시작된 관계에 비해서 해당 커플들의 MHC가 더 유사할 것이라고 사람들은 예상할 것이다. 뜻밖에도 우리는 그 반대 경향을 확인했다.[7] 여성이 이미 피임약을 복용 중이었을 때 연인 관계가 시작되었던 커플의 파트너들이 연인 관계 확립 후 피임약을 복용하기 시작한 여성들이 속한 커플의 파트너들보다 MHC 유전자가 서로 더 많이 상이했다. 이러한 사실은 '피임약 때문에 여성들이 잘못된 남자를 선택'한다는 서사를 무너뜨렸다.

우리가 이 연구를 수행하던 때와 비슷한 시기에, 방법론적으로 철저했던 한 연구에서는 피임약 복용 중에 연인 관계를 시작했던 여성들(한 경우만 제외하고 모두 복합제 피임약을 복용했다.)이 약 복용을 중단하자 관계에 대한 만족도가 낮아지는 경험을 했음을 보여 주었으나, 그것은 그들의 남성 파트너 얼굴 생김새의 매력도가 상대적으로 낮은 경우(별도의 평가단이 매긴 점수에 따라)에만 해당했다.[8]

요컨대 피임약 때문에 여성들이 MHC가 유사한 파트너를 선택하게 되지는 않지만, 피임약 복용 중에 연인 관계를 시작했다가 정상적인 배란 주기를 되찾았는지 여부는 여성이 파트너의 얼굴 생김새에 대한 견해에 영향을 미칠 수 있다.

주기 전체에서 여성이 느끼는 매력의 변화는 어떨까? 피임약을 복용하는 여성이 한 달에 며칠간 초절정 매력남 유형에게 이끌리는 발정 욕망을 경험하지 않는다면, 그 결과는 무엇일까?

라슨은 자신의 박사 논문에 인용한 두 번째 연구에서 바로 이 점을 살펴보았다. 그녀는 한 달간 여성들과 그들의 파트너를 추적해, 에스트로겐-프로게스틴 복합제 피임약을 복용하는 커플과 호르몬제 피임약을 사용하지 않는 커플과 비교했다. 우리의 예전 연구와 마찬가지로, 라슨은 자신의 남성 파트너의 성적 매력에 대해서 비교적 낮은 평가를 했던 자연 배란 주기 여성들이 가임력 고조기에 다른 남성들에게 매력을 느낀다는 사실을 확인했다. 피임약을 복용 중인 여성들은 '파트너 이외의' 상대에게 느끼는 매력 점수가 올라가지 않았다. 이런 결과는 호르몬제 피임약이 어느 정도 연인 관계를 보호해 주는 역할을 할 수 있는가 하는 의문을 일으킨다. 피임약의 결과이긴 하겠으나, 그것은 짝 선택을 망친다는 말처럼 단순하지가 않다.

노르웨이에서 수행된 새로운 연구[9]는 이야기에 또 다른 견해를 제시하며, 미묘한 호르몬 해킹으로 여성들이 누리는 기회를 조명한다. 연구자들은 프로게스틴 성분이 높은 피임약은 좀 더 연장된 성생활 같아지는 반면, 에스트로겐 성분이 높은 피임약은 좀 더 발정 현상 같아지기 때문에, 피임약의 다양한 성분은 커플의 관계에 상당히 다른 영향을 미칠 수 있다고 결론을 내렸다. 실제로 프로게스틴 성분이 높은 피임약을 복용하는 여성들은 꾸준히 만나고 있는 자신들의 파트너(아마도 좋은 아빠 유형일 것이다.)에게 강한 신의와 헌신을 느껴, 주기 내내 그들과 더 많은 섹스를 하며 연장된 성생활 패턴을 따른다. 에스트로겐 성분에 집중된 피임약을 복용하는 여성들은 그와 반대 양상을 보인다. 자신의 파트너에게 신의를 더 느끼고 충실할수록 여성들은 파트너와 섹스를 덜 즐긴다. (아마도 안정남 대신에 섹시남을 찾아보고 있기 때문일 것이다.)

나의 개인적인 견해는 여성이 취하는 호르몬 관련 지적 행동이란 자신이 원하는 대로 최고의 수단을 활용해 자신의 가임력을 통제하는 것이다. 그렇다면 아마도 각각의 피임법 중에서 어떤 호르몬제 피임법을 사용할 것인지 산부인과 의사와 더 긴 시간 대화를 나누어야 한다는 의미일 것이다. 어쩌면 어떤 약이 여성에게 최고의 기분을 느끼게 해 주고 파트너에 대한 느낌에도 어떤 영향을 미치는지 알아보기 위해 다른 성분의 약을 시도해 보아야 한다는 의미일 수도 있을 것이다. 또는 아마도 자신의 호르몬을 변화시키지 않기로 선택해(예컨대 비호르몬제 자궁 내 피임 기구(IUD)를 활용해) 발정 현상의 물결을 타기로 결정하는 여성도 있을 것이다.

티팬티 이론

피임약을 복용하는 여성들은 배란기에도 자연스러운 배란 주기를 겪는 여성들보다 매력이 떨어진다는 견해를 지지하는 사람들은 자주 인용되는 (피임약을 복용 중이던) 18명의 랩 댄서(관객의 무릎에 앉아 선정적인 춤을 추는 스트립 댄서. — 옮긴이)에 관한 2007년의 연구를 근거로 삼으며, 그들이 배란과 가임력 정점기에 다가갔을 때 벌어들인 팁의 액수를 언급한다.[10] 랩댄스는 댄서와 남성 고객의 성기 사이에 옷감을 사이에 두고 밀접한 신체 접촉이 이루어지기 때문에, 피임약을 복용 중이거나 아닌 여성의 배란 주기 중간에 실질적인 매력도를 테스트할 더 나은(합법적인) 방법을 생각하기가 어렵다.

60일간(2번의 주기 동안) 관찰한 결과, 자연적인 배란 주기를 보낸 댄서들은 피임약을 복용하는 동료들보다 돈을 더 많이 벌었다. 그들은 가임력이 가장 높을 때와 배란 단서를 감지할 수 있을 때 5시간 근무 기준으로 약 80달러를 더 벌어들였다. 더욱이 피임약을 복용하지 않은 댄서들은 주기상 어떤 단계인지에 따라 시간당 평균 수입이 오르내리는 것을 경험했다. 발정 현상이 일어나는 시기에는

70달러, 황체기에는 50달러, 생리 기간에는 35달러였다. 두 집단의 댄서들 모두 생리 중에는 수입이 줄어들었지만, 피임약 복용자들은 배란 기간 딱히 수입이 오르지 않았다. 이 연구에서 흥미진진하고 대단한 결론을 끄집어내고 싶어 하는 사람들에게는 피임약은 단지 여성을 매력 없게 만드는 것뿐이 아니며, 여성을 가난하게도 만든다는 식의 결과로 보일 것이다.

그럴 리는 없다. 나 역시 장기간 여성들을 추적해 배란 주기에 따른 변화를 더 잘 판단하고자 하는 실험 연구의 열렬한 팬이지만, 그 연구는 규모가 작았고 여성들이 어떤 종류의 호르몬제 피임약을 사용했는지 같은 중요한 부분에 대해서 알지 못한다. 그들 대부분, 혹은 전부 다 복합제 피임약을 사용했을 것으로 짐작된다. 그것이 가장 흔하게 사용되기 때문이다. 그러나 믿을 만한 피임법을 사용하지 않는 여성들이 겪게 될 경제적 결과 또한 고려해, 장기적인 비용과 효용 면에서(단기적인 매력 여부가 아니라) 이를 따져 최종 합산 결과를 자세히 들여다보아야 한다. 효과적인 호르몬제 피임법의 사회 경제적인 이득은 (당신이 랩 댄서가 아닌 한) 자신의 경력을 제어하고 높은 수입을 벌어들이지 못하게 되는 상태의 높은 비용을 훨씬 더 뛰어넘는다.

작고 굶주린 해커: 출산과 모유 수유

의사들은 보통 출산 6주 후 검진을 온 산모에게 모유 수유 여부에 상관없이 피임을 시작하라고 권한다. 산부인과 의사가 보통 진지한 표정으로 이 소식을 전하면 어느 여성은 섹스라고요? 농담하세요? 이런 반응을 보일지도 모른다. 보나마나 그 어머니는 신생아용품뿐만 아니라 아직도 여기저기 흘러나오는 분비물 때문에 다양한 형태와 크기의 흡습 패드 및 산모용 생리대로 터져나갈 것 같은 기저귀 가방을 들고 있을 것이다. 의사의 충고를 귀담아 들으면서도 그녀는 예로부터 전해져 내려오는 통념, 즉 최근에 출산을 해 신생아를 키우는 것 자체가 피임의 한 가지 형태이며 아기가 최소한 한 번에 3시간 이상 푹 잘 때까지는 실질적으로나 비유적으로나 섹스는 생각할 겨를이 없다는 통념을 떠올릴 것이다.

호르몬제 피임약처럼 임신과 출산, 모유 수유는 배란 주기를 극단적으로 방해하는데, 거기에는 자손의 번식과 양육을 보장하기 위함이라는 명백한 목적이 있다. 호르몬이 임신 이전 수준으로 재정립되어 생리와 다시 임신할 수 있는 능력을 포함해 전체적인 배란 과정이 제자리로 돌아오려면 대개 출산 후 서너 번 주기가 지나가야 한다. (빠르게 반응하는 프로게스틴 성분만으로 만든 피임약과 임신 가능 기간 면에서 비교해 보라. 예를 들어 프로게스틴 성분만 들어 있는 임플란트 및 자궁 내 피임 기구(IUD)는 제거 후 수 주일이나 심지어 며칠 만에 임신이 가능해진다.)

자연 피임

모유 수유는 일시적으로 배란을 멈추기 때문에 자연 피임의 한 가지 형태가 될 수 있다. 젖을 만들어 내는 호르몬인 프로락틴은 가임력에 기여하는 에스트로겐과 다른 호르몬 억제를 돕는다. 엄마가 모유 수유를 많이 하면 할수록 프로락틴 수치는 높아진다. (모유 수유 전문가들이 산모들에게 젖을 더 많이 만들고 싶으면 아기가 배고플 때마다 '요구만 있으면 언제든' 혹은 '제 때에 맞추어' 모유 수유를 하라고 권하는 이유이며, 그러면 프로락틴 수치가 높게 유지되어 젖의 공급이 여유로워진다.)

　　그러나 효과적인 피임법으로 '수유 무월경법(lactational amenorrhea method, LAM)'을 이용하기 위해서 엄마는 아기가 요구할 때마다 배타적으로 모유 수유를 해야 한다. '배타적으로'라는 의미는 젖을 물리는 것 이외에는 분유를 우유병에 타서 먹이는 것도 안 되고, 심지어는 모유를 병에 담아 먹이는 것도 안 된다. 일부 전문가들은 유축기로 모유를 짜내는 것이 프로락틴 수치를 높게 유지하는 데 효과가 덜하다고 생각하며, 아기에게 우유병을 물리면 악명 높은 '젖꼭지 혼동'으로 이어질 수 있다. (그러므로 달래기용 고무 젖꼭지도 쓰면 안 된다.) 수유 무월경법을 쓰려면 엄마가 적절한 프로락틴 수치를 유지할 수 있도록 아기에게 규칙적으로 자주 젖을 먹여야 한다. 야간 수유를 포함해 2~3시간에 한 번씩이 이상적이다. 모유 수유를 건너뛰고 이따금 유축한 모유나 분유를 먹인다고 해서 당장 이크, 큰일났네 하는 식으로 피임에 실수가 벌어지는 것은 아닌 듯하지만, 프로락틴 수치가 낮아지자마자 에스트로겐 분비량은 자연스러운 배란 주기로 몸을 되돌리려고 노력하며 다시 늘어난다. 그러한 프로락틴 저하가 자주 발생하면, 완벽한 가임력이 회복되어 피임법으로 모유 수유를 이용하는 것은 더는 효과가 없게 된다.

　　간단히 말해 임신을 예방하기 위해 수유 무월경법을 이용하려면 헌신과 유연한 스케줄이 필수적이다. 자식을 돌보는 데 온통 관심을 쏟으며 헌신할 수 있었던 조상 여성들에게는 아마도 잘 맞는 방법이었을 것이다. (어차피 그들은 출산 휴가 이후에 직장으로 복귀할 필요가 없었다.) 인류학자들은 인간의 아이들이 거의 만 3세가 될 때까지도 완전히 모유를 끊지 않았다고 추정한다.[11] 비록 그 무렵이면 아이들이 다른 음식도 먹고 있었으며 모유 수유의 임신 억제 효과도 아마 더는 완벽하지 않았을 텐데도 말이다. 그래도 아이들이 혼자 걷는 법을 배우기까지는 조상 엄마들이 아기를 어디든 데리고 다녀야 했으리라는 상황을 고려하면, 이처럼 약간의 자연 피임법으로 엄마들이 임신 사이에 휴지 기간을 갖도록 진화했다는 사실이 이해된다.

미국 소아과학회(American Academy of Pediatrics, AAP)의 권장 사항인 6개월을 훨씬 넘겨 모유 수유를 하는 엄마들 사이에서도 결국 생리는 다시 시작될 것이다. (미국 소아과학회에서는 배타적인 모유 수유 6개월과 함께 그 후에도 아기가 12개월이 될 때까지 다른 고형식과 더불어 필요하면 분유로 보충하면서 적어도 6개월은 더 추가적인 모유 수유를 권한다.) 사실상 배란은 생리가 다시 시작되기 전에 시작될 수 있다. 출산 이후 자연스러운 호르몬 수치가 균형을 되찾으면서 가임력도 제자리로 돌아오기 때문이다. 가령 난자의 성숙과 배출을 자극할 만큼 충분한 난포 자극 호르몬과 황체 형성 호르몬이 분비될 수 있지만, 에스트로겐과 프로게스테론 수치가 여전히 낮으면 생리로 이어지지 않을 것이다. 그런 경우 일부 의사들이 표현하는 대로 자궁 내막은 '무능한' 상태이며 난자가 착상되도록 보호하며 영양을 공급할 수가 없다. (그러나 나는 이렇게 묻고 싶다. 정관 수술에서 회복되는 중인 남성의 고환도 의사들이 무능하다고 부를까?) 반대로, 자궁 내막이 능력을 되찾았지만 난자가 없는 경우 배란 없이 생리를 하는 것도 가능하다.

여성들이 차츰 엄마의 마음가짐에서 짝짓기 마음 상태로 변화하고 자연스러운 주기가 되돌아오면, 가임력이 원래 무대를 되찾는 것과 똑같은 방식으로 발정 현상 역시 제자리로 돌아온다.

다른 모유 수유 호르몬

프로락틴과 함께 옥시토신 호르몬 역시 모유 수유를 하면 올라간다. 옥시토신은 젖을 먹이는 엄마들이 경험하는 사유반사(射乳反射, 유두에 대한 흡인 자극이 간뇌에 전달되어 옥시토신이 방출되면서 유선선포 주위의 근상피세포 수축을 촉진해 모유 분출이 일어난다. — 옮긴이)를 일으켜, 모유가 유선으로 흘러나오도록 돕는다. 또한 출산 후 자궁 근육을 수축시킨다. 산모가 신생아에게 모유를 먹이면 옥시토신이 분비되어 출산 시에 늘어난 자궁이 임신 이전 크기로 줄어들도록 돕는다.

일반적으로 '포옹 호르몬'이라고 불리는 옥시토신은 출산 후에 또 다른 중요한 기능을 갖고 있다. 이것은 사회적 유대감을 형성하는 중요한 호르몬이며, 신생아를 보호하고 돌보려는 모친의 욕망을 강화해, 예컨대 엄마 곰 효과(7장 「엄마 곰 효과」 참조)를 일으키는 주요 원인이다. 당연히 모유 수유를 하지 않는 엄마들도 맹렬한 보호 본능을 지닐 수 있다. 옥시토신은 수유 중에만 분비되는 것이 아니라 출산 자체 도중과 신생아와 교감하는 사이에도 분비된다. 그러나 모유 수유를 하면 옥시토신이 외부의 공격과 사고, 출산 직후를 지나서 생겨나는 질병의 위협에 대해서 엄마들이 계속 경계하도록 도움으로써, 아마도 자식에 대한 보호 수준을 연장해 엄마 곰 효과를 강화하는 것 같다.

모유 생산과 모자 간의 유대감 역할 이외에도 옥시토신은 일종의 천연 항우울제 기능을 하는 산후 전용 칵테일(아마도 프로락틴과 함께)로 여겨도 좋을 것이다. 모유 수유를 하는 산모들은 비수유 산모들에 비해서 산후 우울증(postpartum depression, PPD) 수치가 더 낮음을 보여 준다. 미국 질병 통제 예방 센터에서는 9명 중 1명꼴로 산모들이 우울증을 토로한다고 추정한다.[12] 일시적인 우울감과 달리 산후 우울증은 저절로 '사라지지' 않으며 대부분 치료를 요한다. (아이를 낳은 이후에 산모가 약간의 우울감을 포함해 폭넓은 감정 변화를 느끼는 것은 정상이다. 그러나 일시적인 '산후 우울감'은 병적인 산모 우울증과 다르다.)

나의 박사 후 과정 제자였던 한홀브룩과 나는 산후 우울증과 모유 수유의 관계를 탐구하며, 모유 수유 산모들 사이에서 더 낮은 수치를 보이는 기존 산후 우울증 데이터를 조사했다.[13] 일부 연구는 모유 수유가 우울증을 완화할 수도 있음을 주장하지만 우리는 상황이 좀 더 복잡하다고 믿는다. 우리는 당뇨병이나 심장병과 같이 혹시 산후 우울증도 '또 다른 현대 문명이 만들어 낸 질병'이 아닐까 궁금했다. 우리는 조상 여성들이 현재 우리처럼 새로운 모성을 경험하면서 똑같은 종류의 스트레스 요인을 갖지 않았으므로 그들에게는 산후 우울증이 존재하지 않았을(혹은 드물었을) 가능성이 크다고 믿는다.

우선 조상 여성들은 아마도 출산과 육아를 홀로 겪지 않았을 것이다. 그들은 가족과 광범위한 친족들로 이루어진 사회 집단 안에서 살았으므로, 서로 다른 여러 시간대에 흩어져 살고 있는 현대의 가족들과 달리 도움의 손길이 멀리 있었던 적이 결코 없었다는 의미다. 내가 돌봐주어야 하는 취약한 신생아와 단 둘이 있다는 것은 파트너와 함께라고 하더라도 때때로 부담스러운 상황으로 느껴질 수 있으며 특히 도와줄 인맥이 없을 때에는 더욱 그러하다.

연구 내용을 검토하며 현대 엄마들이 직면하는 또 다른 스트레스 요인들이 우리의 관심을 사로잡았다. 이를테면 우울증 감소에 도움이 되는 것으로 알려져 있으며 염증을 잡아 주는 오메가3 지방산 섭취가 낮은 식생활이 그것이다. (임신한 여성들은 수은 중독을 염려해 오메가3가 풍부한 생선 섭취를 꺼린다.) 또 다른 항염증 영양소인 비타민D를 생성하는 일광욕 부족, 감정적인 건강 상태에 부정적인 영향을 미칠 수 있는 운동 부족 등이다. 결국 일부 여성들은 모유 수유를 하지 않기로 선택하거나 아예 불가능할 수도 있다. 출산 휴가 중에 아기를 돌보는 직장 여성들은 6개월 안에 아기의 젖을 떼기 시작하거나 모유를 유축하는 것으로 바꿀 확률이 높다. 우리는 모유 수유가 반드시 산후 우울증을 감소시킨다거나 모든 엄마들에게 최선의 길이라고 말하기가 망설여진다. 모유 수유 자체가 상황을 악화시키는 스트레스 요인(시간 부족, 수면 부족, 일터나 집에서의 도움 부족)이 될 수도 있다. 더욱이 엄마가 아기의 젖을 뗄 때 우울해진다는 확실한 증거도 없다.

산후 우울증은 산모들이 경험하는 평범한 기분 변화와 함께 여성들을 호르몬 티령으로 비하하기에 좋은 또 하나의 핑계로 쓰이는 경우가 너무도 흔하다. 이번 주에는 그 여자한테 전화하지 마. 그 여자 방금 아기를 낳았으니 완전히 호르몬에 휘둘릴 거야! 틈만 나면 울거나 화를 낼 거야. 갓 아기를 낳은 산모는 모유 수유 여부에 대해서도, 모유 수유를 위해 노력을 했을 경우 얼마나 '성공적'이었는지에 대해서도 남들의 비판을 들을 필요가 없다. 그 대신 산모에게는 무조건적인 지지가 필요하며, 특히 우리 조상 여성들이 혜택을 누렸던 확대 가족과 가까운 친척들의 도움이 부재한 경우에는 더욱 그렇다. 모유 수유가 확실히 도움이 될 수도 있지만 그것이 유일한 해답은 아니다.

개인적인 경험으로는 모유 수유가 모성을 처음 이해하는 데 도움을 주었다. 원래 나는 쌍둥이에게 젖을 먹인다는 것에 망설였다. 나는 강경파 모유 수유 옹호자들의 독단적인 지침 내용을 핑계(겁에 질려서)로 삼았다. 정말로 내가 하루에 4리터의 모유를 만들어 내야 한다고? (그렇다.) 그러나 일단 우는 아기 하나(혹은 둘. 고마워, 수유 베개야.)를 진정시키려고 모유를 먹이는 것이 얼마나 쉬운 일인지, 아기들에게 젖을 물리는 동안 얼마나 가까워진 느낌이 들며 아늑한 온기와 차분함이 느껴지는지 실제로 경험하고 나서는 나도 진정한 신봉자가 되었다. 또한 나와 똑같이 *그런* 행동을 해 온 조상 여성들로부터 길게 이어져 내려온 동족 의식을 느꼈다. (그리고 보너스. 나에게 필요한 열량 섭취량이 50퍼센트 늘어나자, 모든 음식이 그토록 맛있게 느껴진 적이 없었다.) 나는 일터에서나 집에서나 두 아기에게 모유 수유를 하는 데 필요한 지원을 받을 수 있는 특권을 누렸다. 나에게는 잘 맞았지만, 모유 수유는 분명 유일하게 '올바른' 방법은 아니며(모든 이들에게 통용되지 않는다는 것은 나도 안다.) 수많은 다정한 엄마들이 모유 수유 없이도 아기에게 충분한 영양분을 공급한다.

나에게 모유 수유는 실제로 엄마 노릇이 요구하는 것들에 적응하는 한 가지 방식이 되었다. 그러나 다른 방법들도 물론 존재한다. 다행히도 그저 작은 아기 몸을 꼭 껴안고서 수없이 살갗 대 살갗을 접촉하는 것, 경험 많은 당신의 어머니나 아버지, 친구들뿐만 아니라 당신의 파트너(혹시 곁에 있다면)에게 기대는 것, 본인의 신체적, 감정적 욕구를 보살피는 것(약간의 햇빛 쪼이기와 신체 운동, 낮잠은 놀라운 효과를 발휘한다.) 등은 전부 당신의 인생을 완전히 바꾸어 놓은 부모 노릇을 계속해 낼 수 있도록 당신의 몸을 재충전하고 영혼을 북돋아 주는 효과적인 방법이다.

혹시 당신이 어머니가 아니라면, 손쉽게 엄마들에게 필요한 사회적 지원망의 일부가 될 수도 있을 것이다. 호르몬 지능은 출산과 수유가 두 뇌와 몸을 어떻게 바꿔 놓는가에 대한 것만이 아니다. 당신의 자매, 낯선 사람, 동료, 혹은 고용인이 엄마의 세계로 진입할 때 곁에서 좀 더 힘을 보태고 연민을 갖는 것에 관한 것이기도 하다.

진짜 땃쥐의 호르몬 지능

동남아시아에서 흔히 만날 수 있는 나무 땃쥐는 작지만 똑똑한 어미다. 암컷 땃쥐는 언제나 쌍둥이를 낳는다. 그러나 어른이 된 나무 땃쥐는 2개의 집을 따로 짓는다. 알고 보면 하나는 새끼를 위한 것이고 다른 하나는 엄마와 아빠를 위한 것이다. 나무 땃쥐는 대개 일부일처제여서 새끼가 태어날 때 수컷이 도움을 주느라 보금자리에 함께 있다. 사실상 집을 짓는 것도 수컷이다. 쌍둥이 새끼가 태어난 뒤 어미는 '노 키즈 영역'인 집으로 후퇴했다가 새끼에게 젖을 먹이러 다시 돌아간다. 여전히 어미는 한 번에 불과 10~15분간 잠깐 들러 새끼에게 젖을 먹일 뿐이며, 그마저도 이틀에 한 번만 찾아간다. (지극히 영양가가 높은 젖이다.) 그런 다음 어미는 나뭇가지를 건너 자신의 보금자리로 서둘러 돌아간다. '나만의 시간'을 확실하게 주장하는 것이다! 일단 쌍둥이 새끼들이 석 달쯤 지나 젖을 떼면, 새끼들이 자라 제 짝을 찾기 위해 각자 떠나갈 때까지 부모의 집으로 들어가 사는 것이 허락된다. 그들의 짝 역시 부모와 똑같이 공동 양육에 최적화되었을 것이다.

알약과 물약: 호르몬 대체 요법

오늘날 소비자를 목표로 발기 부전 치료제를 선전하는 광고가 민망하다고 생각한다면, 평범한 갱년기 증후군 치료를 위해 1942년에 FDA의 승인을 받은 초기 호르몬 대체 요법 약물이자, 75년 이상이 지난 뒤에도 여전히 의사들에게 처방되고 있는 프레마린(Premarin)을 선전하는 빈티지 지면 광고를 생각해 보라.

일몰, 초저녁의 서늘하고 푸르스름한 그림자 속에서 등장해 사색에 잠긴 듯한 여성의 모습을 그린 초기 광고의 진기한 헤드라인 문구에는 "일몰의 차분함(The Calm of Eventide)……"이라고 적혀 있다. 그녀는 여성들을 완전히 미쳐 날뛰게 만드는 게 확실한 '변화'에도 불구하고 (임신한 암말의 소변에서 추출한 합성 에스트로겐 덕분에) 내면의 평화를 찾은 듯한 표정이다. 이전에는 미치광이였던 이 여인도 이젠 그렇지 않다. 그녀는 프레마린을 먹었고 느긋해졌다.

1960년대의 어느 광고는 스포티한 요트를 타고 있는 행복해 보이는 커플을 담고 있다. "남편들도 프레마린을 좋아해요."라는 헤드라인과 함께, 직접 선장이자 조타수를 맡은 남편이 카메라를 향해 씩 웃으면 그의 아내는 사랑스러운 듯 남편을 올려다본다. (그녀는 일몰의 차분함을 찾았다!) 광고 문구에는 의사가 갱년기 환자에게 프레마린을 처방해 "그녀가 다시 한번 쾌적한 삶을 살아갈 수 있도록 만들어 주었다."라고 적혀 있다. 그녀가 호르몬 대체 요법을 시작하기 전에는 정말로 성가신 잔소리꾼이었기 때문이다.

처방용 약물 광고가 일상적으로 소비자들에게 직접 노출되기 이전의 일이므로 아마도 이 광고는 의사들을 겨냥한 것이었음에도, "직장 생활의 애환과 폭언을 감당하다가 갱년기 배우자 때문에 혼란에 빠진 가정으로 돌아가는 것"은 남성들에게 충분히 힘겨운 일이라고 설명을 이어 간다. (결국 그녀는 미치광이에다 호르몬에 휘둘리는 나쁜 년이다.)[14]

그러나 프레마린 복용을 시작하면 아내는 "다시 행복한 여인이 되어 남편들이 감사해야 할 존재가 된다."

갱년기의 더 불편한 증상들, 특히 안면 홍조, 야간 발한, 질 건조증을 다스리기 위해서 여성들은 수십 년간 프레마린과 다른 여러 상표 및 조제 성분 등의 호르몬 대체 요법 약물을 포함한 해결책들을 찾아왔다. (호르몬제 피임약처럼 호르몬 대체 요법도 한 가지 호르몬을 강조하거나 앞서 소개한 에스트로겐 복합제처럼 에스트로겐과 프로게스테론의 균형을 제공할 수도 있다.) 호르몬 대체 요법은 효과적이지만, 특히 이 호르몬 해킹 방법은 논란이 없지 않고, 일부 여성들에게는 상당한 건강상의 위험을 안겨 준다. 일몰의 차분함으로 향하는 길은 그리 매끄럽지 못했다. (저녁, 일몰의 뜻을 가진 예스러운 낱말 'eventide'에 들어 있는 'even'을 명사 대신 형용사로 해석하면 '평평한, 매끄러운'의 뜻이 있다. ― 옮긴이)

여성스러움이여 영원하라: 화학을 통한 더 나은 삶

사춘기, 생리 전 증후군, 생리, 임신과 마찬가지로 폐경은 의학계와 제약 회사, 일부 건강 전문가 들이 주로 해결해야 할 문제라는 프레임이 씌워진, 또 다른 호르몬 단계, 즉 여성들을 다시 한번 엉망진창으로 만드는 단계로 보여지고 있다. 노골적으로 말하면 호르몬 대체 요법의 선구적인 사용은 여성의 건강 측면에서 긍정적인 방향의 사건이었지만, 처음에 '그 변화'는 치료를 요하는 질병이며 신체적인 증상뿐만 아니라 정신적 불안정 증상을 약물로 다스리는 남성 의사들이 주도한 것처럼 보인다. (수십 년 전 지면 광고에 쓰였던 또 다른 프레마린 선전 문구는 다음과 같다. "여성들이 자신의 난소보다 오래 살 때." "뭔가 끔찍이도 잘못되었다." "그녀의 가족은 당혹스러웠다.")

1966년 로버트 윌슨(Robert A. Wilson)이라는 뉴욕 산부인과 의사는 피할 수 있는 비극으로 에스트로겐 상실을 논한 베스트셀러『여성스러움이여 영원하라(Feminine Forever)』를 출간했다. 몇 구절 인용하면, 이런 식이다. "몸 전체의 훼손에서 폐경기 거세(去勢)가 차지하는 범위" 하는 식으로 여러 증상을 논하며 그는 폐경을 "이 살아 있는 부패의 공포"라고 언급하고 폐경 여성은 "더는 여성이 아니라 중성"[15]이라고 주장한다. 해답은? 합성 호르몬으로 에스트로겐을 대체하는 것인데 그는 그것을 자신이 "생각해 냈다."라고 주장한다. 그의 책은 FDA가 프레마린을 승인한 지 20년도 더 지난 뒤에 출간됐으므로 문제의 소지가 있는 자랑이다. 알고 보니 윌슨은 수년째 빛을 보지는 못했지만 호르몬 대체 요법을 위해 합성 호르몬을 제조한 제약 회사들을 재정적으로 후원해 지분을 갖고 있었다. 그러는 동안『여성스러움이여 영원하라』는 폐경에 약을 투약하는 트렌드에 기여하면서 의사들과 환자들을 계속 기망해 갔다. 폐경에 접어든 여성들에게 호르몬 대체 요법을 처방하는 것은 일상적인 관례가 되었다.

10년쯤 전에 젊은 여성들은 피임약을 위한 첫 처방전을 받았다. 이제 그들의 어머니도 자신들만의 알약을 받아들였고 가끔은 그것을 '젊음의 알약'이라 불렀다.[16] 두 경우 다, 이해력이 형편없는 제약 회사들이 여성들의 건강에 저지른 해악이, 그 증상이 정신적이든 신체적인 것이든, 두 세대 모두에게 저질러지고 있었다.

나쁜 약

성차별적인 「매드 맨(Mad Men)」(1960년대 뉴욕 광고 회사를 배경으로 한 텔레비전 드라마 시리즈. — 옮긴이) 시대의 광고가 사라진 지 수년 뒤에도 호르몬 대체 요법과 '그 변화'는 공포와 염려를 담아 긴박한 어조로 논의되었다. 1980년대와 1990년대 텔레비전 광고에서는 폐경을 뼈 손실과 심장병, 알츠하이머, 대장암, 심지어는 치아 손실과 실명과도 연결시키면서, 불편하고 당혹스러운 증상을 넘어선 폐경의 공포를 논하며 의사와 상담을 하거나 서로 대화를 나누는 걱정에 휩싸인 여성들을 등장시켰다. 여성들은 호르몬 대체 요법이 그와 같은 지옥 같은 통과 의례에 브레이크를 걸어 준다는 이야기를 들었다. 사실상 1992년부터는 미국 내과 학회(American College of Physicians)에서 공식적으로 호르몬 대체 요법을 예방적 치료로 권장했으며, 특히 관상동맥 심장 질환과 골다공증, 치매를 막는 데 이용되었다.[17]

그러나 결과적으로 호르몬 대체 요법은 특효약이 아니었다. 반대로 일부 여성들은 합성 호르몬을 복용하며 건강이 훼손되었다. 1990년대 말부터 시작된 심장과 에스트로겐/프로게스틴 대체 연구(Heart and Estrogen/Progestin Replacement Study, HERS)와 여성 건강 계획(Women's Health Initiative) 연구에서는 폐경한 지 10년 이상 되었고 호르몬 대체 요법을 쓰고 있는 여성들의 심장 마비와 뇌졸중, 혈전의 위험이 증가함을 밝혀냈다. 2002년에는 호르몬 대체 요법을 쓰는 여성들과 위약(僞藥)을 이용하던 집단을 포함한 대규모 임상 실험이 중단되었는데, 호르몬 요법을 쓰는 여성들이 유방암에 걸릴 위험이 더 높았기 때문이다. (그리고 그것은 단지 '위험'이 아니었다. 심장병과 암 진단을 받은 호르몬 대체 요법 환자들이 제약 회사들을 상대로 제기한 소송이 이어졌다.)

처음 여성들은 심혈관 질환의 위험이 약의 혜택보다 더 크다는 이유로 에스트로겐 치료를 중단하라는 조언을 받았다. 안면 홍조 같은 증상을 줄이기 위해 일부 여성들은 콩 식품(약한 성분의 식물성 에스트로겐이 들어 있다.), 승마 추출액 같은 허브 치료법, 특별히 배합 제조한, 대량 생산된 합성 호르몬보다 좀 더 '천연'에 가깝다고 여겨지는 생물학적 호르몬(bioidentical hormone) 등 대안으로 눈을 돌렸다. 그러나 그러한 해결책 역시 종종 결점이 있고 효과가 없었으며, 무분별한 치료는 본인의 건강을 위협했다. (예를 들어 생물학적 호르몬은 배합 제조사에 따라 품질과 약효가 크게 달라질 수 있었다.)

이제 의사와 과학자 들은 시기와 에스트로겐 치료법의 유형이 중요하다는 사실을 확인했다. 가령, 완경 후 첫 6년부터 10년 사이에 에스트로겐을 복용하면 심장병 위협을 더 낮출 수 있다. 그러나 10년에서 12년 이후부터는 에스트로겐이 여성의 심장 마비와 뇌졸중의 위험을 높일 수 있다.[18] 제약 회사들도 수년간 위험성을 줄이려고 시도하며 제품의 성분을 재조정했다. (호르몬 피임제의 경우, 알약은 호르몬 대체 요법의 가장 대중적인 형태로 남아 있지만 피부용 국부 패치, 크림, 스프레이, 겔, 질 삽입용 고리, 좌약으로도 조제될 수 있다.) 모든 사람들이 동의하는 핵심 조언은 이것이다. 호르몬 대체 요법에 관해서는 가장 효과가 적은 양을 가장 단기간에 사용하라.

심각한 건강상의 위험이 밝혀지기 수십 년 전에 여성 문제에 초점을 맞추어 실험실에서 더 많은 연구가 이루어졌더라면 호르몬 대체 요법의 신약 출시는 상당히 더 안전했을 것이다. 호르몬 대체 요법을 안전하게 성공적으로 이용할 가능성은 있지만 교훈은 확실하다. 모든 여성은 평생 동안 각자 다른 호르몬 경험을 갖고 있기 때문에 누구에게나 다 맞아 떨어지는 한 가지 완경 관리법은 없다. 완경 혹은 다른 어떤 정상적인 호르몬 변화를 치료를 요하는 질병의 틀에 맞추는 것은 우리에게 잘 맞지 않았던 잘못된 접근이다.

발정 현상의 끝일 뿐 호르몬 지능의 끝은 아니다

『여성스러움이여 영원하라』가 인기 높은 책이었던 이유는 부분적으로 섹스에 대한 전망, 에스트로겐 치료법으로 여성의 성적 매력과 욕망을 되살릴 수 있다는 전망으로 독자들을 부추겼기 때문이다. 윌슨은 "중년의 전형적인 신체 변화는 되돌릴 수 있다."라고 장담했다. 그러면 섹스는 무덤에 가기 직전까지 멈추지 않을 것이다. 책 표지에는 "이제 나이를 막론하고 거의 모든 여성들은 평생 동안 섹스로 가득한 삶을 안전하게 누릴 수 있을 것이다."라고 적혀 있다. 언제나 뜨거운 발정 현상이 지속된다니! 그러나 만일 에스트로겐이 흘러 넘쳐 몸이 달아오른 가정 주부(쿠거)들이 냉장고 수리 기사에게 달려들까 봐 남편들이 염려한다면, 윌슨은 연장된 성생활과 짝 결속에 대한 자신만의 정의로 그들을 안심시켰다. "신체적으로나 감정적으로 남편에게 충족감을 느낄 수 있는 에스트로겐이 풍부한 여성은 …… 우연한 만남을 찾아 떠돌 가능성이 거의 없다."[19]

남편을 만족시킬 수 있으면서 얌전하고 신의를 지키는 여성에 대한 환상은 당시 시대, 즉 여성들이 모여 목소리를 높이기 시작하고 남성들은 그 소리를 끊임없이 억압하려던 1960년대와 궤를 같이하는 것 같다. (1장에서 우리가 만났던 또 다른 의사 친구를 잊지 말기 바란다. 버먼은 1970년대 초 여성들이 "걷잡을 수 없는 호르몬의 영향"에 시배되기 때문에 절대로 남성과 평등을 이룰 수 없다고 경고했다.)

완경과 호르몬 대체 요법에 대한 이런 낡은 견해는 여성이 엄격한 호르몬의 통제를 받으며, 따라서 섹시하고 여성스러운 에스트로겐이 말라 버리면 여성의 정신도 몸도 똑같이 메말라 버릴 것이라는 믿음을 근거로 삼았다. 의학계 기득권층의 해답은 훗날 위험하다고 입증되는 합성 제조약으로 여성이 또 한 번 호르몬에 좌우되도록 만들었을 뿐이었다. 여성은 기껏해야 건강에 문제가 생기기 전까지만 단기적으로 '섹스로 가득한 삶을 누리며' 남편을 행복하게 만들 수 있었다.

발정 현상은 사춘기와 함께 시작되어 완경과 함께 끝이 나지만, 여성의 가임 주기가 끝났을 때 여성의 성적 욕구도 멈춘다고 말하는 것은 어불성설이다. 완경이 되면 아마도 발정 현상이 일으키는 행동에 더는 부추김을 받지 않겠지만, 우리의 성생활은 더는 좋은 유전자를 지닌 짝을 찾아 번식을 하려는 고대의 욕구에 자극받지 않는다. 그것은 성적 흥분과 성욕, 파트너와의 친밀감에 자극을 받는다.

그렇다면 이 단계에서 우리는 전적으로 독립해 스스로를 통제하며, 우리의 호르몬 지능은 궁극적으로 뭔가 새로운 것, 지혜로 진화한다.

(부)자연스러운 여성:
생물학적 시계 되돌리기

소녀와 여성 들이 호르몬상의 획기적인 특정 이정표에 도달하는 '평균' 나이는 다양하다고 강조해 왔지만, 기준을 벗어나는 범위가 있기는 하다. 현대 여성으로 살아가며 18세나 45세에 임신을 감당하는 것은 그러려니 하지만, 8세에 음모와 가슴 몽우리가 자라거나 9세에 생리하는 문제를 감당하는 것은 다르다. 남자아이들보다 여자아이들에게 더 많은 성조숙증은 점점 더 흔해지고 있으며, 그것은 다양한 21세기 요인과 관련이 있는 듯하다.

수십 년 동안 의사들은 만 11세가 소녀들의 사춘기(음모와 겨드랑이 털, 가슴 성숙, 생리 등 임신 능력으로 귀결되는 신체 발달의 시작)가 시작되는 '평균' 연령이라고 여겼다. 그러나 1997년 소아과 학회지《피디애트릭스(Pediatrics)》에 발표된 논문[20]은 미국에서 1만 7000명의 소녀들을 표본으로 삼은 검사 결과, 가슴 몽우리가 자라는 평균 연령은 백인 소녀의 경우 만 10세를 약간 못 미쳤고, 흑인 소녀들은 만 9세보다 약간 더 어렸음이 드러났다. 이 획기적인 연구의 주저자인 마샤 허먼기든스(Marcia Herman-Giddens)는 소아과에서 진료 보조 의사로 일하며 8, 9세 환자들의 가슴 발육을 포함해 대단히 이른 신체 발달을 주목했다. (허먼기든스는 현재 모성 보건과 소아 보건 분야의 교수다.)[21]

처음에는 미국 소녀들이 그토록 이른 나이에 사춘기에 접어들고 있다는 가능성을 소아과 내분비학자들을 포함한 그 누구도 고민하고 싶어 하지 않는 듯했고, 허먼기든스의 연구는 무시 당하거나 문제 제기를 받았다. 그러나 실제로 성조숙증의 징후를 경험하고 있는 소녀의 부모들은 기사거리가 된 연구 결과를 열광적으로 받아들였고, 직접 관찰해 본 바로도 다소 놀라울 정도인 딸들의 신체 발달을 확인했다. 2010년《피디애트릭스》에 발표된 또 다른 논문은 더욱 충격적인 데이터를 제시했으며, 과학계는 성조숙증이 진짜라는 사실에 동의했다. 연구자들은 만 7세에 해당하는 백인 소녀들의 10퍼센트, 라틴계 소녀들의 15퍼센트, 흑인 소녀들의 23퍼센트 이상이 성조숙증으로 조기에 유방이 발달함을 확인했다. "7, 8세의 나이에 유방이 발달한 소녀들의 비율은 특히 백인 소녀들의 경우 10~30년 전에 태어났던 소녀들을 대상으로 했던 연구보다 훨씬 더 많아진 것으로 보고되었다."라고 논문의 저자들은 결론지었다.[22]

성조숙증이 발생하는지 여부에 대해서 더는 아무런 논란이 없었지만 그 이유에 대해서는 의문이 많았다. 우리가 먹는 음식 사슬과 일상 제품 속 화학 물질에서 잠재적인 독성 물질을 찾아내는 이론이 많다. 일부 연구는 산모 우울증과 계부의 존재를 포함한 가족 간의 스트레스를 성조숙증과 연결시키기도 했다. 아마도 조상들이 살던 시대였다면 힘겨운 어린 시절에 대한 반응으로 조기 발육이 이해되었을 것이다. 더 일찍 독립하면 할수록 더 좋았을 테니까. (미래가 불확실하다면 진화상 막다른 길에 놓이지 않는 편이 더 나았을 것이다.) 그러나 우리는 현대 세계에 살고 있고 너무 어린 나이에 집을 떠나는 비용은 분명 이득보다 크다.

사춘기와 평생에 걸친 호르몬 주기의 근본이 되는 어린 두뇌에 때 이른 변화를 일으키는 외부적 요인을 찾는 사냥이 시작되었다.

환경 요인

당신에게 딸이나 여동생, 혹은 친구나 가족 관계에 속한 다른 어린 소녀가 있다면, 음식용 비닐 랩부터 금속 캔의 내부 코팅제, 계산대 영수증에 이르기까지 플라스틱 생산에 이용되는 비스페놀A(BPA)를 포함해 독성 화학 물질이 성조숙증의 원인이 될 수 있다는 이야기를 아마 들어보았을 것이다. 비스페놀A는 분자 구조상 에스트로겐과 유사하며, 일부 과학자들은 어린 소녀들의 가슴이 커지는 것처럼 인체에 호르몬과 유사한 결과를 낳을 수 있다고 생각한다.

비스페놀A가 어린이와 성인들에게 미치는 위험(연구 결과 BPA는 암부터 치매에 이르기까지 모든 질병과 연결될 가능성이 드러났다.)에 대해서 소비자들이 알기 시작하자, 대기업들은 생산 품목에서 그것을 제외하고(아기 젖병과 빨대 컵에는 이제 사용되지 않는다.) 대체품을 내놓기 시작했다. "BPA-free"라고 적힌 라벨은 이제 비스페놀A 자체가 한때 온 세상을 점령했던 것만큼이나 흔해졌다.) 그러나 대체품들이 반드시 더 안전한 것은 아니라는 증거가 있다.

몸에 줄무늬가 있는 열대어 지브라피시를 BPS라고 알려진 비스페놀 대체 물질에 약하게 노출시키자, 배아의 이상 발달과 조기 부화 등을 포함해 비스페놀A에 노출되었을 때와 마찬가지로 번식 과정에 똑같은 혼란이 벌어졌다. BPA처럼 BPS 역시 사춘기를 탈피해 궁극적으로 가위기에 이르도록 돕는 호르몬인 성선 자극 방출 호르몬(GnRH) 분비를 포함해 신경 내분비 체계에 영향을 미친다. 달리 말하면, BPA와 BPS 같은 화학 물질은 번식 체계의 중요한 발달 속도를 높이며, 어린 소녀들을 포함해 인간에게도 똑같은 영향을 미칠 수 있다.[23]

비스페놀A는 엄청난 관심을 받았지만, 에스트로겐 흉내를 내는 또 다른 합성 물질들은 일부 세제와 살충제, 내연제, 프탈레이트(개인 위생용품부터 바닥재에 이르기까지 모든 물건에 사용되는 화학 '가소제'의 한 부류), 기타 제품에 여전히 들어 있다. 어떤 합성 물질은 성조숙증에 적은 영향을 미치거나 영향을 미치지 않지만, 다른 것들은 꽤 강한 영향력을 지니는 것으로 보인다. 어린이(혹은 어른)를 상대로 잠재적으로 독성이 있는 화학 물질 노출에 대한 윤리적인 연구는 진례가 없지만, 증거는 존재한다. 1970년대 초, 미시간 주의 소떼가 뜻하지 않게 당시 PBB로 알려진 내연제로 오염된 곡물을 섭취했다. 과학자들은 해당 지역 공동체에 미쳤을 독성 영향을 장기간에 걸쳐 추적했고, 오염된 소에서 나온 우유와 고기를 먹은 임산부들이 낳은 딸들은 PBB에 노출된 적 없는 엄마들이 낳은 딸들보다 생리를 1년 더 일찍 시작했다는 사실을 확인했다.

부모들은 종종 우유 생산량을 늘리기 위해서 가축 사료에 첨가하는 소 성장 호르몬(rBGH)을 먹고 자란 소에서 나온 유제품을 아이들에게 주는 것에 대해서 조바심을 품는다. 성조숙증을 일으킬까 염려하는 것이다. 성장 호르몬이 든 사료를 먹고 자란 가금류와 가축을 이용해 생산된 동물 제품을 외면하는 데는 또 다른 이유가 있다. 그런 사료는 항생제가 들어 있거나 독성 농약을 살포한 작물로 만들어졌을 가능성이 높고, 그런 성분들은 고기와 달걀노른자, 유지방을 포함한 동물성 지방에 축적되기 때문이다. 그러나 소 성장 호르몬(rBGH)이 특히 소녀들의 성조숙증과 관련된다는 결정적인 증거는 없다.

여전히 우리의 먹거리 공급과 관련된 또 다른 요인은 존재한다. 바로 과잉 섭취다.

호르몬 해커로서의 식생활

성조숙증을 겪는 소녀들은 종종 공통 분모가 있다. 체질량 지수(body mass index, BMI)가 높고, 그에 상응하는 체지방의 양도 더 많다. 체지방이 더 많다는 것은 지방 세포에서 분비되는 렙틴 호르몬이 더 많다는 의미다. 렙틴은 에스트로겐 분비를 자극하는 데 중요한 역할을 담당하는 것으로 생각되며 생리 시작에도 필수적이다. 지방 세포가 많을수록 렙틴이 많아지고, 사춘기를 촉발하는 호르몬인 에스트로겐도 더 많아진다. 체지방과 가슴 발달, 생리는 서로 연결되어 있다.[24]

렙틴에 관해서는 또 한 가지 까다로운 점이 있다. 배가 부를 때나 먹을 때가 되었을 때 몸이 뇌에 신호를 보내는 역할도 한다는 점이다. 영양학자들은 부분적으로 지방 세포가 너무 많은 탓에 렙틴이 과다 생산되면 궁극적으로 이 메커니즘이 '깨질' 수 있다고 지적하는데, 그러면 렙틴이 보내는 배불러! 메시지를 뇌가 무시하기 더 쉬워져서 과식의 원인이 된다는 의미다. 비만으로 향해 가는 어린 소녀가 몸무게를 줄여서 렙틴-에스트로겐 패턴을 중단시키는 것은 상당히 어려운 일이다. (역으로 단기간에 집중적으로 다이어트를 해 저체중이 되어도 정상적인 렙틴 분비를 방해해, 생리 지연이나 생리 불순, 가임력 저하, 기타 호르몬 관련 기능에 문제를 일으킨다. 적정 체지방이 부족한 소녀들은 아마도 다이어트와 격렬한 운동, 혹은 그 둘의 혼합 때문에 종종 사춘기가 늦어진다.)

과체중이 아닌 여자아이라고 해도 서구 사회에서는 보통 태어나자마자 영양분을 잘 섭취한다. 그게 나쁜 것은 아니다. 우리 인류는 대체로 기아와 숱한 질병을 이겨 냈기 때문에 종으로 살아남았다. 조상 여성들은 먹을 것이 부족한 시절에는 많은 자식을 낳지 못했지만, 상황이 좀 더 풍족해지면 엄마들 역시 더 풍족해졌다. ('먹으려는 욕구 대 키우려는 욕구'를 기억해 보라.)

그러나 우리가 오늘날 즐기는 일종의 밀도 높은 영양분과 고열량 음식의 결과는 있다. 여자아이든 남자아이든, 일단 몸이 성적으로 성숙하면 번식이 가능해진다. 정신과 영혼이 아직 어린아이 수준이어도 상관없다. 우리는 무심코 우리의 생물학적 시계를 더 어린 나이에 번식 단계에 맞춰 돌려놓고 있는지도 모른다. 그것은 '빠른' 사춘기가 아니라 더 빠른 사춘기다.

우리는 진화하고 있다.

주기 파괴: 일시적이거나 영구적으로

어린 아이들의 성조숙증 발병을 치료하는 소아 내분비학자들은 에스트로겐과 테스토스테론 같은 성호르몬 분비를 막아 주는 사춘기 억제제로 알려진 약물을 처방해, 남녀 아이들이 몸에서 일어나는 변화를 정신적으로도 '따라잡을' 때까지 특정한 신체 발달에 브레이크를 걸어 준다.

좀 더 최근에는 사춘기 억제제가 FDA의 승인을 받지 않은 또 다른 용도로 사용되고 있다. 한 가지 성별에서 다른 성으로 성전환을 고민 중이면서 이제 막 사춘기에 도달했거나 초기 단계에 진입한 상태에서 젠더에 순응하지 않는 (gender-nonconforming) 청소년을 치료하기 위함이다. 일부 트랜스젠더 옹호자들과 의사들, 정신 건강 전문가들은 이 방법을 지지하는데, 그것은 태어날 때 지정된 젠더에 순응하지 않는 사람들은 신체 발달이 마무리되는 성년이 될 때까지는 자신의 상태를 드러내는 데 불편을 느낄 수도 있기 때문이다. 성인이 되고 나면 수술이나 기타 침습적 개입 없이는 호르몬 주기의 완벽한 효과를 되돌리기에 너무 늦다. 뿐만 아니라 전문가들은 (젠더에 순응하지 않는 아이들의 부모들도) 사춘기 억제제가 아이의 괴로움을 줄여 줄 수 있다고 지적한다. 젠더 위화감(gender dysphoria)을 지닌 소녀는 커지는 가슴이나 생리 전망에 대해 극단적인 고통을 느낄지도 모른다.

비록 의사들은 한쪽 성별에 특화된 호르몬을 수용하도록 설계된 인체 체계는 뇌와 뼈 성장에도 영향을 미친다는 점을 경고하지만, 미국 내분비학계의 지침은 여성이든 남성이든 수술로 완벽한 성전환을 계획 중인 경우, 트랜스젠더 소녀는 에스트로겐을 투여하고 트랜스젠더 소년은 테스토스테론을 투여하는 성교차 호르몬 요법(cross-sex hormone therapy, 사춘기 억제제와는 다르다.)을 10대도 16세부터는 안전하게 시작할 수 있다고 이야기한다. 그래도 트랜스젠더 성인들의 우울증 환자 비율 및 자살율을 고려할 때, 옹호자들은 성 교차 호르몬 요법의 장점이 위험보다 크다고 믿는다.

사춘기 억제제와 달리 성 교차 호르몬 요법은 테스토스테론 치료를 받은 소녀들에게 목젖이 자라거나 수염이 나는 등 되돌릴 수 없는 신체 변화를 일으킨다. 올바른 선택을 하려고 노력하는 부모들에게는 지극히 복잡한 문제일 수밖에 없다. 나의 동료인 에릭 빌레인(Eric Vilain)은 유전학자이자 소아과 의사로서, 젠더 위화감을 느낀 소년 중 무려 80퍼센트가 사춘기에 도달할 무렵 남성이 되는 데 적응하며 성인이 되었을 때 여성으로 성전환을 하지 않는다는 사실을 보여 주는 연구를 지적한다.[25] (언제나처럼 여성들은 면밀하게 연구된 적이 없기 때문에 소녀들의 경우에 비교해 볼 만한 통계는 없다.) 그러나 그 역시 젠더 위화감을 안고 살아가는 것의 감정적인 고통은 심각하고 압도적일 수 있음에 동의한다.

복잡한 문제라고 말하는 것으로는 좀 약한 표현이지만, 궁극적으로 인간에게 선택권이 있다는 것은 놀라운 일이다. 우리는 욕망을 품어야 마땅하고, 성생활과 생식 관련한 삶을 영구히 변화시켜 각자 지닌 호르몬 지능을 재정의하기 위해 특정한 호르몬을, 우리가 갖고 태어나지 않은 호르몬을 선택할 수 있다.

호르몬 지능적이 된다는 것

동물 암컷과 인간 여성의 발정 행동은 모두 필요 때문에 탄생했다. 건강한 수컷을 사로잡아 건강한 자식을 낳는 것이다. 삶은 단순하고 엄혹하며 짧다. 그러나 거기에는 목적이 있다. 생존하고 번성하는 것. 짝짓기, 번식, 반복. 인류가 아닌 수많은 종을 살펴보면 고대로부터 내려온 행동과 그 아래 깔린 욕망은 계속 지속된다.

수백만 년 뒤에도 여성들은 여전히 우리 조상들이 겪었던 것과 똑같은 호르몬 주기를 경험하겠지만, 우리는 깜짝 놀랄 만큼 선택의 폭이 넓다. 평생 1명이나 여러 명의 짝을 선택할 수도 있고 아예 선택을 하지 않을 수도 있다. 이성이나 동성과 함께할 수도 있다. 아이를 가질 수도 있고 아닐 수도 있다. 자발적으로 피임약이나 호르몬 요법으로 호르몬 주기를 변화시키거나, 의학과 과학의 힘으로 원치 않은 호르몬 이상을 다스릴 수 있다. 우리는 사회적 숙명과 번식 관련 숙명을 선택할 수 있는 현대 여성이다.

우리의 호르몬 지능에 어떻게 귀를 기울이고 사용할 것인지를 선택하는 방법은 복잡하다. 예를 들어 친밀한 파트너로 선택한 사람과 함께 아이를 가질 것인지(혹은 일단 아이를 낳으면 모유 수유를 할 것인지)를 정해야 한다. 인생의 행로를 바꾸어 놓는 장기적인 관계와 개인적인 선택은 발정 욕망이 아무리 강하다고 하더라도 분명 그 욕망을 바탕으로 이루어지지는 않는다.

진화 심리학과 다른 과학에서 '자연주의적 오류(naturalistic fallacy)'는 뭔가 단지 '자연스럽고' 아마도 본능적이라고 해서 '좋다는' 의미는 아님을 의미한다. 이것은 특히 문제의 소지가 있는 뭔가(발정 현상)가 오늘날 우리가 직면하고 있는 또 다른 도전과 맞닥뜨리도록 설계된 욕망과 행동의 합인 경우에도 진실이다.

그러니 우리는 호르몬 지능으로 무엇을 해야 하는가? 나의 견해는 우리 몸과 정신에 무슨 일이 일어나고 있는지, 그리고 그것이 평생에 걸쳐 각 개인인 우리에게는 어떻게 달라지는지 알 수 있다면, 아침 식사로 초콜릿 케이크를 먹고 싶은 갈망을 무시할 것인지 껴안을 것인지(왜냐하면 가끔은 정말로 맛있으니까.) 결정할 수 있을 것이라는 사실이다. 호르몬과 관련해 지능적인 선택이 무엇인지 이 책에서 과학이 제공하는 정보를 얻으면 좋겠다. 언론인들은 거의 언제나 내게 묻는다. 여성들을 위한 선생님의 조언은 뭐죠? 처음에는 그 질문에 발끈했다. (난 과학자이지 조언을 해 주는 칼럼니스트가 아니거든요!) 그러나 곧이어 나는 뭐라도 내놓아야 한다는 사실을 깨달았다. 과학을 알라. 당신 자신을 알라. 그럼 가장 뛰어난 정보를 근거로 결정을 내리게 될 것이다. 그리고 그것이 과학의 존재 목적 중 가장 큰 부분이 아닐까?

이를 더 확고히 하기 위해 몇 가지 생각을 여기 적는다. 발정 현상이 일으키는 어떤 행동들은 우리 조상 여성들에게나 인간 이외 동물의 암컷들에게 퍽 잘 맞아떨어졌다. 으뜸수컷을 매혹해 짝짓기를 하고 그의 자식을 낳거나, 자식의 삶을 보호하기 위해 다른 암컷들과 맹렬하게 경쟁을 벌이는 따위의 일 이야기다. 진화는 결국 그 경쟁을 능가해 반복 재생산 하는 것이다. 21세기 여성들은 그들과 똑같은 호르몬의 부추김을 경험할 수도 있지만, 헌신적인 관계를 맺고 있는 여성이 섹스를 위해 우월한 남성을 찾아 나서고자 하는 충동에서 필히 얻는 이득이 있을까? 그럴 것 같지는 않다. 직장에서 어느 여성 동료와 대판 싸움을 벌이고 그녀의 업무 노력을 방해하고 싶은 충동을 행동에 옮긴다면 어떻게 될까? 그러면 역효과를 낳을 것이다. 몸단장과 배회하는 본능은 피부를 드러내고, 남자들에게 추파를 던지며 여러 술집을 전전하는 형태로 나타날 수 있지만, 소중한 배우자나 파트너가 곁에 있다면, 또는 다음날 직장이나 학교에 가야한다면, 또는 집에서 아이들이 기다리고 있다면, 우리가 생각하기에도 그런 것들은 전략적인 행동이 되지 못한다.

반면에 외모를 가꾸고 강해진 기분을 느끼며 밖에 나가 새로운 사람들을 만나고 무엇을, 그리고 누구를 피해야 하는지 아는 것은 우리가 받아들여야 할 전략적인 행동이며, 호르몬과 관련된 행동이기도 하다. 아기를 보호하고 지키려는 충동이나, 애정 넘치고 내게 도움이 되며 늘 변함없는 파트너를 찾으려는 충동 또한 마찬가지다. 혹은 어쩌면 그저 타이밍이 완벽할 때 찾아온 짧은 정사야말로 우리가 원하는 것일 수도 있다. 우리에게는 선택할 힘이 있으며, 우리의 선택을 호르몬과 관련된 인생의 맥락에 포함시킬 수 있다.

여성들은 매일같이 논리적으로 생각하며 합리적인 결정을 내릴 수 있다. (때로는 선의에서 실수를 저지르거나 편견을 가질 수도 있을 것이다.) 이것은 우리가 철저한 호르몬의 통제를 받느라 '열'의 오르내림에 묶여 있거나 혈액 손실로 약해지거나 가임력이 희미해지면서 쇠약해지지 않기 때문이다. 그런데도 우리 호르몬 주기의 리듬 안에서 그러한 태고의 힘이 느껴질 때는 독특한 여성으로서의 힘을 발휘하면 된다.

내가 볼 때 모든 소녀와 여성 들은 호르몬 주기의 범위에 대해서 어떻게, 언제, 왜 그러는지 속속들이 이해함으로써 얻는 이득이 많다. 우리 행동에 영향을 미치는 잠재적 충동에 대해서 우리는 친숙해져야 한다. 그리고 그러한 행동을 실천에 옮기기로 선택하는 것은 본인만의 호불호와 목표를 근거로 이루어지는 개개인의 선택임을 알아야 한다. 우리의 호르몬 특성에 대해 순진무구한 태도는 도움이 되지 못한다. 반면에 호르몬 지능을 소중히 여기는 태도는 도움을 줄 것이다.

우리 같은 과학계의 연구자들이 인간의 발정 현상이 진실임을 인정하기까지 시간이 너무 오래 걸렸다. 이제 우리는 그 함의를 연구하고 이해하고자 노력하며 잃어버린 시간을 벌충하고 있다. 여성의 몸과 마음에 대해 우리가 더 나은 교육을 받는다면 모든 여성이 이득을 보게 될 것이다. 또한 남성들도 좀 더 많이 안다면 우리에게 이득이 될 것이다.

그 여자는 호르몬에 휘둘려.

다음번에 또 이런 말을 듣거나 하게 된다면, '그 여자'는 할머니이고, 어머니이고, 자매이고, 친구이고, 딸임을 명심하라. '그 여자'는 현재를 통해 억겁의 세월을 살아온 우리 조상들이자, 각자 호르몬 주기를 지닌 채 태어나 장차 어른이 될 여성들이 이어 온 끊어지지 않는 사슬의 한 고리이다. '그 여자'는 당신일 수도 있다.

'그 여자'는 나이고, 나는 호르몬에 좌우되는 것이 자랑스럽다.

감사의 글

학부생 때의 스승 댄 모리아티 박사님을 시작으로, 학문적으로나 개인적으로 이 책을 쓰는 데 길을 찾도록 도움을 주신 멘토들께 감사드린다. 나는 인간의 행동에 매혹되었고 내가 목격한 것들을 설명할 수 있기를 갈망했지만, 생물학 쪽으로 여지가 거의 없었던 당시 이론에는 감명을 받지 못했다. 댄은 나에게 심리학과 행동 유전학, 성생활(인간에 대해서는 감질나는 힌트만 점점이 제시되었고 주로 동물에 관한), 그리고 약간은 호르몬에 대해서도 가르침을 주었다. 엄격한 교수의 전형적인 모습에 딱 맞는 분으로, 수염을 기르고 교탁에는 자료를 끊임없이 쌓아 올리고 강의 중에는 미소를 짓는 일이 드물며 오전 8시 수업만 고집했다. 그러나 퉁명스러운 겉모습 안에 부드러움을 간직한 분이었다. 학생들은 절반쯤 졸거나 너무 얼어서 질문도 하지 못했다. 그러나 어느 날 그는 수컷과 암컷 다람쥐의 짝짓기 행동에서 드러나는 차이점을 설명하는 한 가지 방식으로 양육 투자 이론을 소개했다. 나는 생각했다. 하지만 인간 행동에 대해서도 그것으로 많은 게 설명되는데. 주말마다 내가 목격하는 거잖아! 나는 손을 들었고 인간의 성별 차이를 설명하는 데 그 이론을 활용한 사람이 누구라도 있는지 물었다.

댄은 그 한 사람을 내게 알려주었다. 미시간 대학교의 데이비드 버스 박사였다. 비록 마침내 우리의 진로가 교차되기까지는 수년의 세월이 더 필요했지만, 그 이름은 뇌리에 새겨졌고 미래에 새로운 초점이 생긴 느낌이 들었다. 이게 내가 하고 싶은 일이었어!

나는 사랑하는 윌리엄앤메리 대학에서 석사 과정을 마쳤고 그곳에서 길게 기른 은발을 꽁지머리로 묶은 채 폭스바겐 미니버스를 몰고 다니며 대인 관계의 애착(신에 대한 인간의 상상 애착을 포함해)을 연구하는 히피 지식인 리 커크패트릭 박사를 만났다. 그는 록밴드 그레이트풀 데드(Grateful Dead) 공연에 나를 데려갔고, 운명적으로 지역 대학에서 열린 버스 박사와의 대담으로 니를 인도했다. 강연장은 수백 명의 참석자로 바글거렸다. 질의 응답 시간에 나는 나 자신을 침입자처럼 느꼈지만 손을 들고서 고대 인류의 심리가 현대 세계에는 어떤 영향을 미치는지 물었다. "어떤 함의가 있나요?"라고 내가 묻자 그는 나를 가리키며 "훌륭한 질문입니다!"라고 말했다. 별로 훌륭한 질문은 아니었지만 아무튼 그의 말은 결국 이 책이 된 아이디어를 파고들도록 나에게 용기를 북돋았다.

나는 데이비드와 함께 박사 과정을 이어갔다. 관대한 지도 교수이자 친구였던 그가 지적으로도 어울리는 상대임을 확인하는 행운을 누렸다. 우리는 단지 아이디어를 주고받는 것만으로도 2시간 이상 마라톤 회의를 계속하곤 했다. 꿈이 실현된 것이었다.

나는 데이비드를 따라 텍사스 대학교로 옮겨 학위를 마쳤다. 사랑스러운 대학원 동료들도 만났다. 작업실을 같이 썼던 에이프릴 블레스키, 리사 레드포드, 세르게이 보그다노프, 토드 셰클포드, 그리고 맞다, 배리(프리드먼) 당신도! 랜디 딜, 디벤드라 싱, 어니 버스, 마이클 라이언, 신디 메스턴을 포함해 운 좋게도 멋진 교수님들을 만났다.

박사 과정을 끝낸 뒤 정착한 UCLA에서는 가장 큰 지원과 영감을 안겨 준 두 학자, 앤 페플로와 크리스틴 던켈 셰터를 만났다. 앤은 여성의 성적 지향을 연구(여성들의 경험을 조사하고 그 결과를 수량화)한 최초의 학자 중 한 사람이었다. 그녀는 과감한 선구자이자 나의 롤 모델이었다. 크리스틴은 임신 중에 어떤 일이 일어나기에 임신부들이 가장 흔하게 겪는 문제인 조산이 발생하는지 알아보는 것과 같은 정말 어려운 문제를 연구하며 나를 놀라게 한다. 그녀는 국립 보건원의 연구 지원금을 한 번에 3건씩 따내기도 하는데, 다른 사람은 결코 엄두도 낼 수 없는 일임을 목격해서 잘 안다.

너그럽게 충고와 영감을 아끼지 않았던 다른 선배 연구자들도 있었다. 존 실크, 레다 코즈미데스, 짐 시더니어스, 아트 아널드, 데이비드 시어스, 마이클 베일리, 돈 시먼스, 랜디 손힐, 존 투비가 그들이다. 새러 하디와 패티 코워티를 포함해, 다른 다윈주의 페미니스트(그들에게 내가 이런 호칭을 적용하는 것을 언짢게 여기지 않기를 바란다.)들에게도 멀리서 많은 영감을 받았다. 원고 앞부분을 꼼꼼히 읽고 이 프로젝트에 대해서 열의를 보이며 내게 용기를 준 친애하는 벗 베스 슈먼에게 감사한다.

UCLA에서 멋진 동료들을 만났다. 다른 친구들도 많지만 애비게일 새기, 클라크 바렛, 그렉 브라이언트, 에릭 빌레인, 나오미 아이젠버거, 댄

페슬러(우린 모두 그에게 '페슬'되었는데, 그것은 한 번 이야기를 나누고 나면 1초 만에 어려운 질문을 받는다는 의미다.) 또한 지적으로나 개인적으로 늘 내 곁에 있어 주었던 숱한 이들에게 감사하다. 데브라 리버만, 케리 존슨(나의 딸이 나의 영원한 '베프'라고 부르는 친구), 빌 본 히펠, 애스나 애크티피스, 제프리 셔먼, 더그 켄릭, 스티브 뉴버그, 대니얼 네틀, 도미닉 존슨. 여러분 모두 동료로서, 지지자로서, 친구로서 대단히 훌륭했다. 뛰어난 과학 저술가인 제프리 밀러는 내가 가진 아이디어로 이 책을 탄생시키는 데 도움을 주었고, 계속 쓰도록 박차를 가해 주었다. 그에게 고맙다.

2장에서 무대 중앙을 차지한 스티브 갱스테드는 내 박사 학위의 두 번째 지도 교수 같은 분이다. 그는 뛰어난 통계학자이자 방법론 학자이자 아이디어맨이다. 내 연구가 정치적 반대에 부딪혔을 때 그는 그곳에서 귀를 기울여주었다. (그리고 약간의 분노도 공유했다.) 나는 그에게 엄청난 양을 배웠다. 이 책에 담긴 아이디어 상당수는 수년간 거쳤던 논의에서 탄생했다. 스티브의 엄석과 우리의 협입, 그의 우정이 아니었다면 이 책을 쓰지 못했을 것이다.

가장 중요한 사람들은 나의 대학원생들이다. UCLA 시절부터 첫 제자였던 엘리자베스 필스워스는 오늘날 우리가 연구실에서 활용하는 연구 방법 개발에 도움을 주었다. 책에 실린 연구의 대다수는 그녀의 예리한 통찰력이 없었다면 수행하지 못했을 것이다. 그녀의 발사취를 다른 많은 학생들이 뒤따랐다. 데이비드 프레더릭, 조시 푸어, 시먼 사파이어번스타인, 앤드루 갤퍼린, 크리스티나 라슨, 켈리 길더슬리브, 멜리사 페일즈, 브릿 앨스트롬, 데이비드 핀소프, 제시카 슈롭셔, 트랜 딘. 또한 운 좋게도 나의 연구실에는 대단히 영민한 박사후 과정생들도 있다. 제니퍼 한홀브룩, 데미언 머레이, 애런 루카즈위스키. 제니퍼는 7장 집필에 많은 영감을 주었다. 이들은 모두 새로운 아이디어에 내 눈이 뜨이도록 해 주었고 내 작업을 지구 최강으로 만들어 주었다. 그들은 가족이다. 어멘다 반스는 연구 조교로 엄청나게 나를 도와주었다. 그녀가 없었다면 끝까지 책을 마칠 수 없었을 것이다.

특별히 인내심 많은 에이전트로서 나의 생각들을 다듬어 『호르몬 찬가』로 만드는 데 도움을 주었으며, 지혜롭고 현실적인(역시나 특별히 인내심도 많은) 편집자 트레이시 베어의 손에 곧장 나를 인도해 준 카틴카 맷슨에게 감사한다. 곁을 줄곧 지켜준 두 사람에게 고맙다. 한 번도 직접 만나본 적은 없지만 나의 '글쓰기 파트너'였던 베키 카바자, 당신은 또 한 사람의 영원한 '베프'다. 나의 아이디어들을 온 세상의 '호르몬에 좌우되는 여성들'이 읽을 수 있는 말로 번역해 준 당신에게 고마움을 전한다. 또한 직업적으로나 개인적으로나 즐겁게 대화와 아이디어를 주고받으며 생각을 쳐낼 수 있게 도와주고 든든한 지원군이 되어 준 것에 감사한다.

여러분 모두에게 감사드린다. 여러분의 작업이 오늘 당신이 들고 있는 책의 탄생을 도와주었으며, 그렇게 함께 우리가 집단적인 호르몬 지능을 발달시키는 데 모두 기여하고 있다고 생각하고 싶다.

후주

머리말

1 Gloria Steinem, "If Men Could Menstuate," in *Outrageous Acts and Everyday Rebellions* (New York: NAL, 1986), posted by Sally Kohn, http://ww3.haverford.edu/psycholology/ddavis/p109g/steinem.menstruate.html.

1. 호르몬의 어려움

1 Claudia Goldin, Lawrence F. Kats, Ilyana Kuziemko, "The Homecoming of American College Women: The Reversal of the College Gender Gap," *Journal of Economic Perspectives* 20, no.4(2006): 133-156.

2 Kristina M. Durante, Ashley Rae, Vladas Criskevicius, "The Fluctuating Female Vote: Politics, Religion, and the Ovulatory Cycle," *Psychological Science* 24, no. 6(2013): 1007-1016.

3 Katie Baker, "CNN Thinks Crazy Ladies Can't Help Voting with Their

Vaginas Instead of Their Brains," *Scientific American*, 2012/10/24, http://jezebel.com/5954617/cnn-thinks-crazy-ladies-cant-help- voting-with-their-vaginas-instead-of-their-brains; Kate Clancy, "Hot for Obama, but Only When This Smug married Is Not Ovulating," *Scientific American*, 2012/10/26, https://blogs.scientificamerican.com/context-and-variation/hot-for-obama-ovulation-politics-women/; Alexandra Petri, "CNN's Hormonal Lady Voters," *Washington Post*, 2012/10/25, https://www.washingtonpost.com/blogs/compost/post/cnns-hormonal-lady-voters/2012/10/24/961799c4-1elf-lle2-9cd5-b55c38388962_blog.html?utm_term=.48f969c61461.

4   Marylin Bender, "Doctors Deny Woman's Hormones Affect Her as an Executive," *New York Times*, 1970/ 7/ 31.

5   Nancy Ross, "Berman Says He Won't Quit," *Washington Post, Times Herald*, 1970/ 7/ 31.

6   "History," Our Bodies Ourselves, http://www.ourbodiesourselves.org/history/.

7   Jayne Riew, *The Invisivle Mounth*, http://theinvisiblemonth.com/.

8   Jayne Riew, "The Artist," *The Invisivle Mounth*, http://theinvisiblemonth.com/.

9   Martie G. Haselton, Steven W. Gangestad, "Conditional Expression of Women's Desires and Men's Mate Guarding across the Ovulatory Cycle," *Hormones and Behavior* 49(2006) 509-518; Martie G. Haselton and Kelly A. Gildersleeve, "Human Ovulation Cues," *Current Opinion in Psychology* 7(2016): 120-125.

10   "Policy & Compliance," National Institutes of Health, http://grants.nih.

gov/grants/policy/policy.htm.

11 G. H. Wang, " 'Spontaneous' Activity and the Oestrous Cycle in White Rat,"
    Comparative Psychology Monographs 6(1923): 1-40.

12 Malin Ah-King, Andrew B. Barron, Marie E. Herberstein), "Genital
    Evolution: Why Are Females Still Understudied," *PLoS Biology* 12: e1001851,
    doi: 10.1371/journal.pbio.1001851.

13 Ibid.

14 Patricia L. R. Brennan, Richard O. Prum, Kevin G. McCrackern, Michael D.
    Sorenson, Robert E. Wilson, Tim R. Birkhead, "Coevolution of Male and
    Female Genital Morphology in Waterfowl," *PLoS One* 2: e418, doi: 10.1371/
    journal.pone.0000418.

2. 열 추적자들

1 Steven W. Gangestad, Randy Thornhill, "Menstrual Cycle Variation in
   Women's Preferences for the Scent of Symmetrical Men," *Proceedings of the
   Royal Society B: Biological Sciences* 265(1998): 927-933.

2 오늘날에는 중요성이 거의 없다 하더라도 '좋은 유전자'의 단서는 조상 대대로
   막대한 중요성을 지니고 있었을지 모른다. 우리는 현대 의학과 풍요로운 음식의
   시대에 살고 있으며 우리들 대부분은 보편적으로 수월한 생활 방식을 누린다.
   따라서 이 문단과 책 전체에서 내가 '단서(cues)'나 '지표(indicators)'를 언급할 때
   는 조상 여성들이 양질의 짝을 선택할 때 사용했던 단서를 가리킨다. 현대 세계
   에서는 그런 단서들이 반드시 여성의 자식에게 이득을 주지는 못한다.

3 Randy J. Nelson, *An Introduction to Behavioral Endocrinology*, 3rd ed.
   (Sunderland, MA: Sinauer Associates, 2005).

4 Alan F. Dixon, *Primate Sexuality: Comparative Studies of Prosimians, Monkeys,*

Apes, and Human Beings, 2nd ed. (Oxford: Oxford University Press, 2012).

5   Owen R. Floody, Donald W. Pfaff, "Aggressive Behavior in Female Hamsters: The Hormonal Basis for Fluctuations in Female Aggressiveness Correlated with Estrous State," *Journal of Comparative and Physiological Psychology* 91(1977): 443–464.

6   Ibid.; Nelson, *An Introduction to Behavioral Endocrinology*.

7   Carol Diakow, "Motion Picture Analysis of Rat Mating Behavior," *Comparative and Physiological Psychology* 92(1978): 937–941.

8   Dixon, *Primate Sexuality*.

9   Ibid.; Nelson, *An Introduction to Behavioral Endocrinology*.

10 Mark Griffith, *Aeschylus: Prometheus Bound* (Cambridge: Cambridge University Press, 1983).

11 Plato, *The Republic and Other Works*, trans. Benjamin Jowett (New York: Anchor Books, 1973).

12 Homer, *The Odyssey*, trans. Robert Fagles (New York: Penguin Books, 1996).

13 Jeremiah 2:24 (GNT).

14 Nelson, *An Introduction to Behavioral Endocrinology*.

15 Dixon, *Primate Sexuality*.

16 P. G. McDonald, Bengt J. Meyerson, "The Effect of Oestradiol, Testosterone, Dihydrotestosterone on Sexual Motivation in the Ovariectomized Female Rat," *Physiology and Behavior* 11(1973): 515–520; Bengt J. Meyerson, Leif Lindtröm, Erna-Britt Nordström, Anders Ågmo, "Sexual Motivation in the Female Rat after Testosterone Treatment," *Physiology and Behavior* 11(1973): 421–428.

17 Frank Beach, "Locks and Beagles," *American Psychologist* 24(1969): 971–989.

18 Ibid.

19 Frank Beach, "Sexual Attractivity Proceptivity, and Receptivity in Female Mammals," *Hormones and Behavior* 7(1976): 105-138.

20 이런 차이가 어떻게 오늘날까지 지속되고 있는지, 어쩌다 국립 보건원(NIH) 같은 기관에서 언급되기에 이르렀는지 더 많은 정보는 1장을 참고 바란다.

21 Frank Beach, "Locks and Beagles." 비치는 당시 가장 규모가 큰 심리학 전문가 협회였던 전미 심리학 협회(the American Psychological Association)에서 발표한 기조 연설에서 자신의 생각 변화를 밝혔다. 특유의 유머 감각을 발휘해 그는 자신의 발표문에 '잠금과 비글'이라는 표제를 붙였다.

22 Martha K. Mcklintock, "Sociobiology of Reproduction in Norway Rat(*Rattus norvegicus*): Estrous Synchrony and the Role of the Female Rat in Copulatory Behavior" (PhD diss., *ProQuest Information and Learning*, 1975).

23 Martha K. Mcklintock, Norman T. Adler, "The Role of the Female during Copulation in Wild and Domestic Norway Rats(*Rattus norvegicus*)," *Behaviour* 67(1978): 67-96.

24 Ibid.; Mary S. Erskine, "Solicitation Behavior in the Estrous Female Rat: A Review," *Hormones and Behavior* 23(1989): 473-502.

25 Martha K. Mcklintock, "Group Mating in the Domestic Rat as a Context for Sexual Selection: Consequences for the Analysis of Sexual Behavior and Neuroendocrine Responses," *Advances in the Study of Behavior* 14(1984): 1-50.

26 *Vagina: A New Biography* (New York: Ecco, 2012) 3장과 14장에 언급된 쥐의 쾌락과 '(쥐의 입장에서 볼 때)좋은 성생활'을 기반으로 한 선택에 관한 매혹적인 논의 역시 참고 바란다.

27 Simona Caffazzo, Roberto Bonnani, Paola Valsecchi, Eugenia Natoli, "Social Variables Affecting Mate Preferences, Copulation and Reproductive

Outcome in a Pack of Free-Ranging Dogs," *PLoS One* 6(2014); e98594, doi: 10.1371/journal.pone.0098594.

28 Akiko Matsumoto-Oda, "Female Choice in the Opportunistic mating of Wild Chimpanzees(*Pan troglodytes schweinfurthii*) at Mahale," *Behavioral Ecology and Sociobiology* 46(1999): 258-266. Rebecca M. Stumpf and Cristophe Boesch, "Does Promiscuous Mating Preclude Female Choice? Female Sexual Strategies in Chimpanzees(*Pan troglodytes verus*) of the Taï National Park, Côte d'Ivoire," *Behavioral Ecology and Sociobiology* 57(2005): 511-524. 후자 논문은 한 집단 내 암컷들이 최고 정점 가임기 때 서열 높은 수컷과 낮은 수컷 양쪽과 교미를 하지만 중간 서열의 수컷과는 교미를 하지 않는다는 점을 보여 주었다. 암컷들이 서열 높은 수컷으로부터는 유전적 혜택을 얻고 유전과 상관없는 혜택(즉 가임기 때 서열 낮은 수컷들과 교미를 하는 대가로 그들로부터 먹을 것이나 보호를 받음)도 얻을 가능성이 있다.

29 Ekaterina Klinkova, J. Keith Hodges, Kerstin Fuhrmann, Tom de Jong, Michael Heistermann, "Male Dominance Rank, Female Mate Choice and Male Mating and Reproductive Success in Captive Chimpanzees," *International Journal of Primatology* 26(2005); 357-384.

30 Pascal R. Marty, Maria A. Van Noordwijk, Michael Heistermann, Erik P. Willems, Lynda P. Dunkel, Manuela Cadilek, Muhamad Agil, Tony Weingrill, "Endocrinological Correlates of Male Bimaturism in Wild Bornean Orangutans," *American Journal of Primatology* 77, no.11(2015): 1170-1178.

31 Cheryl D. Knott, Melissa E. Thompson, Rebecca M. Stumpf, Matthew H. McIntyre, "Female Reproductive Strategies in Orangutans, Evidence for Female Choice and Counterstrategies to Infanticide in a Species with

Frequent Sexual Coercion," *Proceedings of the Royal Society B: Biological Sciences* 277(2010): 105-113; Parry M. R. Clarke, S. Peter Henzi, Louise Barrett, "Sexual Conflict in Chacma Baboons, Papio hamadryas ursinus: Absent males Select for Proactive Females," *Animal Behavior* 77(2009): 1217-1225. 우세한 수컷들이 하위 서열 수컷들을 배제할 수도 있기 때문에 여기 나타난 증거는 다소 해석하기 어렵다. 많은 영장류들이 친자 여부를 모르도록 혼동시키기 위해 여럿이 난교한다는 증거 또한 일부 존재한다.

32 Tony Weingrill, John E. Lycett, , "Consortship and Mating Success in Chacma Baboons(*Papio hamadryas ursinus*)," *Ethology* 106(2000): 1033-1044.

33 Charles Darwin, *The Descent of MAn, and Selection in Relation to Sex* (London: J. Murray, 1871).

34 George W. Corner, *The Hormones in Human Reproduction* (Princeton, NJ: Princeton University Press, 1942).

35 Nelson, *An Introduction to Behavioral Endocrinology*.

36 Allen J. Wilcox, Clarice R. Weinberg, Donna D. Baird, "Timing of Sexual Intercourse in Relation to Ovulation: Effects on the Probability of Conception, Survival of the Pregnancy, and Sex of the Baby," *New England Journal of Medicine* 333(1995): 1517-1521.

37 J. Richard Udry, Naomi M. Morris, "Distribution of Coitus in the Menstrual Cycle," *Nature* 220(1968): 593-596.

38 Allen J. Wilcox, Donna D. Baird, David B. Dunson, Robert McConnaughey, James S. Kesner, Clarice R. Weinberg, "On the Frequency of Intercourse around Ovulation: Evidence for Biological Influence," *Human Reproduction* 19(2004): 1539-1543.

39 David A. Adams, Alice R. Gold, Anne D. Burt, "Rise in Female-Initiated

Sexual Activity at Ovulation and Its Suppression by Oral Contraceptives," *New England Journal of Medicine* 299(1978): 1145–1150; Susan B. Bullivant, Sarah A. Sellergren, Kathleen Stern, Natasha A. Spencer, Suma Jacob, Julie A. Mennella, Martha K. Mcklintock, "Women's Sexual Experience during the Menstrual Cycle: Identification of the Sexual Phase by Noninvasive Measurement of Luteinizing Hormone," *Journal of Sex Research* 41(2004): 82–93.

40 S. Marie Harvey, "Female Sexual Behavior: Fluctuations during the Menstrual Cycle," *Journal of Psychosomatic Research* 31(1987): 101–110.

41 Bullivant et al., "Women's Sexual Experience".

42 Alexandra Brewis, Mary Meyer, "Demographic Evidence That Human Ovulation Is Undetectable(At Least in Pair Bonds)," *Current Anthropology* 46(2005): 465–471.

43 Ibid.

44 Pamela C. Regan, "Rhythms of Desire: The Association between Menstrual Cycle Phase and Female Sexual Desire," *Canadian Journal of Human Sexuality* 5(1996): 145–156.

45 Martie G. Haselton, Steven W. Gangestad, "Conditional Expression of Women's Desires and Men's Mate Guarding across the Ovulatory Cycle," *Hormones and Behavior* 49(2006): 509–518; Christina M. Larson, "Do Hormonal contraceptives Alter Mate Choice and Relationship Functioning in Humans?" (PhD diss., UCLA, 2014); Steven W. Gangestad, Randy Thornhill, Christine E. Garver, "Changes in Women's Sexual Interests and Their Partner's Mate-Retention Tactics across the Ovulatory Cycle: Evidence for Shifting Conflicts of Interest," *Proceedings of the Royal Society B: Biological*

Sciences 269(2002): 975–982.

46 James R. Roney, Zach L. Simmons, "Hormonal Predictors of Sexual motivation in Natural Menstrual Cycles," *Hormones and Behavior* 63(2013): 636–645.

47 J. Richard Udry, Naomi M. Morris, "Distribution of Coitus in the Menstrual Cycle," Variations in Pedometer Activity during the Menstrual Cycles," *Obstetrics and Gynecology* 35(1970): 199–201.

48 Richard L. Doty, M. Ford, George Preti, G. R. Huggines, "Changes in the Intensity and Pleasantness of Human Vaginal Odors during the Menstrual Cycle," *Science* 190(1975): 1316–1318.

49 모든 점수는 기준표의 매력 없음 쪽에 집중되어 있었으므로, 좀 더 기술적으로 올바르게 표현하자면, 임신율이 높을 때 표본들의 매력 없음 지수가 덜 높은 것으로 집계되었다고 말하는 것이 나을 것이다. 이 연구는 여성들의 '위생' 제품이 전성기였던 1970년대에 수행되었다. 현재는 더 많은 사람들이 체취에 관한 민감성 연구를 더 발전시켜 왔지만, 최근의 '빅데이터' 책인 『모두 거짓말을 한다(*Everybody Lies*)』는 여성들이 구글에서 가장 자주 검색하는 내용 중 하나가 자신의 질에서 악취가 날까 걱정하는 것임을 보여 주었다. 그러한 검색은 주로 젊은 여성들이 하는 것으로 보이므로, 어쩌면 우리의 호르몬에 대한 본성을 받아들이는 지혜는 약간 더 많은 성 경험과 함께 찾아오는 것 같다. Seth Stephens-Davidowitz, *Everybody Lies: Big Data, New Data, and What the internet Can Tell Us about Who We Really Are* (New York: Harper Collins, 2017).

50 Steven Pinker, *The Blank Slat* (New York, Penguin Books, 2002). 이 책에서 핑커는 이 생각을 지지하고 있지는 않지만, 자세히 묘사하며 가설의 기원과 위험성도 함께 짚어낸다.

51 Robert Trivers, *Parental Investment and Sexual Selection*, vol. 136 (Cambidgem

MA: Biological Laboratories, Harvard University, 1971).

52 Ibid.

53 Ibid.

54 Terri D. Conley, Amy C. Moors, Jes L. Matsick, Ali Ziegler, Brandon A. Valentine, "Women, Men, and the Bedroom: Methodological and Conceptual Insights That Narrow, Reframe, and Eliminate Gender Difference in Sexuality," *Current Directions in Psychological Science* 20(2011): 296–300; David P. Schmitt, Peter K. Jonason, Garret J. Byerley, Sandy D. Flores, Brittany E. Illbeck, Kimberly N. O'Leary, Ayesha Qudrat, "A Reexamination of Sex Differences in Sexuality: New Studies Reveal Old Truths," *Current Directions in Psychological Science* 21(2012): 135–139.

55 Russell D. Clark, Elaine Hatfield, "Gender Differences in Receptivity to Sexual Offers," *Journal of Psychology and Human Sexuality* 2, no. 1(1989): 39–55.

56 D. P. Schmitt, L. Alcalay, J. Allik, I. Austers, K. L. Bennett, G. Bianchi, et al., "Universal Sex Differences in the Desire for Secual Variety: Test from 52 Nations 6 Continents, and 13 Islands," *Journal of Personality and Social Psychology* 85(2003): 85–104; David Schmitt, "Fundamentals of Human Mating Strategies," in *The Handbook of Evolutionary Psychology*, ed. David Buss (Hoboken, NJ: John Wiley and Sons, 2016), 294–316, http://www.wiley.com/WileyCDA/WileyTitle/productCd-111875588X.html.

57 David Buss, David Schmitt, "Sexual Strategies Theory: An Evolutionary Perspective on Human Mating," *Psychological Review* 100(1993): 204–232.

58 Schmitt et al., "Universal Sex Differences".

59 Buss and Schmitt, "Sexual Strategies Theory".

60 Trivers, *Parental Investment*; Randy Thornhill, Steven W. Gangestad, *The*

Evolutionary Biology of Human Female Sexuality (New York: Oxford University Press, 2008); Anders P. Moller, Randy Thornhill, "Bilateral Symmetry and Sexual Selection: A Meta-Analysis," *American Naturalist* 151(1998): 174-192.

61 Steven W. Gangestad, Jeffry A. Simpson, "The Evolution of Human Mating: Trade-Offs and Strategic Pluralism," *Behavioral and Brain Sciences* 23(2000): 573-587.

62 Gangestad and Thornhill, *Menstrual Cycle Variation*.

63 Ibid.

64 Ibid.

65 Ian S. Penton-Voak, David I. Perret, "Female Preference for Male Faces Changes Cyclically: Further Evidence," *Evolution and Human Behavior* 21(2000): 39-48.

66 Kelly A. Gildersleeve, Martie G. Haselton, Melissa R. Fales, "Do Women's Mate Preference Change across the Ovulatory Cycle? A Meta-Analytic Review," *Psychological Bulletin* 140, no. 5(2014): 1205.

67 Anja Rikowski, Karl Grammer, "Human Body Odour, Symmetry, and Attractiveness," *Proceeding of the Royal Society B: Biological Sceiences* 266(1999): 869-874; Penton-Voak and Perret, "Female Preference"; Victor S. Johnston, Rebecca Hagel, Melissa Franklin, Bernhard Fink, Karl Grammer, "Male Facial Attractiveness: Evidence for Hormone-Mediated Adaptive Design," *Evolution and Human Behavior* 22(2001): 251-267; Randy Thornhill, Steven W. Gangestad, Robert Miller, Glenn Sched, Julie K. McCollough, Melissa Franklin, "Major Histocompatibility Complex Genes, Symmetry, and Body Scent Attractiveness in Men and Women," *Behavioral Ecology* 14(2003): 668-678; Randy Thornhill, Steven W. Gangestad, "The Scent of Symmetry: A

Human Sex Pheromone That Signals Fitness?" *Evolution and Human Behavior* 20(1999): 175–201.

3. 28일간 달의 주기를 따라

1 전문 용어와 관련된 이 문제는 실제로 놀랍도록(나에게도 놀랍고, 아마 당신에게도 놀라울 것이다!) 씁쓸한 논란의 대상이다. 앨런 딕슨(Alan Dixon)은 영장류의 섹슈얼리티에 대한 세계적인 전문가로서 알려져 있으며, 거의 3,000개의 참고 문헌을 포함해 백과사전에 가까운 탁월한 전문 서적이자 제목도 잘 어울리는 『영장류의 섹슈얼리티(*Primate Sexuality*)』를 집필했는데, 이 책은 내 논문에도 종종(이 책에도 많이 등장한다.) 인용된다. 인간 이외의 영장류에 대한 그의 학자적 식견을 신뢰하고 깊이 존경한다. 그런데 우리 종에 관한 한, 그는 지난 20년간 연구가 축적된 발정 현상 같은 상태에 대해서는 풍부한 증거를 제시하지 않는 편이다. 그의 책은 인간 발정 현상에 대한 연구가 부상한 지(그리고 물론 인간은 영장류다.) 한참 뒤인 2012년에 출간되었다. 그는 인간과 관련해 '발정 현상'이라는 용어의 사용에 반발하며 그 대신에 유일하게 적합한 용어는 '생리 주기'라고 주장한다. 발정 현상은 성적 행동이 번식 주기의 가임 기간에만 제한된 종을 위한 것으로 남겨 두어야 한다는 것이다. 그러나 나는 인간의 섹슈얼리티가 '고전적인 발정 현상'을 보이는 종에 비해 더 유연하기는 하지만, 발정 현상 같은 변화의 증거(여성의 성욕과 짝짓기와 관련된 행동) 또한 상당히 많다는 나의 동료 스티브 갱스테드와 랜디 손힐의 주장에 동의한다. 인간에게만 고유한 용어를 사용하는 것은 인간의 경우를 따로 떼어 놓아, 인간의 사촌들과 나란히 인류를 탐구하는 데 방해가 될 수 있다. 이 논의가 얼마나 험악해질 수 있는지 보려면, 손힐과 갱스테드의 2008년 저서, 『인간 여성 섹슈얼리티의 진화 심리학(*The Evolutionary Biology of Human Female Sexuality*)』(New York: Oxford University Press, 2008)에 대한 딕슨의 비평(http://www.amazon.com/dp/019534099X/ref=rdr_ext.tmb)을 확인하기 바란다.

2   James R. Roney, Zachary L. Simmons, "Elevated Psychological Stress Predicts Reduced Estradiol Concentrations in Young Women," *Adaptive Human Behavior and Physiology* 1, no.1(2015): 30-40; Samuel K. Wasser, David P. Barash, "Reproductive Suppression among Female Mammals: Implications for Biomedicine and Sexual Selection Theory," *Quarterly Review of Biology* 58, no. 4(1983): 513-538; Samuel K. Wasser, "Psychosocial Stress and Infertility," *Human Nature* 5, no.3(1994): 293-306.

3   Gordon D. Niswender, Jennifer L. Juengel, Patrick J. Silva, M. Keith Rollyson, Eric W. McIntush, "Mechanisms Controlling the Function and Life Span of the Corpus Luteum," *Physiological Reviews* 80, no. 1(2000): 1-29.

4   Martha K. Mcklintock, "Menstrual Synchrony and Suppression," *Nature*(1971).

5   Beverly I. Strassmann, "Menstrual Synchrony Pheromones: Cause for Doubt," *Human Reproduction* 14, no. 3(1999): 579-580.

6   Julia Ostner, Charles L. Nunn, Oliver Schülkea, "Female Reproductive Synchrony Predicts Skewed Paternity across Primates," *Behavioral Ecology* 19, no. 6(2008): 1150-1158.

7   Raymond Greene, Katharina Dalton, "The Premenstrual Syndrome," *British Medical Journal* 1, no. 4818(1953): 1007.

8   M. J. Law Smith, David I. Perret, Benedict C. Jones, Elisabeth Conwell, Phionna R. Moore, David R. Feinberg, Lynda G. Boothroyd, et al., "Facial Appearance is a Cue to Oestrogen Levels in Women," *Proceedings of the Royal Society B:Biological Sciences* 273, no. 1583(2006): 135-140.

9   Kristina M. Durante, Norman P. Li, "Oestradiol Level and Opportunistic Mating in Women," *Biology Letters* 5, no. 2(2009): 179-182.

10 Grazyna Jasieńka, Anna Ziomkiewicz, Peter T. Ellison, Susan F. Lipson, Inger Thune, "Large Breasts and Narrow Waists Indicate Hight Reproductive Potential in Women," *Proceedings of the Royal Society B: Biological Sciences* 271, no. 1545(2004): 1213.

11 James R. Roney, Zachary L. Simmons, "Women's Estradiol Predicts Preference for Facial Cues of Men's Testosterone," *Hormones and Behavior* 53, no. 1(2008): 14-19.

12 Durante and Li, "Oestradiol Level".

13 Steven J. Stanton, Oliver C. Schultheiss, "Basal and Dynamic Relationships between Implicit Power Motivation and Estradiol in Women," *Hormones and Behavior* 52, no. 5(2007): 571-580; Steven J. Stanton, Robin S. Edelstein, "The Physiology of Women's Power Motive: Implicit Power Motivation Is Positively Associated with Estradiol Levels in Women," *Journal of Research in Personality* 43, no. 6(2009): 1109-1113.

14 Lebron-Milad Kelimer, Bronwyn M. Graham, Mohammed R. Milad, "A Vulnerability Factor for the Development of Posttraumatic Stress Disorder," *Biological Psychiatry* 72, no. 1(2012): 6-7.

15 J. Richard Udry, Naomi M. Morris, "Variations in Pedometer Activity during the Menstrual," *Obstetrics and Gynecology* 35(1970): 199-201.

16 James R. Roney, Zachary L. Simmons, "Hormonal Predictors of Sexual Motivation in Natural Menstrual Cycle," *Hormones and Behavior* 63(2013): 636-645.

17 Dionne P. Robinson, Sabra L. Klein, "Pregnancy and Pregnancy-Associated Hormones Alter Immune Responses and Disease Pathogenesis," *Hormones and Behavior* 62, no. 3(2012): 263-271.

18 Diana S. Fleischman, Daniel M. T. Fessler, "Progesterone's Effects on the Psychology of Disease Avoidance: Support for the Compensatory Behavioral Prophylaxis Hypothesis," *Hormones and Behavior* 59, no. 2(2011): 271-275.

19 Monika Østensen, Peter M. Villiger, Frauke Förger, "Interaction of Pregnancy and Autoimmune Rheumatic Disease," *Autoimmunity Reviews* 11, no.6(2012): A437-A446.

20 Fleischman and Fessler, "Progesterone's Effects".

21 Smith et al., "Facial Appearance".

22 Fleischman and Fessler, "Progesterone's Effects".

23 Jon K. Maner, Saul L. Miller, "Hormones and Social Monitoring: Menstrual Cycle Shifts in Progesterone Underlie Women's Sensitivity to Social Information," *Evolution and Human Behavior* 35, no. 1(2014): 9-16.

24 E. M. Seidel, G. Silani, H. Metzler, H. Thaler, C. Lammb, R.C. Gur, I. I. Kryspin Exner, U. Habel, B. Derntle, "The Impact of Social Exclusion vs. Inclusion on Subjective and Hormonal Reactions in Females and Males," *Psychoneuroendocrinology* 38(2013): 2925-2932.

25 Oliver C. Schultheiss, Anja Dargel, Wolfgang Rohde, "Implicit Motives and Gonadal Steroid Hormones: Effects of Menstrual Cycle Phase, Oral Contraceptive Use, and Relationship Status," *Hormones and Behavior* 43, no. 2(2003): 293-301.

26 Erika Timby, Matts Balgård, Sigrid Nyberg, Olav Spigset, Agneta Andersson, Joanna Porankiewicz-Asplund, Robert H. Purdy, Di Zhu, Torbjörn Bäckström,Inger Sundström Poromaa, "Pharmacokinetic and Behavioral Effects of Allopregnanolone in Healthy Women,"

Psychopharmacology 186, no. 3(2006): 414.

27 April Smith, Saul Miller, Lindsay Bodell, Jessica Ribeiro, Thomas Joiner Jr., Jon K. Maner, "Cycles of Risk: Associations between Menstrual Cycle and Suicidal Ideation among Women," *Personality and Individual Differences* 74(2015): 35-40.

28 Sigrid Nyberg, Torbjörn Bäckström, Elisabeth Zingmark, Robert H. Purdy, Inger Sundström Poromaa, "Allopregnanolone Decrease with Symptom Improvement during Placebo and Gonadotropin-Releasing Hormone Agonist Treatment in Women with Severe Premenstrual Syndrome," *Gynecological Endocrinology* 23, no. 5(2007): 257-266.

29 Anahad O'Connor, "Katharina Dalton, Expert on PMS, Dies at 87," *New York Times* 2010/10/28, http://www.nytimes.com/2004/09/28/science/katharina-dalton-expert-on-pms-dies-at-87.html.

30 진화 심리학 분야의 뛰어난 창시자 중 한 사람인 레다 코스미즈(Leda Cosmides)는 저녁 식사 도중 이런 생각을 내게 공유해 주었다. 이후 문학에서 논의되고 있는 주제이지만 내가 알기로 처음 이를 제시한 사람은 레다였다.

31 Bill de Blasio, Julie Menin, "From Cradle to Cane: The Cost of Being a Female Consumer," New York City Department of Consumer Affairs, December 2015, http://wwwl.nyc.gov/assets/dca/downloads/pdf/partners/Study-of-Gender-Pricing-in-NYC.pdf.

32 생리대를 무상으로, http://www.freethetampons.org/.

33 Mike Martin, "The Mysterious Case of the Vanishing Genius," *Psychology Today*, 2012/5/1, https://www.psychologytoday.com/articles/201204/the-mysterious-case-the-vasnishing-genious.

34 Deena Emera, Roberto Romero, Günter Wagner, "The Evolution of

Menstruation: A New Model for Genetic Assimilation," *Bioessays* 34, no. 1(2012): 26-35.

35 Beverly I. Strassmann, "The Evolution of Endometrial Cycle and Menstruation," *Quarterly Review of Biology* 71, no. 2(1996): 181-220.

4. 욕망의 진화

1 David Buss, *The Evolution of Desire*, rev. ed. (New York: Basic Books, 2008).

2 Randy Thornhill, Steven W. Gangestad, *The Evolutionary Biology of Human Female Sexuality* (New York: Oxford University Press, 2008), 286-320.

3 Steven W. Gangestad, Martie G. Haselton, "Human Estrus: Implications for Relationship Science," *Current Opinion in Psychology* 1(2015): 45-51.

4 E. G. Pillsworth, M. G. Haselton, "Women's Sexual Strategies: The Evolution of Long-Term Bonds and Extra-Pair Sex," *Annual Revioew of Sex Research* 17(2006): 59-100.

5 Karin Isler, Carel P. Van Schaik, "How Our Ancestors Broke through the Gray Ceiling: Comparative Evidence for Cooperative Breeding in Early Homo," *Current Anthropology* 53, no. S6(2012): S453-S465.

6 Richard Wrangham, *Catching Fire: How Cooking Made Us Human* (New York, Basic Books, 2009).

7 "The Teen Brain Still Under Construction," National Institute of Mental Health, http://www.nimh.nih.gov/health/publications/the-teen-brain-6-things-to-know/index.shtml.

8 D. D. Clark, L. Sokoloff, "Circulation and Energy Metabolism of the Brain," in *Basic Neurochemistry: Molecular, Cellular, Medical Aspects*, ed. G. J. Siegel, B. W. B. W. Agranoff, R. W. Albers, S. K. Fisher, M. D. Uhler (Philadelphia:

Lippincott, 1999), 637-670.

9 '착한 남자'와 '나쁜 남자'에 대한 사악할 정도로 영리하고 문화 의식적인 해부 와 여성의 성적 쾌락에 관해서는 나오미 울프(Naomi Wolf)의 『질: 새로운 전기 (*Vagina: A New Biography*)』(New York: Eco, 2012) 14장을 보라.

10 Nicholas M. Grebe, Steven W. Gangestad, Christine E. Garver-Apgar, Randy Thornhill, "Women's Luteal-Phase Sexual Proceptivity and the Functions of Extended Sexuality," *Psychological Science* 24, no. 10(2013): 2106-2110.

11 Martie G. Haselton, David Buss, "Error Management Theory: A New Perspective on Biases in Cross-Sex Mind Reading," *Journal of Personality and Social Psychology* 78, no.1(2008): 81-91.

12 Katharina C. Engel, Johannes Stökl, Rebbeca Schweizer, Heiko Vogel, Manfred Ayasse, Joachim Ruther, Sandra Steiger), "A Hormone-Related Female Anti-Aphrodisiac Signals Temporary Infertility and Causes Sexual Abstinence to Synchronize Parental Care," *Nature Communications* 7(2016).

13 David Buss, "Sex Differences in Human Mate Preferences: Evolutionary Hypotheses Tested in 37 Cultures," *Behavioral and Brain Sciences* 12(1989): 1-49.

14 Douglas T. Kenrick, Edward K. Sadalla, Gary Groth, Melanie R. Trost, "Evolution, Traits, and the Stages of Human Courtship: Qualifying the Parental Investment Model," *Journal of Personality* 58, no.1(1990): 97-116.

15 Martin Daly, Margo Wilson, *Homicide* (New Brunswick, NJ: Transaction Publishers, 1988).

16 Heidi Greiling, David Buss, "Women's Sexual Strategies: The Hidden Dimension of Extra-Pair Mating," *Personality and Individual Differences* 28,

no. 5(2000): 929-963.

17 Ibid.

18 Kermyt G. Anderson, "How Well Does Paternity Confidence Match Actual Paternity? Evidence from Worldwide Nonpaternity Rates," *Current Anthropology* 47, no. 3(June 2006): 513-520.

19 Brooke Scelza, "Female Choice and Extra-Pair Paternity in a Traditional Human Population," *Biology Letters* (2011): rsbl20110478.

20 Simon C. Griffith, Ian P. F. Owens, Katherine A. Thuman, "Extra Pair Paternity in Birds: A Review of Interspecific Variation and Adaptive Function," *Molecular Ecology* 11, no. 11(2002): 2195-2212.

21 Paul W. Andrews, Steven W. Gangestad, Geoffrey F. Miller, Martie G. Haselton, Randy Thornhill, Michael C. Neale, "Sex Differences in Detecting Sexual Infidelity: Results of a Maximum Likelihood Method for Analyzing the Sensitivity of Sex Differences to Underreporting," *Human Nature* 19(2008): 347-373.

5. 짝 쇼핑

1 Amanda Chan, "How Soay Sheep Survive on Dreary Scottish Isles," *Live Science*, 2010/10/28, http://www.livescience.com/8862-soay- sheep- survive-dreary-scottish-isles.html.

2 Alexandra Brewis, Mary Meyer, "Demographic Evidence That Human Ovulation I Undetectable(at Least in Pair Bonds)," *Current Anthropology* 46(2005): 465-471.

3 Daniel M. T. Fessler, "An Adaptationist Account of Periovulatory Behavioral Changes," *Quarterly Review of Biology* 78, no. 1(2003): 3-21.

4 James R. Roney, Zachary L. Simmons, "Ovarian Hormone Fluctuations Predict Within-Cycle Shifts in Women's Food Intake," *Hormones and Behavior* 90(2017): 8-14.

5 Ibid.

6 Beverly I. Strassmann, "The Evolution of Endometrial Cycles and Menstruation," *Quarterly Review of Biology* 71, no.2(1996): 181-220.

7 Andrea Elizabeth Jane Miller, J. D. MacDougal, M. A. Tarnopolsky, D. G. Sale, "Gender Differences in Strength and Muscle Fiber Characteristics," *European Journal of Applied Physiology and Occupational Physiology* 66, no. 3(1993): 254-262.

8 Coren Apicella, Elif Ece Demiral, Johanna Mollerstrom, "No Gender Difference in Willingness to Compete When Competing against Self," (DIW Berlin Discussion paper 1638, 2017), https://ssrn.com/abstract=2914220.

9 Maryanne L. Fisher, "Female intrasexual Competition Decreases Female Facial Attractiveness," *Proceedings of the Royal Society B: Biological Sciences* 271, suppl. 5(2004): S283-S285.

10 Martie G. Haselton, Mina Mortezaie, Elizabeth Pillsworth, April Bleske-Rechek, David A. Frederick(David A. Frederick), "Ovulatory Shifts in Human Female Ornamentation: Near Ovulation, Women Dress to Impress," *Hormones and Behavior* 51, no. 1(2007): 40-45.

11 Kristina M. Durante, Norman P. Li, Martie G. Haselton, "Changes in Women's Choice of Dress across the Ovulatory Cycle: Naturalistic and Laboratory Task-Based Evidence," *Personality and Social Psychology Bulletin* 34, no. 11(2008): 1451-1460, doi: 10.1177/0146167208323103.

12 Stephanie Cantú, Jeffry A. Simpson, Vladas Criskevicius, Yanna J.

Weisberg, Kristina M. Durante, Daniel J. Beal, "Fertile and Selectively Flirty: Women's Behavior toward Men Changes across the Ovulatory Cycle," *Psychological Science* 25, no. 2(2014): 431-438.

13 Valentina Piccoli, Francesco Foroni, Andrea Carnaghi, "Comparing Group Dehumanization and Intra-Sexual Competition among Normally Ovulating Women and Hormonal Contraceptive Users," *Personality and Social Psychology Bulletin* 39, no. 12(2013): 1600-1609.

14 Adar B. Eisenbruch, James R. Roney, "Conception Risk and the Ultimatur Game: When Fertility Is High Women Demand More," *Personality and Individual Differences* 98(2016): 272-274.

15 Margery Lucas, Elissa Koff, "How Conception Risk Affects Competition and Cooperation with Attractive Women and Men," *Evolution and Human Behavior* 34, no. 1(2013): 16-22.

16 Dow Chang, "Comparison of Crash Fatalities by Sex and Age Group," National Highway Traffic Safety Administration, July 2008, https://crashstats.nhtsa.dot.gov.Api/Public /ViewPublication/810853.

17 Diana S. Fleischman, Carolyn Perilloux, David Buss, "Women's Avoidance of Sexual Assault across the Menstrual Cycle," (unpublished manuscript, 2017, University of Portsmouth, UK).

18 Sandra M. Petralia, Gordon G. Gallup, "Effects of a Sexual Assault Scenario on Handgrip Strength across the Menstrual Cycle," *Evolution and Human Behavior* 23, no. 1(2002): 3-10.

19 Daniel M. T. Fessler, Colin Holbrook, Diana S. Fleischman, "Assets at Risk: Menstrual Cycle Variation in the Envisioned Formidability of a Potential Sexual Assailant Reveals a Component of Threat Assessment," *Adaptive*

Human Behavior and Phyciology 1, no.3(2015): 270-290.

20 Debra Lieberman, Elizabeth Pillsworth, Martie G. Haselton, "Kin Affiliation across the Ovulatory Cycle: Females Avoid Fathers When Fertile," *Psychological Science* 22, no. 1(2011): 13-18.

21 Debra Lieberman, John Tooby, Leda Cosmides, "Does Morality Have a Biological Basis? An Empirical Test of the Factors Governing Moral Sentiments Relating to Incest," *Proceedings of the Royal Society B: Biological Sciences* 270, no. 1517(2003): 819-826.

22 J. Boudesseul, K. A. Gildersleeve, M. G. Haselton, L. Bègue, "Do Women Expose Themselves to More Health-Related Risks in Certain Phases of the Menstrual Cycle? A Meta-Analytic Review," (in preparation, 2017)

6. 은밀한 배란자

1 Alec T. Beall, Jessica L. Tracy, "Women Are More Likely to Wear Red or Pink at Peak Fertility," *Psychological Science* 24, no. 9(2013): 1837-1841; Pavol Prokop, Martin Hromada, "Women Use Red in Order to Attract Mates," *Ethology* 119, no.7(2013): 605-613.

2 Richard L. Doty, M. Ford, George Preti, G. R. Huggins, "Changes in the Intensity and Pleasantness of Human Vaginal Odors during the Menstrual Cycle," *Science* 190(1975): 1316-1318.

3 Kelly A. Gildersleeve, Martie G. Haselton, Christina M. Larson, Elizabeth Pillsworth, "Body Odor Attractiveness as a Cue of Impending Ovulation in Women: Evidence from a Study Using Hormone-Confirmed Ovulation," *Hormones and Behavior* 61, no. 2(2012): 157-166.

4 Steven W. Gangestad, Randy Thornhill, Christine E. Garver, "Changes

in Women's Sexual Interests and Their Partner's Mate-Retention Tactics across the Ovulatory Cycle: Evidence for Shifting Conf licts of Interest," *Proceedings of the Royal Society B: Biological Sciences* 269(2002): 975-982; Martie G. Haselton, Steven W. Gangestad, "Conditional Expression of Women's Desires and Men's Mate Guarding across the Ovulatory Cycle," *Hormones and Behavior* 49(2006): 509-518.

5   Melissa R. Fales, Kelly A. Gildersleeve, Martie G. Haselton, "Exposure to Perceived Male Rivals Raises Men's Testosterone on Fertile Relative to Nonfertile Days of Their Partner's Ovulatory Cycle," *Hormones and Behavior* 65, no. 5(2014): 454-460.

6   Martie G. Haselton, Kelly A. Gildersleeve, "Can Men Detect Ovulation?," *Current Directions in Psychological Science* 20, no. 2(2011): 87-92.

7   Christopher W. Kuzawa, Alexander V. Georgiev, Thomas W. McDade, Sonny Augstin Bechayda, Lee T. Gettler, "Is There a Testosterone Awakening Response in Humans," *Adaptive Human Behavior and Physiology* 2, no. 2(2016): 166-183.

8   Ana Lilia Cerda-Molina, Leonor Hernández-López, E. Claudio, Roberto Chavira-Ramírez, Ricardo Mondragón-Ceballos, "Changes in Men's Salivary Testosterone and Cortisol Levels, and in Sexual Desire after Smelling Female Axillary and Vulvar Scents," *Frontiers in Endocrinology* 4(2013): 159, doi:10.3389/fendo.2013.00159.

9   Ibid.

10 Kelly A. Gildersleeve, Melissa R. Fales, Martie G. Haselton, "Women's Evaluations of Other Women's Natural Body Odor Depend on Target's Fertility Status," *Evolution and Human Behavior* 38, no. 2(2017): 155-163.

11 코끼리의 발정기 울음 소리는 이곳에서 들을 수 있다. (그러나 조심하기 바란다. 저
    주파수 소리를 헤드폰으로 들으면 청력이 상할 수 있다.) "Estrous-Rumble," Elephant
    Voices, http://www.elephantvoices.org/multimedia-resources/elephant-
    calls-database-contexts/230-sexual /female-choice/estrous-rumble.
    html?layout=callscontext.

12 Gregory A. Bryant, Martie G. Haselton, "Vocal Cues of Ovulation in
    Human Females," *Biology Letters* 5, no.1(2009): 12-15.

13 Nathan R. Pipitone, Gordon G. Gallup, "Women's Voice Attractiveness
    Varies across the Menstrual Cycle," *Evolution and Human Behavior* 29, no.
    4(2008): 268-274; David A. Puts, Drew H. Bailey, Rodrigo A. Cárdenas,
    Robert P. Burriss, Lisa L. M. Welling, John R. Wheatley, Khytam Dawood,
    "Women's Attractiveness Changes with Estradiol and Progesterone across
    the Ovulatory Cycle," *Hormone and Behavior* 63, no. 1(2013): 13-19.

14 C. D. Buesching, M. Heistermann, J. K. Hodges, Elke Zimmermann,
    "Multimodal Oestrus Advertisement in a Small Nocturnal Prosimian,
    Microcebus Murinus," *Folia Primatologica* 69, suppl. 1(1998): 295-308.

15 Alan F. Dixon, *Primate Sexuality: Comparative Studies of Prosimians, Monkeys,
    Apes, and Human Beings*, 2nd ed. (Oxford: Oxford University Press, 2012), 142.

16 Remco Kort, Martien Caspers, Astrid van de Graaf, Wim van Egmond, Bart
    Keijser, Guus Roeselers, "Shaping the Oral Microbiota through Intimate
    Kissing," *Microbiome* 2, no. 1(2014): 41.

17 Claus Wedekind, Thomas Seebeck, Florence Bettens, Alexander J. Paepke,
    "MHC-Dependent Mate Preferences in Humans," *Proceedings of the Royal
    Society B: Biological Sciences* 260, no. 1359(1995).

18 Kort et al., "Shaping the Oral Microbiota through Intimate Kissing".

19 Beverly I. Strassmann, "Sexual Selection, Paternal Care, and Concealed Ovulation in Humans," *Ethology and Sociobiology* 2(1981): 31-40.

20 Joseph Henrich, Robert Boyd, Peter J. Richerson, "The Puzzle of Monogamous Marriage," *Philosophic Transactions of the Royal Society* B 367, no. 1589(2012): 657-669.

7. 아가씨에서 가모장으로

1 T. J. Mathews, Brady E. Hamilton, "Mean Age of Mothers is on the Rise: United States, 2000-2014," *NCHS Data Brief* 232(2016): 1-8.

2 "About Teen Pregnancy," Centers for Disease Control and Prevention, http://www.cdc.gov/teenpregnancy/about/.

3 Bernard D. Roitberg, Mark Mangel, Robert G. Lalonde, Carol A. Roitberg, Jacques J. M. van Alphen, Louise Vet, "Seasonal Dynamic Shifts in Patch Exploitation by Parasite Wasps," *Behavioral Ecology* 3, no. 2(1992): 156-165, https://doi.org/10.1093/beheco/3.2.156.

4 Bruce J. Ellis, "Timing of Pubertal Maturation in Girls: An Integrated Life History Approach," *Psychological Bulletin* 130, no. 6(2004): 920.

5 Shannen L. Robson, Bernard Wood, "Hominin Life History: Reconstruction and Evolution," *Journal of Anatomy* 212, no. 4(2008): 394-425.

6 Lee Alan Dugatkin, Jean-Gey J. Godin, "Reversal of Female Mate Choice by Copying in the Guppy(*Poecilia retilulata*)," *Proceedings of Royal Society B: Biological Sciences* 249, no. 1325(1992): 179-184.

7 Jean M. Twenge, *The Impatient Woman's Guide to Getting Pregnant* (New York: Simon and Schuster, 2012).

8 Daniel M. T. Fessler, Serena J. Eng, C. David Navarrete, "Elevated Disgust

Sensitivity in the First Trimester of Pregnancy: Evidence Supporting the Compensatory Prophylaxis Hopothesis," *Evolution and Human Behavior* 26, no. 4(2005): 344-351.

9   Noel M. Lee, Sumona Saha, "Nausea and Vomiting of Pregnancy," *Gastroenterology Clinics of North America* 40, no. 2(2011): 309-334.

10   Laura Glynn, "Increasing Parity Is Associated Cumulative Effects on Memory," *Journal of Women's Health* 2, no. 10(2012): 1038-1045.

11   Elseline Hoekzema, Erika Barba-Müller, Cristina Pozzobon, Marisol Picado, Florencio Lucco, David García-García, Juan Carlos Soliva, et al., "Pregnancy Leads to Long-Lasting Changes in Human Brain Structure," *Nature Neuroscience* 20, no. 2(2017): 287-296.

12   Chandler R. Marrs, Douglas P. Ferarro, Chad L. Cross, Janice McMurray, "Understanding Maternal Cognitive Changes: Associations between Hormones and Memory," *Hormones Matter*, March 2013, 1-13.

13   Marla V. Anderson, M. D. Rutherford, "Evidence of a Nesting Psychology During Human Pregnancy," *Evolution and Human Behavior* 34, no.6(2013): 390-397.

14   Marla V. Anderson, M. D. Rutherford, "Rocognition of Novel Faces after Single Exposure Is Enhanced during Pregnancy," *Evolutionary Psychology* 9, no. 1(2011), https://doi.org/10.1177/147470491100900107.

15   Jennifer Hahn-Holbrook, Julianne Holt-Lunstad, Colin Holbrook, Sarah M. Coyne, E. Thomas Lawson, "Maternal Defense: Breast Feeding Increases Aggression by Reducing Stress," *Psychological Science* 22, no. 10(2011): 1288-1295.

16   Jennifer Hahn-Holbrook, Colin Holbrook, Martie G. Haselton, "Parental

Precaution: Adaptive Ends and Neurobiological Means," *Neuroscience and Biobehavioral Reviews* 35(2011): 1052-1066.

17 John G. Neuhoff, Grace R. Hamilton, Amanda L. Gittleson, Adolfo Mejia, "Baies in Traffic: Infant Vocalization and Listener Sex Modulate Auditory Motion Perception," *Journal of Experimental Psychology: Human Perception and Performance* 40, no. 2(2014): 775.

18 Daniel M. T. Fessler, Colin Holbrook, Jeremy S. Pollack, Jennifer Hahn-Holbrook, "Stranger Danger: Parenthood Increases the Envisioned Bodily Formidability of Menacing Men," *Evolution and Human Behavior* 35, no.2(2014): 109-117.

19 Judith A. Easton, Jaime C. Confer, Cari D. Goetz, David Buss, "Reproduction Expediting: Sexual Motivations, Fantasies, and the Ticking Biological Clock," *Personality and Individual Differences* 49, no. 5(2010): 516-520.

20 Sindya N. Bhanoo, "Life Span of Early Man Same as Neanderthal," *New York Times*, 2011/1/10, http://www.nytimes.com/2011/01/11/science/11obneanderthal.html.

21 Robson and Wood, "Hominin Life History".

22 Darren P. Croft, Rufus A. Johnstone, Samuel Ellis, Stuart Nattrass, Daniel W. Franks, Lauren J. N. Brent, Sonia Mazzi, Kenneth C. Balcomb, John K. B. Ford, Michael A. Cant, "Reproductive Conflict and the Evolution of Menopause in Killer Whales," *Current Biology* 27, no. 2(2017): 298-304.

23 Robin W. Baird, Hal Whitehead, "Social Organization of Mammal-Eating Killer Whales: Group Stability and Dispersal Patterns," *Canadian Journal of Zoology* 78, no. 12(2000): 2096-2105; Darren P. Croft, Rufus A.

Johnstone, Samuel Ellis, Stuart Nattrass, Daniel W. Franks, Lauren J. N. Brent, Sonia Mazzi, Kenneth C. Balcomb, John K. B. Ford, Michael A. Cant, "Reproductive Conflict and the Evolution of Menopause in Killer Whales," *Current Biology* 27, no. 2(2017): 298-304.

24 Emma A. Foster, Daniel W. Franks, Sonia Mazzi, Safi K. Darden, Ken C. Balcomb, John K. B. Ford, Darren P. Croft, "Adaptive Prolonged Postreproductive Life Span in Killer Whales," *Science* 337, no. 6100(2012): 1313.

25 Robson and Wood, "Hominin Life History".

26 Kristen Hawkes, James E. Coxworth, "Grandmothers and the Evolution of Human Longevity: A Review of Findings and Future Directions," *Evolutionary Anthropology: Issues, News, and Reviews* 22, no.6(2013): 294-302.

27 R. Sprengelmeyer, David I. Perrett, E. C. Fagan, R. E. Cornwell, J. S. Lobmaier, A. Sprengelmeyer, H. R. M. Aasheim, et al., "The Cutest Little Baby Face: A Hormonal Link to Sensitivity to Cuteness in Infant Faces," *Psychological Science* 20, no.2(2009): 149-154.

8. 호르몬 지능

1   덧붙이자면, 피임약을 먹으면 생리가 생물학적으로 아무런 목적이 없는데 왜 약을 먹는 동안에도 여전히 생리를 하는지 궁금해 할 수도 있을 것이다. 사실 일부 여성들은 일부러 짜 넣은 일주일간의 휴지기 없이 약을 먹어서 생리를 멈추는 용도로 피임약을 활용한다. 최초 피임약의 공동 개발자인 존 록(John Rock)은 독실한 가톨릭 신자였다. '인공적인' 피임 수단을 금지하고 주기를 활용하는 방법, 즉 '안전한' 날에만 섹스를 하도록 권했던 가톨릭 교회와 맞서는 것을 피하기 위해 그는 생리의 '자연스러운' 단계를 남겨 두었다. 1958년 가톨릭 교회는 고

통스럽고 힘겨운 생리 기간을 치료하는 방편으로 피임약을 처방하는 것을 허락했는데, 당시에도 그리고 여전히 지금도 심각한 생리 증후군을 완화하는 데 도움이 되었다. 그러다가 교회는 1968년 피임약을 완전히 금지했다. 놀라울 것도 없이 꼬박 10년간 수많은 가톨릭 신자 여성들이 의사에게 생리가 고통스럽고 괴롭다고 밀했기 때문이었다. Malcolm Gladwell, "John Rock's Error," *The New Yorker*, 2000/3/13, 52.

2 Alexsandra Alvergne, Virpi Lummaa, "Does the Contraceptive Pill Alter mate Choice in Humans?" *Trends in Ecology and Evolution* 25, no.3(2010): 1710179.

3 Ibid.

4 Chris Ryan, "How the Pill Could Ruin Your Life," *Psychology Today*, 2010/5/10, https://www.psychologytoday.com/blog/sex-dawn/201005/how-the-pill-could-ruin-your-life.

5 Christina Marie Larson, "Do Hormonal Contraceptives Alter Mate Choice and Relationship Functioning in Humans?" (PhD diss., UCLA, 2014).

6 Shimon Saphire-Bernstein, Christina M. Larson, Kelly A. Gildersleeve, Melissa R. Fales, Elizabeth Pillsworth, Martie G. Haselton, "Genetic Compatibility in Long-Term Intimate Relationships: Partner Similarity at Major Histocompatibility Complex(MHC) Genes May Reduce In-Pair Attraction," *Evolution and Human Behavior* 38, no. 2(2017): 190-196.

7 Larson, "Do Hormonal Contraceptives Alter Mate Choice and Relationship Functioning in Humans?"; Shimon Saphire-Bernstein, Christina M. Larson, Elizabeth Pillsworth, Steven W. Gangestad, Gian Gonzaga, Heather Strekarian, Christine E. Garver-Apgar, Martie G. Haselton, "An Investigation of MHC-Based Mate Choice among Women Who Do

versus Do Not Use Hormonal Contraception," (unpublished manuscript).
Saphire-Bernstein, et al., "Genetic Compatibility in Long-Term Intimate
Relationships".

8   Michelle Russell, V. James K. McNulty, Levi R. Baker, Andrea L. Meltzer,
    "The Association between Discontinuing Hormonal Contraceptives and
    Wive's Marital Satisfaction Depends on Husband's Facial Attractiveness,"
    Proceedings of the National Academy of Sciences 111, no. 48(2014): 17081-17086.

9   Trond Viggo Grøntvedt, Nicholas M. Grebe, Lief Edward Ottesen Kennair,
    Steven W. Gangestad, "Estrogenic and Progestogenic Effects of Hormonal
    Contraceptives in Relation to Sexual Behavior: Insights into Extended
    Sexuality," *Evolution and Human Behavior* 31, no. 3(2017): 283-292.

10 Geoffrey Miller, Joshua M. Tybur, Brent D. Jordan, "Ovulatory Cycle Effects
    on Tip Earning by Lap Dancers: Economic Evidence for Human Estrus?"
    Evolution and Human Behavior 28, no. 6(2007): 375-381.

11 Shannen L. Robson, Bernard Wood, "Hominin Life History:
    Reconstruction and Evolution," *Journal of Anatomy* 212, no. 4(2018): 394-425.

12 "Depression among Women," Centers for Disease Control and Prevention,
    https://www.cdc.gov/reproductivehealth/depression/index.htm.

13 Jennifer Hahn-Holbrook, Martie G. Haselton, "Is Postpartum Depression
    a Disease of Modern Civilization?" *Current Directions in Psychological Science*
    23, no. 6(2014): 395-400.

14 Natasha Singer, Duff Wilson, "Menopause, As Brought to You by
    Big Pharma," *New York Times*, 2009/12/12, http://www.nytimes.
    com/2009/12/13/business/13drug.html?mcubz=0.

15 Kathryn S. Huss, "Feminine Forever," book review, *Journal of the American*

Medication Association 197, no. 2(July 11, 1966).

16 Joe Neel, "The Marketing of Menopause," NPR, 2002/8/8, http://www.npr.
    org.news/specials/hrt/.

17 Roger A. Lobo, James H. Pickar, John C. Stevenson, Wendy J. Mack, Howard
    N. Hodis, "Back to the Future: Hormone Replacement Therapy as Part of a
    Prevention Strategy for Women at the Onset of Menopause," *Atherosclerosis*
    254(2016): 282-290.

18 JoAnn E. Manson, Andrew M. Kaunitz, "Menopause Management: Getting
    Clinical Care Back on Track," *New England Journal of Medicine* 374, no. 9(2016):
    803-806.

19 Robert Bazell, "The Cruel Irony of Trying to Be Feminine Forever,"
    NBC News, 2013, http://www.nbcnews.com/id/16397237/ns/health-
    second-opinion/t/cruel-irony-trying-to-be-feminine-forever/#.
    WUK9cemQyUk.

20 Marcia Herman- Giddens, Eric J. Slora, Richard C. Wasserman, Carlos
    J. Bourdony, Manju V. Bhapkar, Gary G. Koch, Cynthia M. Hasemeier,
    "Secondary Sexual Characteristics and Menses in Young Girls Seen in Office
    Practice: A Study from the Pediatric Research in Office Setting Network,"
    Pediatrics 99, no. 4(1997), 505-512.

21 Louise Greenspan, Juliana Deardoff, *The New Puberty: How to Navigate Early
    Development in Today's Girls* (New York: Rodale , 2014); Dina Fine Maron, "Early
    Puberty: Causes and Effects," *Scientific American*, 2015/5/1, http://www.
    scientificamerican.com/article/early-puberty-causes-and-effects/.

22 Frank M. Biro, Maida P. Galvez, Louise Greenspan, Paul A. Succop, Nita
    Vangeepuram, Susan M. Pinney, Susan Teitelbaum, Gayle C. Windham,

Lawrence H. Kushi, Mary S. Wolff, "Pubertal Assessment Method and Baseline Characteristic in a Mixed Longitudinal Study of Girls," *Pediatrics* 126, no. 3(2010): e583–e590.

23 Yichang Chen, Le Shu, Zhiqun Qiu, Dong Yeon Lee, Sara J. Settle, Shane Que Hee, Donatello Telesca, Xia Yang, Patric Allard, "Exposure to the BPA–Substitute Bisphenol S Causes Unique Alterations of Germline Function," *PLos Genetics* 12, no.7(2016): 21006223; Wenhui Qiu, Yali Zhao, Ming Yang, Matthew Farajzadeh, Chenuan Pan, Nancy L. Wayne, "Actions of Bisphenol A and Bisphenol S on the Reproductive Neuroendocrine System during Early Development in Zebrafish," *Endocrinology* 157, no 2(2015): 636–647.

24 Paul B. Kaplowitz, "Link between Body Fat and the Timing of Puberty," *Pediatrics* 121, suppl. 3(2008): S208–S217.

25 Eric Vilain, J. Michael Bailey, "What Should You Do if Your Son Says He's a Girl?" *Los Angeles Times*, 2015/5/21, http://latimes.com/opinion/op-ed/la-oe-vilain-transgender-parents-20150521-story.html.

옮긴이 후기

감정은 옥시토신, 세로토닌, 도파민, 엔도르핀 등의 호르몬이 만들어 낸 것이어서 가끔은 달콤한 음식으로도 잠시지만 대리 효과를 누릴 수 있음을 이제 우리는 알고 있다. 화가 나거나 불안하면 아드레날린이 치솟는다고 한다. 포만감을 주는 호르몬과 공복 호르몬의 이름도 이제는 낯설지 않다. 그런데 왜 하고많은 호르몬 가운데 성 호르몬은 부정적 함의를 갖고 누군가를 비난할 때 사용될까?

『호르몬 찬가』의 저자 마티 헤이즐턴은 과학을 연구하는 여성이지학사로서 외모 자기김열에 빠졌던 순간부터 학회에서 맞다뜨렸던 황당한 경험까지 허심탄회하게 토로하며, 여성 호르몬 연구의 어려움과 성취를 독자에게 공유한다. 과거 진화 심리학은 일부 주장이 성 차별적이라는 비판에서 자유로울 수 없었으나, 저자는 진화 심리학적 측면에서 인간의 발정 현상을 탐색하고 차별이 아닌 차이를 조명해 지능적으로, 전략적으로 진화해 온 인류와 여성의 성 호르몬을 꼼꼼히 분석함으로써 우리의 고정 관념을 깨뜨린다. 그리하여 저자는 스스로를 '새로운' 다원주의 페미니스트라고 칭하는데, 새로운 다원주의 페미니즘의 패러다임과 진화 심리학의 공조가 흥미진진하다.

부당한 성 차별에 대한 인식이 높아지면서 사회 곳곳에서 이젠 달라져야 한다는 목소리가 터져 나오고 있음은 고무적이지만, 과학계와 의학계의 연구에서조차 여전히 공공연한 차별이 이루어져왔다는 사실은 놀랍기만 하다. 과학 실험에 쓰이는 많은 동물들의 생존권 문제는 일단 논외로 해 두고, 발정기 탓에 변수가 많은 암컷을 동물 실험에서 제외시키는 역사가 되풀이되는 한 여성에게 더 많은 질병 치료의 길은 멀 수밖에 없다. 알약 1개로 즉각 해결되는 '여성용 비아그라'는 왜 발명되지 못할까? 인구의 절반이 반평생 가까이 시달리는 생리전 증후군, 생리통, 생리혈 처리 문제는 왜 아직까지 완벽한 해결 방법이 없을까?

번식과 종의 생존 측면에서 볼 때, 현대인들 중 상당수는 인류의 생존에 기여하는 일을 대부분 거부한다. 발정기와 생식력, 가임 기간으로 곧장 치환되는 존재로 살지 않는다는 의미다. 자손을 통하여 유전자를 남기려는 인간의 본능은 기대 수명이 엄청나게 길어지면서 그리 매력적인 선택지가 아니게 되었다. 비혼 인구의 증가와 출생률 저하는 대한민국에만 국한된 것이 아니라 전 세계적인 추세다. 현대인들은 그저 어디선가 다른 이들이 그 임무에 충실하여 인구 감소 문제를 해결해 줄 것이라고 믿고 싶어 한다. 심지어 어떤 이들은 내 알 바 아니니 인류가 결국 멸망해도 상관없다고까지 극단적인 의견을 피력한다. 여성의 몸을 여전히 출산 도구로 보는 일부 시각에 대한 반발 때문이다.

진화 심리학의 관점에서 여전히 엄혹한 현대 사회를 살아가는 여성들의 위치와 입장은 어디쯤일까? 가부장적인 사회의 편견 속에서 '남자들은 똑똑한 여자들을 좋아하지 않는다.'라며 킬킬댔던 여성 혐오적 발언은 이제 여성들의 거침없는 발화 속에서 '똑똑한 여자들은 남자를 좋아하지 않는다.'라는 명제로 넘어가는 중이다. 대중적인 편견과 달리 까마득한 과거에도 여성들은 짝을 선택할 때 성적인 욕망이나 충동에 휩쓸려 행동하지 않았다.

캠퍼스에서 처음 만난 남녀에게 호감을 표한 후 대뜸 동침 의사를 물었을 때, 남녀의 반응에는 얼마나 차이가 있을까? 예상했겠지만 초면에도 남성의 4분의 3은 여성의 동침 제의를 받아들인다는 플로리다 주립대학교의 연구 결과를 좀 더 들여다보자. 같은 상황에서 여성들은 단 한 명도 낯선 남성의 동침 제의를 받아들이지 않았다. 일단 데이트를 받아들인 남녀의 성비는 5대5. 이성에 대한 호기심이 없는 것은 아니지만, 여성은 확실히 성적인 파트너를 선택하는 데 더 까다로우며 위험 가능한 상황을 미리 예측하고 행동한다. 인간 여성은 단순히 최고의 유전자를 제공할 수 있는 외모의 잣대로만 짝을 선택하지 않도록 진화해 왔다. 그 이유는 무엇일까? 저자는 양육 투자 이론에서 그 답을 찾는다. 여성이 짝을 찾고 자손을 낳는 데는 남성에 비해 훨씬 더 많은 노고와 투자가 필요하다. 인간을 포함한 포유류 암컷은 장차 엄청난 수고를 감수해야 함을 알기에 파트너를 고를 때 신중할 수밖에 없다. 더욱이 다른 포유류에 비해 극단적으로 긴 양육 기간을 버텨 내야 하는 인간의 경우 현명한 선택과 결정은 필수적이며, 이때 호르몬 지능은 우리를 지혜로운 길로 인도한다.

물론 인간은 남녀 공히 때에 따라 냄새나는 티셔츠나 타인의 체취에 본능적인 매력을 느끼는 존재다. 특히 여성들의 가임력은 전투력이라고 불러도 좋을 만큼 감각을 예민하게 만들고 먹지 않고도 운동에 매진할 힘을 준다. 임신 가능성이 높을 때 여성의 행동은 크게 달라져 위험에 대한 심리적, 신체적 인식에 변화를 가져온다. 일종의 내부 경계 체계가 발동되는 전투 상황이 되는 것이다. 가임력을 좌우하는 여성 호르몬은 또한 여성들 간의 경쟁과 유대의 이유가 되기도 한다. 은밀하고도 전략적인 전투력의 근간이 호르몬이라니, 그간 길핏하면 '생리 하냐?'라는 폄하와 혐오의 발언 때문에 적절한 비판과 지적도 제대로 먹히지 않았던 상황을 떠올리면 몹시 짜릿한 깨달음이다.

짝을 선택할 때에도 좋은 유전자를 제공할 수 있는 '섹시남'과 공동 양육이 가능한 '안정남' 사이에서 진화상의 절충 거래를 해왔던 여성들은 이제 또 한 번 다른 선택을 앞두고 있다. 난자 제공 이외에도 번식과 육아에 훨씬 더 많은 것을 투자해야 할 뿐만 아니라 수많은 위험 또한 감수해야함을 깨달은 여성들은 차라리 비혼을 선택해 진화의 막다른 골목을 향해 자발적으로 달려가는 쪽을 선호하게 된 것이다. 양육 투자 이론상 정자와 유전자만 제공할 뿐, 임신과 출산, 양육 면에서 부담이 적어 훨씬 더 유리한 쪽이었던 남성들 역시 달라진 사회 환경 속에서 신체적 우월함을 갖춘 '나쁜 남자'보다는 비록 신체적 매력이 덜하더라도 '다정한 남자'가 더 인기를 누리게 되었다. 어쩌면 세계적으로 사랑받고 있는 부드러운 이미지의 K팝 가수들의 활약 역시 변해가는 성 패러다임과 상관이 있다면 비약일까?

성별 간의 오해와 의견 차이가 이토록 심하게 두드러졌던 적이 과연 있었나 싶게 최근 대한민국 사회는 역동적인 갈등과 대립 속에 놓여 있다. 그럼에도 그 또한 변화와 발전의 가능성이기에 공정을 위한 우리의 노력과 희망은 계속되어야 할 것이다. 그리고 그 첫 걸음은 나 자신에 대해서, 인간에 대해서, 성 호르몬에 대해서 많이 알아가는 것이기를 바란다. 무지에서 비롯된 막무가내 식 부정과 차별 대신, 아는 만큼 보인다는 진리의 방향에서 스스로를 파악해 가면 좋겠다. 저자의 논리 정연한 호르몬 찬양을 따라가다 보면, 이제껏 흔히 우리의 약점으로 치부되었던 호르몬은 여성을 여성답게 살아가게 하는 힘이며 고대로부터 전해져 내려온 고도의 지식 결정체라는 그의 의견에 동감하게 된다. 기묘한 충동에 휘말릴 때마다 나 역시 공연히 탓해 왔던 호르몬은 죄가 없다. 평소 눈에 차지도 않던 사람이 새삼 매력적으로 보인다거나, 뜬금없이 노출 심한 옷을 입고 싶어졌다거나, 평소에 입지 않던 색깔의 옷이 눈에 들어왔다거나, 그런 우리의 행동에는 호르몬 지능에서 비롯된 이유가 다 있었다니 기쁘기 그지없다.

변용란

찾아보기

변용란

서울에서 나고 자라 건국 대학교와 연세 대학교에서 영어영문학을 공부했고 영어로
된 다양한 책을 번역한다. 옮긴 책으로『늙는다는 착각』,『마른 여자들』,『인형』,『시간
의 지도』,『시간여행자의 아내』,『트와일라잇』,『대실 해밋』,『음식 원리』등이 있다.

호르몬 찬가

1판 1쇄 펴냄 2022년 1월 24일
1판 2쇄 펴냄 2022년 12월 31일

지은이 마티 헤이즐턴
옮긴이 변용란
펴낸이 박상준
펴낸곳 ㈜사이언스북스

출판등록 1997. 3. 24.(제16-1444호)
(06027) 서울특별시 강남구 도산대로1길 62
대표전화 515-2000   팩시밀리 515-2007
편집부 517-4263   팩시밀리 514-2329
www.sciencebooks.co.kr

한국어판 ⓒ㈜사이언스북스, 2022. Printed in Seoul, Korea.

ISBN 979-11-91187-27-4 03470